水利工程模型试验

Water Conservancy Project Model Test

黄灵芝　王飞虎　司 政　李炎隆　编著

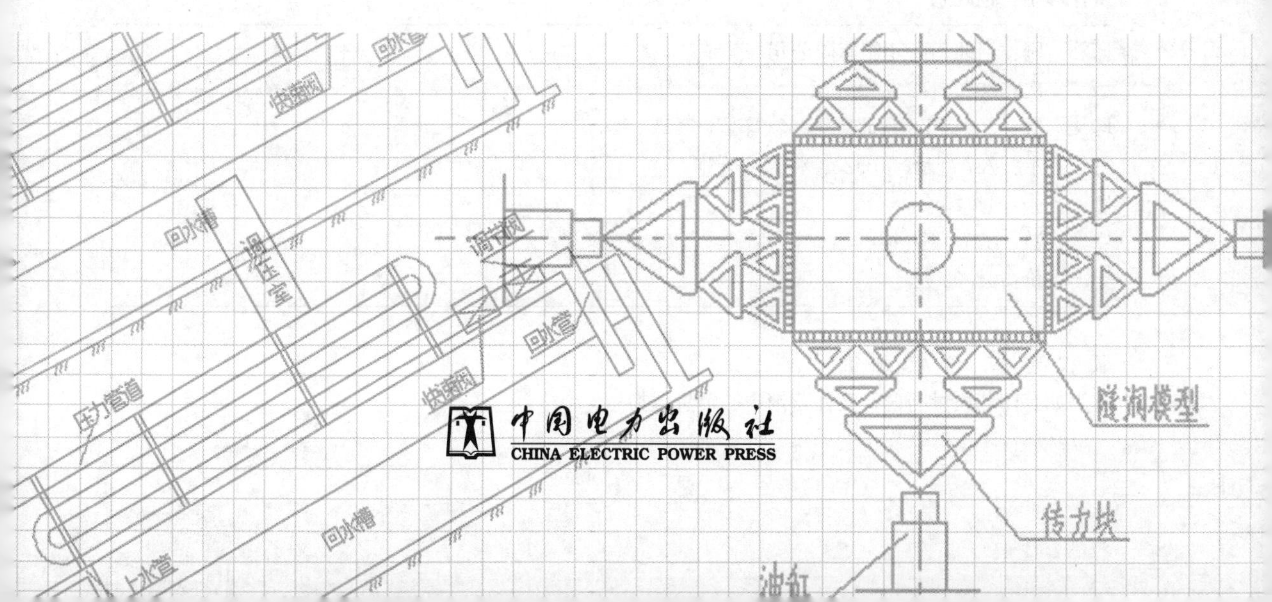

内 容 提 要

模型试验是水利工程建设中不可缺少的重要科研内容，也是水利水电工程专业非常重要的实践教学环节之一。本书主要介绍了水利工程模型试验相关理论、水工模型试验、河工模型试验、水工结构模型试验、地质力学模型试验等，还介绍了水利工程模型设计制作与验证、模型试验测量、试验数据整理与分析等。结合水利水电工程专业课程《水工建筑物》课程试验内容，给出了相应的模型试验示例，供学生参考。

本书可作为高等院校水利水电工程专业、农业水利工程专业、港口航道与海岸工程专业教材，也可供水利相关科研人员参考使用。

图书在版编目（CIP）数据

水利工程模型试验/黄灵芝等编著．—北京：中国电力出版社，2020.8
ISBN 978-7-5198-4586-5

Ⅰ.①水…　Ⅱ.①黄…　Ⅲ.①水工模型试验　Ⅳ.①TV131.61

中国版本图书馆 CIP 数据核字（2020）第 065629 号

出版发行：中国电力出版社
地　　址：北京市东城区北京站西街 19 号（邮政编码 100005）
网　　址：http://www.cepp.sgcc.com.cn
责任编辑：王晓蕾（010-63412610）
责任校对：黄　蓓　常燕昆
装帧设计：赵姗姗
责任印制：杨晓东

印　　刷：河北华商印刷有限公司
版　　次：2020 年 8 月第一版
印　　次：2020 年 8 月北京第一次印刷
开　　本：787 毫米×1092 毫米　16 开本
印　　张：11.25
字　　数：275 千字
定　　价：48.00 元

前　言

水利工程模型试验是按照相似准则将原型缩制成模型进行试验研究，在设计工况下对模型进行不同特征参数的观测与分析，然后按照一定的相似准则引申至原型，从而对原型设计的合理性作出判断。运用水工模型试验的方法，不仅可以论证工程设计的安全性和合理性，而且还可以预见原型可能发生的现象，同时，可对设计所依据的理论和技术进行验证。因此，模型试验是水利工程建设中非常重要的科研内容，是进行基础设计的前提，其成果为水利工程设计方案的选取提供强有力的技术支撑。

对于水利行业后备军的水利水电工程专业的学生而言，学习水利工程模型试验的基础理论以及模型试验数据采集、分析方法，使其具备开展水利工程模型试验的基本素养，也是专业培养的目标之一。本书即是为学生学习水利工程模型试验基础理论和方法而编写。

本书主要内容安排如下：第 1 章介绍了水利工程模型试验的意义、发展历程，模型试验的分类以及存在的问题和发展趋势；第 2 章阐述了水工模型试验的基础理论，包括量纲分析、相似定理、相似准则以及相似试验的限制条件等；第 3 章详细介绍了水利工程泄水建筑物及消能模型试验、水电站有压引水系统非恒定流模型试验以及地下水渗流模型的内容与方法，同时给出了水利工程泄水建筑物、水电站有压引水管道非恒定流和土石坝渗流沙槽模型试验示例；第 4 章主要介绍了定床河工模型试验、动床河工试验、悬移质动床模型试验和推移质动床模型试验的内容和方法；第 5 章主要介绍了水工结构模型试验的相似条件、设计内容、试验材料、模型制作，以及试验时荷载的施加方法等，并详细介绍了拱坝模型试验的步骤、测点布置、数据采集；第 6 章阐述了地质力学模型的相似准则与设计原则、试验材料、荷载施加方法等，并以地下洞室模型试验为示例，详细给出了模型设计制作过程、试验步骤、试验仪器、测点布置、数据采集；第 7 章主要介绍了水利工程模型试验的规划设计、模型的制作与安装等；第 8 章主要介绍了水利工程模型试验中流速、流量、水位波高、掺气水流、空化水流、泥沙含量、压力压强、应力应变以及位移的测量仪器与测量方法；第 9 章为模型试验测量误差分析、试验数据的统计，以及试验报告编写等。

本书第 1、2、3、8 章由黄灵芝编写，第 4 章由王飞虎编写，第 5、6 章由司政编写，第 7、9 章由李炎隆编写。全书由黄灵芝统稿。

本书编写过程中，得到西安理工大学水利水电学院水利水电工程系教师李守义、张晓宏、柴军瑞、杨杰、宋志强、许增光、覃源、李晓娜、王琳等的支持，书稿完成过程中还得到皇甫秉辉、霍晓宇、云甲等研究生的大力支持，在此表示衷心的感谢。

限于编者的经验与水平，书中难免存在错误和疏漏之处，真诚欢迎读者批评指正。

编　者

2020 年 4 月

目　　录

1 模型试验概述

1.1 模型试验的意义

随着有限元技术的发展，计算机在结构应力分析中的应用越来越广泛，但因水工建筑物的地质结构特性以及边界条件等通常较为复杂，特别像拱坝这类空间壳体结构以及建造在复杂地基上的水工建筑物的强度和稳定性问题，较难采用合适的理论计算方法精确地分析其应力、位移和安全度。为了弥补理论计算方法的不足，常借助于模型试验来解决空间问题和验证理论计算成果的合理性、正确性，以确保工程方案的安全可靠和经济合理。

目前关于这些问题的研究方法除了理论计算分析之外主要还包括原型观测和模型试验等。

原型观测是对现场自然条件、已建或在建工程原型进行现场观测，以便更好地认识自然和检验设计计算理论、方法和成果的可靠性。近年来，国内外对于原型观测研究越来越重视，有些观测研究规模十分庞大。原型观测避免了实验室研究中因比尺效应而影响精度等问题，因而可以获取较为可靠的观测数据。但是原型观测不仅消耗巨大的人力和物力，而且还存在着观测上的种种限制和困难。例如，某些特殊工况条件下就较难进行原型观测和取得可靠的数据，而这些数据可能恰恰是人们最期望取得的。此外，原型观测中各种因素掺和在一起，十分复杂，不容易把人们感兴趣的因素分离出来。所以，尽管某些原型观测已经取得重大进展，但目前仍有许多原型观测无论在观测手段还是在数据处理方面都不够成熟，根据观测资料得出的成果差异也较大。

模型试验就是仿照原体实物，按照相似准则将原型缩制成模型进行试验研究。如想了解原体的实际现象和性质，或检查其水力安全性，就可以用模型重演与原体相似的自然情况进行观测和分析研究，然后按照一定的相似准则引申到原型，从而作出判断，这就是模型试验的基本任务。因此，运用模型试验的方法，不仅可以论证工程设计的安全性和合理性，而且还可以预见原型可能发生的现象，同时，对设计时所依据的理论和技术提前进行验证。因此，在现阶段，人们仍不得不凭借模型试验手段来解决某些实际工程问题，特别是在重大工程中，模型试验研究更被认为是不可缺少的环节。例如我国的长江三峡工程，单就泥沙淤积问题就投入了大量人力、物力，在不同的研究单位进行了不同类型、不同比尺的模型试验，获得了丰硕的研究成果。

当然，模型试验本身也存在不少的问题。首先是模型材料还不能做到与原型的力学特征完全相似；其次，对于温度变化、地震及渗透压力等引起的应力状态，还很难准确地模拟。这些问题都有待于今后进一步探讨研究。

1.2 模型试验的发展历程

关于相似现象的学说，早在 1686 年在牛顿（I. Newton）的著作中已有阐述。但直到

1848 年，别尔特兰（J. Bertrand）才首先确定了相似现象的基本性质，并提出尺度分析的方法。1870 年左右，弗劳德（W. Froude）进行船舶模型试验，提出了著名的弗劳德数，奠定了重力相似准则的基础。1885 年雷诺（O. Reynold）第一个应用弗劳德数进行摩塞（Mersey）河模型试验，研究潮汐河口的水流现象。次年，哈哥特（Veron-Harcourt）又进行了莱茵河口模型试验。1898 年恩格思（H. Engels）在德国首创河工实验室，从事天然河流的模型试验。不久，费礼门（J. R. Freeman）创设美国标准局水工实验室，从事水工建筑物的模型试验。此后，欧美各国模型实验室的兴建蔚然成风。

1906 年，美国威尔逊（J. S. Wilson）用橡皮材料制作重力坝断面模型，进行结构模型试验；1930 年，美国垦务局采用石硅藻土制作胡佛重力拱坝（Hoover dam）模型，进行山岩压力等试验研究。

20 世纪 20 年代，法国、意大利开始进行结构模型试验，当时主要采用机械式引伸计进行应变测量。30 年代初，电阻应变片问世，并逐步在结构模型试验中得到应用，为试验的发展和推广创造了有利条件。

20 世纪 30～40 年代，模型模拟理论与试验技术得到发展，使得二维和三维结构模型试验得到了很好的理论和技术支持。

20 世纪中期，坝工建设迅速发展，模型材料、试验技术等方面取得突破，使结构模型试验研究领域的深度和广度都得到进一步发展，静力学试验、破坏试验以及地质力学模型试验都成为可能。1947 年，葡萄牙里斯本建立国家土木工程研究所（LNEC），其特点是制作小比例尺模型，一般为 1∶200～1∶500，该研究所是小比例尺结构模型试验的著名代表。1951 年，意大利建立了著名的贝加莫（Bergamo）结构模型试验所（ISMES），该所进行了大量的结构模型试验研究，其特点是采用大比例尺模型，一般为 1∶20～1∶80，该实验室是大比例尺结构模型试验的著名代表。在此期间，许多国家（如法国、德国、英国、西班牙、南斯拉夫、苏联、澳大利亚、日本、中国等）相继开展了模型试验工作，并多次举行国际性的学术讨论会。例如，1959 年 6 月在马德里举行的结构模型国际讨论会，全面讨论了结构模型的相似理论、试验技术及其实际应用。1963 年 10 月在里斯本举行的混凝土坝模型讨论会，对混凝土坝的结构模型试验技术，包括破坏试验和温度应力试验等有关问题进行了讨论，其后又多次组织专题讨论会。1967 年，第九届国际大坝会议，以及同年举行的国际岩体力学会议，提出了模型试验中用块体组合来模拟多裂隙介质岩体的设想等。

20 世纪 70 年代初，结构模型试验进入新的发展阶段，地质力学模型试验得到广泛应用。地质力学模型试验的开展，扩大了结构模型试验研究的领域，使其可用于研究坝体和坝基的联合作用、重力坝的坝基抗滑稳定、拱坝的坝肩稳定、地下洞室围岩的稳定等问题。ISMES 的富马加利（E. Fumagali）教授等人对地质力学模型材料进行了不少开创性的研究工作。1970 年第二届国际岩体力学会议，巴顿（N. R. Barton）作了有关强度地质力学模型材料的报告。ISMES 首次成功进行了拱坝坝肩稳定小块体地质力学模型试验。南斯拉夫地质与基础工程学院进行了格兰卡列夫拱坝（Grancarevo Arch Dam）的地质力学模型试验，其模块数量达到 10 万块以上。葡萄牙等国也相继开始了地质力学模型试验研究工作。1979 年 3 月，地质力学物理模型国际讨论会在意大利贝加莫召开，会议讨论了地质力学模型的试验理论、试验技术及其在大坝、边坡、洞室等工程领域的实际应用问题。中国在 20 世纪 70 年代中后期开始地质力学模型试验研究。在此期间，计算理论和计算机技术也取得了巨大的成就，数值计算开始应用于结构受力分析，结构模型试验的重点便转向解决一些重大和复杂的工程问题。

20 世纪 30 年代初，中国在德国进行了黄河治导工程模型试验，并开始酝酿引进西方水工模型试验技术，筹建国内水工实验室。1933 年，天津建立了中国第一个水工研究所；1934 年，清华大学成立了水利实验馆；1935 年，在南京筹建了中央水工试验所，后更名为南京水力实验处；之后，全国建立了更多的水工模型试验研究机构。

20 世纪 50 年代，中国兴建了一批混凝土坝。为了研究大坝的水力特性、解决混凝土坝特别是拱坝的应力分析问题，1956 年，清华大学成立了中国第一个水工结构实验室。广东流溪河拱坝（坝高 78m）试验是我国第一个混凝土坝的结构模型试验，在清华大学水工结构实验室进行，主要研究大坝的水力特性，多个单位的科研技术人员参加了这一试验研究工作。同年，中国水利水电科学研究院建立了结构模型实验室，此后，更多的水利水电科研单位和高等院校相继建立了模型实验室，开展结构模型试验研究工作。50 年代末期，还进行过大头坝、蜗壳等结构的模型试验。试验工作开展初期以线弹性应力模型试验为主，之后开始进行模型破坏试验，以及地质力学模型试验。

20 世纪 60 年代，模型试验中开始模拟坝基地质构造。中国水利水电科学研究院进行了拱坝和宽缝重力坝的结构模型破坏试验，清华大学开展了青石岭拱坝地质力学模型试验等。

20 世纪 70 年代，中国兴建了一批砌石拱坝，为了配合工程设计，进行了砌石拱坝结构模型试验，以及拱坝坝肩抗滑稳定模型试验。在混凝土重力坝结构模型试验方面，多以研究有软弱夹层的坝基抗滑稳定及软弱坝基对坝体应力的影响为主。1972 年，华北水利水电学院（现已改名为华北水利水电大学）结合朱庄、双牌、大黑汀等工程，利用结构模型进行了具有软弱夹层的岩基重力坝抗滑稳定试验研究。此外，华东水利学院（现河海大学）结合新安江、陈村和安砂等工程，开展纵缝对混凝土重力坝工作形态影响的试验研究。20 世纪 70 年代中期安徽省水利科学研究所在丰乐双曲拱坝结构模型试验中进行了坝体表面和坝基内部应变的测量工作。70 年代后期，长江水利水电科学研究院开始进行地质力学模型材料的试验研究，并且开展了平面地质力学模型试验。

20 世纪 80 年代，武汉水利电力大学（现武汉大学水利水电学院）、清华大学等开始进行高拱坝三维地质力学模型试验。

进入 21 世纪，中国高拱坝建设蓬勃开展。由于对高拱坝特性的认识超出了人们的认知，因此，地质力学模型试验得到重视，并广泛开展起来。

在中国模型试验的发展历程中，高等院校及科研单位做出了巨大的贡献。

清华大学相继开展了流溪河、响洪甸、青石岭、紧水滩、东风、渔子溪、陈村、风滩、铜头、安康、牛路岭、新丰江、龙羊峡、东江、二滩、李家峡、江垭、小湾、溪洛渡、锦屏一级、拉西瓦、薯沙溪等大坝结构模型及地质力学模型试验。

四川大学也做了许多坝工结构模型试验，提出了采用变温相似材料进行强度储备试验的新方法。该方法在模型材料中加适量的高分子材料及胶结材料，同时配置温度变化系统，在试验过程中通过升温的办法使高分子材料逐步熔解，材料的力学参数就逐步降低，从而可以在一个模型上实现强度储备与超载相结合的综合试验。这一方法已应用于溪洛渡、沙牌、铜头、百色、锦屏一级等大坝模型试验中。

武汉水利电力学院（现武汉大学水利水电学院）自 20 世纪 80 年代起，开展了一系列结构模型试验和地质力学模型试验。

西安理工大学于20世纪50年代开始水工模型试验，目前已针对高速水流、泄水建筑物优化、下游消能防冲等多项专题设计了大量的试验模型，广泛运用于实际工程及教学实践。

1.3 模型的分类

生产实践中要求解决的问题是多种多样的，因而提出的试验任务也就各不相同，同时由于试验条件的限制，往往要求采取不同的模型来达到各种目的。常用的模型有以下几种划分方式。

1. 按模型的几何相似性来划分

(1) 正态模型。在空间三个方向（即长、宽、高）的尺度采用同一长度比尺，因而与原型完全几何相似的模型，称为正态模型。水工建筑物一般多采用这类模型。

(2) 变态模型。在空间三个方向的尺度采用不同的长度比尺，因而与原型几何上不完全相似的模型，称为变态模型。这种模型用于某些特殊情况。例如长的河道，其模型的三个比尺若采用同一比尺，则可能变得很细长，因而有些条件（如试验场地、糙率相似等条件）就很难满足。为此，宽度与深度可用较小的比尺，而长度用较大的比尺来做模型；又如大水域的波浪试验模型，可在平面上采用较大的比尺，而在深度方向采用较小的比尺来做模型，从而保证模型内一定的水深及其他边界条件的满足。总之，对于具体的工程来讲，我们应根据实际情况来选取适当的比尺进行模型设计的工作。

2. 按模型模拟的范围来划分

(1) 整体模型。包括整个水工建筑物或整个被研究对象的模型，称为整体模型。例如研究水闸过水流态时，取整个水闸及水闸上下游的河道做成的模型；研究溢流坝、船闸、电站互相毗邻的水利枢纽模型等。

(2) 半整体模型。当建筑物很宽，且结构对称时，由于试验场地或供水能力的限制而不能制作整体模型时，就可取其一半来制成模型，称为半整体模型。在制作闸孔很多的大型水闸模型时，就可以这样做。

(3) 局部模型。为了更详细研究建筑物的某个局部水流现象而取出某个局部做成的模型，称为局部模型。

(4) 概化模型。当主要要求研究某些水工建筑物的水流泥沙运动特性，或仅为数学模型提供相关参数时，可将研究对象进行概化，然后进行研究，称为概化模型。

(5) 断面模型。当被研究对象很长或很宽，需按平面问题处理时，则可取一个或数个断面做成模型，称为断面模型。例如多孔水闸或溢流坝，可取其中一孔制成模型，通过试验来研究它的过水能力、消能措施等。

3. 按床面性质来划分

(1) 定床模型。试验过程中，固体边界固定不变的模型，称为定床模型。一般研究水流运动状态时常采用这种模型。

(2) 动床模型。试验过程中，固体边界随水的流动而不断变化的模型，称为动床模型。研究水工建筑物上下游的冲淤问题时常采用这种模型。

4. 按研究对象的侧重点来划分

（1）水工模型。水工模型是指主要针对水工建筑物的工程水力学及工程设计等问题进行研究的模型，包括水工常规模型和水工专题模型。

（2）河工模型。河工模型主要是用以研究河道的水流和泥沙运动状态、河道冲淤变化规律及河道治理工程效果等方面的模型。

（3）水工结构模型。水工结构模型是指针对水工建筑物强度、刚度、稳定性以及为了了解结构的受力变形形态和破坏模式所建立的模型。

（4）地质力学模型。地质力学模型是指与工程及其岩石有关、能反映出一定范围内具体工程地质构造变化及地壳运动规律的模型。

5. 按模拟方法来划分

（1）物理模型。物理模型是指将研究对象按照一定的相似条件或相似准则缩制的实体模型。物理模型具有直观性强，对工程结构近区模拟的准确性高，并能准确反映复杂几何边界、复杂流态等方面的优点，但它受模型比尺等的限制，往往前期实体模型耗费时间较长，投入资金多，若出现方案变化不易实现。

（2）数学模型。数学模型是指针对研究对象和需要研究的问题建立基本方程式，按定解条件进行数值计算研究的模型。数学模型在模拟非恒定流场随时间变化时有较好的效果，宏观上能给出计算域中的整体流态特征。但是，如模拟水域的形态比较复杂，特别是一些复杂的水工建筑物，形态各异，尺寸相差悬殊，数学模型对建筑物的形态逼近受到离散网格的制约，往往影响模拟的精度。

（3）复合模型。复合模型是指将物理模型和数学模型相结合的模型。它们有各自的优点但也存在着局限性。有些问题的研究需要综合物理模型和数学模型的优点来模拟研究，复合模型正是在这种情况下出现的。

6. 按模型试验采用的试验流体来划分

（1）水流模型。用水作为介质来研究相关问题的模型称为水流模型。

（2）气流模型。用空气作为介质来研究相关问题的模型称为气流模型，其成果一般供规划比较方案之用。

（3）其他液体或介质模型。当模型采用与原型相同的介质进行试验，测量困难或难以掌握某些物理现象的演变过程，甚至还会歪曲所研究的现象时，可用其他介质所产生的物理现象来模拟所要研究的水力现象。如地下水渗流模型，就经常采用黏滞流模型、水力网模型和电模型（导电液和电网络）等。

1.4 模型试验存在的问题及发展趋势

近年来，随着我国在复杂地质条件下工程建设如火如荼地开展，模型试验出现了加快发展的势头，也因此对模型设计、模型材料、加载技术、试验量测设备等方面都提出了更高的要求。新型模型材料的发现、复杂多因素的模拟、加载技术的改进以及量测设备及技术的发展等成为模型试验需进一步研究和探索的课题。

1. 从单学科向多学科研究转变

模型试验不仅是水工结构问题，而且与岩石力学、材料科学、水力学等多学科密切相关。

2. 模型材料

为了更合理地模拟基岩中的断层、节理等软弱结构面，大比例尺模型试验是未来的发展方向，这就要求材料科学有较大的进步，发现新型模型试验材料，满足大比例尺模型的需求。在模型试验中，对地基岩体内的断层、节理等软弱结构面，一般多采用不同的薄膜、纸张、润滑油或化学涂料等，模拟其力学变形特性。在试验中岩体和夹层的力学参数均不能变化，若要改变力学参数，则需要改变一次力学参数，相应地做一个模型，综合多个模型的试验结果，反映其力学参数的变化过程，显然这是不经济的。而要在同一个模型上实现岩体或软弱结构面力学参数的变化，关键的问题是要在模型材料上有所突破，研制出新型模型材料，以实现模型中岩体及软弱结构面材料强度的逐步变化。四川大学提出的变温相似材料是一个很好的尝试和突破，但是该方法忽略了温度变化对地基和拱坝应力的影响，而通常情况下温度的改变对混凝土高拱坝特性是一个很重要的影响因素，因此，这种通过变温改变力学参数的方法对试验成果的准确模拟会有怎样的影响，以及如何削弱这一影响，还有待进一步的研究和完善。

3. 加载技术

为满足模拟实际工程中结构多向受力环境的要求，模型试验加载方式也应朝着多向加载的方向发展，并且随着伺服加载系统在土木、岩土结构试验中的广泛应用，模型试验的加载系统也应趋向于采用伺服控制系统，在加载过程中实现全过程实时监控。对于混凝土坝体结构，全级配、大体积、多向受力结构模型试验是未来的发展方向。

4. 荷载模拟技术

温度和渗流是作用在水工混凝土结构和基岩上的两大重要荷载，如何在模型试验中模拟这两类荷载，目前仍是未解决的难题。

对于混凝土拱坝，温度作用是重要的荷载之一，而进行温度应力模型试验是比较困难的。葡萄牙国立土木工程研究所曾利用油浴和蛇形管加温的方法进行大坝温度应力试验；黄文熙提出了当量荷载法进行温度应力试验。但到目前为止，满意的试验成果尚少。

对于混凝土重力坝，渗透荷载也是重要的荷载之一，目前，虽然在模型试验中对渗透体积力的模拟已有一些探索（如清华大学在锦屏二级深埋长隧洞的围岩稳定模型试验中，尝试引入渗透力），但至今尚未有较为完善的模拟手段。为了合理模拟温度作用、渗流作用等对大坝以及基岩开裂的影响，模型试验理论、荷载模拟的技术、加载设备以及模型材料等都有待进一步发展。

5. 量测系统

随着科技的进步，量测系统向着精细化、多维化、智能化、可视化的方向发展。例如，采用声发射技术监控开裂前兆、微型摄像系统监控上游坝踵开裂、内部光纤技术监控内部变形状态、三维动态光学应变量测技术等。

综上所述，对于大型工程，须结合室内物理模型试验研究、数值模拟研究以及现场监测资料等，相互验证，共同发展。

2 模型试验基础理论

2.1 量纲分析

2.1.1 量纲与单位

在描述物体运动时涉及各种不同的物理量，如长度、时间、质量、力、速度、加速度、密度等，所有这些物理量都是由其自身的物理属性和度量标准这两个因素构成的。例如长度，它的物理属性是线性几何量，度量单位可以有 m、cm、mm、光年等不同的标准。表征各种物理量属性和类别的称为物理量的量纲（或称因次）。例如长度、时间、质量这三种物理量，分别与日常生活中的远近、迟早、轻重相对应，这是三个性质完全不同的物理量，因而具有三种不同的量纲。显然，量纲是物理量的实质，不含有人为因素的影响。通常以［量纲式］的形式来表示一个物理量的量纲，例如，长度的量纲为［L］，时间的量纲为［T］、质量的量纲为［M］、速度的量纲为［LT^{-1}］、力的量纲为［MLT^{-2}］等。

为了衡量同一类别物理量的大小，可以选择与其同类的标准量加以比较，此标准量称为单位。所以，单位是人为规定的度量标准。例如，比较长度的大小，可以选择 m、cm 或 mm 作为单位，由于选择了不同的单位，同一长度的物理量可以用不同的数值来表示，可以是 1m，100cm 或 1000mm，可见有量纲的物理量其数值的大小将随单位不同而变化。

一个力学过程所涉及的各种物理量有时其量纲之间是有联系的。例如，速度的量纲就是与长度和时间的量纲的组合。根据物理量量纲之间的关系，可将物理量的量纲分为基本量纲与诱导量纲。

基本量纲是相互独立的量纲，即任何一个基本量纲都不能由其他的基本量纲推导出来。例如长度［L］、时间［T］、质量［M］彼此是相互独立的，它们都是基本量纲。

诱导量纲则是由基本量纲推导出来的，也称为导出量纲。例如速度［U］、压强［P］等都是诱导量纲，用以上基本量纲可表示为［LT^{-1}］、［$ML^{-1}T^{-2}$］。

基本量纲一般取三个，但不是必需的，也可多于或少于三个。在力学问题中，与国际单位制（SI）相对应，一般选择长度［L］、时间［T］、质量［M］为基本量纲，力［F］是诱导量纲。而在实际工程中，过去广泛采用工程单位制，其基本量纲习惯采用长度［L］、时间［T］、力［F］为基本量纲，这时质量［M］是诱导量纲。目前，工程单位制已逐渐被国际单位制（SI）所取代，所以很少采用长度［L］、时间［T］、力［F］作为基本量纲。

如果某一物理量可用基本量纲表达，且其表达式中各基本量纲的指数均为零，例如［X］=［$M^0L^0T^0$］=［1］，即把该物理量 X 称为无量纲数、无量纲量或者量纲为 1 的数。无量纲数可以由基本量纲和诱导量纲组合表达。无量纲数具有如下特点：

1）量纲表达式的指数均为零；

2）没有单位；

3）量值与所采用的单位制无关。

根据基本量纲彼此之间相互独立、不能由其他基本量纲表达的性质，则可推知基本量纲的判定条件。根据 GB 3101—1993，在物理量代表符号前面加“dim”表示量纲，例如质量的量纲表示为 dim$m$。任一物理量 X 的量纲可以表达为 $\dim X=L^aM^bT^c$。假设 A、B、C 为三个基本量纲，其成立的条件是幂乘积不是无量纲数，即式（2-1）的非零解不存在。

$$(\dim A)^x(\dim B)^y(\dim C)^z = M^0L^0T^0 = 1 \tag{2-1}$$

则 A、B、C 的量纲可以分别表示为：

$$\left.\begin{aligned}\dim A &= M^{a_1}L^{b_1}T^{c_1}\\ \dim B &= M^{a_2}L^{b_2}T^{c_2}\\ \dim C &= M^{a_3}L^{b_3}T^{c_3}\end{aligned}\right\}$$

将其代入式（2-1），则关于幂指数的关系式为：

$$\left.\begin{aligned}a_1x+a_2y+a_3z&=0\\ b_1x+b_2y+b_3z&=0\\ c_1x+c_2y+c_3z&=0\end{aligned}\right\} \tag{2-2}$$

方程（2-1）有唯一零解，则

$$\begin{vmatrix}a_1 & a_2 & a_3\\ b_1 & b_2 & b_3\\ c_1 & c_2 & c_3\end{vmatrix} \neq 0$$

即可认为变量 A、B、C 相互独立，可以作为基本量纲。

根据经验，可以把物理量分为三类：几何物理量、运动学物理量、动力学物理量。水力学常见的三类物理量见表 2-1。

表 2-1　常用物理量量纲和单位

物理量		量纲		单位制（SI 制）
		（L、M、T）	（L、F、T）	
几何学量	长度 l	L	L	m
	水头损失 h	L	L	m
	面积 A	L^2	L^2	m^2
	体积 V	L^3	L^3	m^3
	面积矩 I	L^4	L^4	m^4
运动学量	时间 t	T	T	s
	流速 u	LT^{-1}	LT^{-1}	m/s
	流量 Q	L^3T^{-1}	L^3T^{-1}	m^3/s
	单宽流量 q	L^2T^{-1}	L^2T^{-1}	m^2/s
	重力加速度 g	LT^{-2}	LT^{-2}	m/s^2
	运动黏滞系数 v	L^2T^{-1}	L^2T^{-1}	m^2/s
动力学量	质量 m	M	$FL^{-1}T^2$	kg
	力 F	MLT^{-2}	F	N
	密度 ρ	ML^{-3}	$FL^{-4}T^2$	kg/m^3
	容重 γ	$ML^{-2}T^{-2}$	FL^{-3}	N/m^3

续表

物理量		量纲		单位制（SI制）
		（L、M、T）	（L、F、T）	
动力学量	压强 p	$ML^{-1}T^{-2}$	FL^{-2}	N/m^2
	动量 K	MLT^{-1}	FT	kg·m/s
	功能量 K'	ML^2T^{-2}	FL	J
	功率 N	ML^2T^{-3}	FLT^{-1}	J/s
	剪切应力 τ	$ML^{-1}T^{-2}$	FL^{-2}	N/m^2
	弹性模量 E	$ML^{-1}T^{-2}$	FL^{-2}	N/m^2
	动力黏滞系数 μ	$ML^{-1}T^{-1}$	$FL^{-2}T$	$N\cdot s/m^2$
	表面张力 σ	MT^{-2}	FL^{-1}	N/m

在描述物理规律时，物理量的数值会随所选用单位的不同而改变，如1m和100cm，所以采用有量纲的物理量作为自变量所表达的客观规律，其关系式中的函数会随着所选取的单位的变化而改变数值。如果要正确表示反映客观规律的关系式，则需将其中物理量表示为由无量纲数构成的关系式，这样就避免了由于所选择单位的不同而引起的数值变化。量纲分析就是确定出无量纲函数关系式，进而揭示物理量之间的客观规律。

2.1.2 量纲和谐原理

任何一种物体的运动规律，都可以用一定的物理方程来描述。凡是能够正确、完整地反映客观规律的物理方程，其各项的量纲都必须是相同的，这就是量纲和谐原理，或称量纲齐次性原理。显然，在一个物理方程中，只有同类型的物理量才能相加或相减，否则是没有意义的。比如，把水深与质量加在一起是没有任何意义的。所以，一个物理方程中各项的量纲必须一致，这一原理已为无数事实所证明。

另外，利用量纲和谐原理，还可以从侧面来检验物理方程的正确性。例如，不可压缩液体恒定总流的伯努利方程

$$z_1+\frac{p_1}{\rho g}+\frac{\alpha_1 v_1^2}{2g}=z_2+\frac{p_2}{\rho g}+\frac{\alpha_2 v_2^2}{2g}+h_w \tag{2-3}$$

式（2-3）中，每一项都是长度量纲［L］，因而该方程是量纲和谐的。如果用位置水头z_1去除以方程中的各项，即

$$1+\frac{p_1}{\rho g z_1}+\frac{\alpha_1 v_1^2}{2g z_1}=\frac{z_2}{z_1}+\frac{p_2}{\rho g z_1}+\frac{\alpha_2 v_2^2}{2g z_1}+\frac{h_w}{z_1}$$

得到由量纲为1的量组成的方程，而不会改变原方程的本质。这样既可以避免因选用的单位不同而引起的数值不同，又可使方程的参变量减少。如果一个方程在量纲上是不和谐的，则应重新检查该方程的正确性。

量纲和谐原理还可以用来确定经验公式中系数的量纲，以及分析经验公式的结构是否合理。例如：明渠均匀流的谢才公式

$$v=C\sqrt{RJ} \tag{2-4}$$

式（2-4）中，流速$[v]=[LT^{-1}]$；水力半径$[R]=[L]$；水力坡度J是量纲为1的量，所以谢才系数C就是一个有量纲的系数，根据量纲和谐原理有

$$[C]=\frac{[L][T^{-1}]}{[L^{\frac{1}{2}}]}=[L^{\frac{1}{2}}][T^{-1}]$$

应当注意，有些特定条件下的经验公式其量纲是不和谐的，说明人们对客观事物的认识还不够全面和充分，这时应根据量纲和谐原理，确定公式中各项所应采用的单位，在应用这类公式时需特别注意采用所规定的单位。量纲和谐原理最重要的用途之一，是能够确定方程中物理量的指数，从而找到物理量间的函数关系，以建立结构合理的物理、力学方程。量纲分析法就是根据这一原理发展起来的。

2.1.3 量纲分析方法-π定理

在任一物理过程中，包含有 $k+1$ 个有量纲的物理量，如果选择其中 m 个作为基本物理量，那么该物理过程可以由 $[(k+1)-m]$ 个量纲为 1 的数所组成的关系式来描述。这些量纲为 1 的数用 π 来表示，故称为 π 定理。

设已知某物理过程含有 $k+1$ 个物理量（其中一个因变量，k 个自变量），而这些物理量所构成的函数关系式未知，但可以写成一般表达式为

$$N=f(N_1,N_2,N_3,\cdots,N_k) \tag{2-5}$$

则各物理量 N_1，N_2，N_3，…，N_k 之间的关系可用下列普通方程式来表示：

$$N=\sum_i \alpha_i(N_1^{a_i},N_2^{b_i},N_3^{c_i},N_4^{d_i},N_5^{e_i},\cdots,N_k^{n_i}) \tag{2-6}$$

式中 α——量纲为 1 的系数；

i——项数；

a_i，b_i，c_i，d_i，e_i，…，n_i——项指数。

假设选用 N_1，N_2，N_3 三个物理量的量纲作为基本量纲，则各物理量的量纲均可用这三个基本物理量的量纲来表示：

$$\left.\begin{aligned}N&=N_1^{x}N_2^{y}N_3^{z}\\N_1&=N_1^{x_1}N_2^{y_1}N_3^{z_1}\\N_2&=N_1^{x_2}N_2^{y_2}N_3^{z_2}\\N_3&=N_1^{x_3}N_2^{y_3}N_3^{z_3}\\N_4&=N_1^{x_4}N_2^{y_4}N_3^{z_4}\\&\cdots\\N_k&=N_1^{x_k}N_2^{y_k}N_3^{z_k}\end{aligned}\right\} \tag{2-7}$$

或写成普通方程式：

$$\left.\begin{aligned}N&=\pi N_1^{x}N_2^{y}N_3^{z}\\N_1&=\pi_1N_1^{x_1}N_2^{y_1}N_3^{z_1}\\N_2&=\pi_2N_1^{x_2}N_2^{y_2}N_3^{z_2}\\N_3&=\pi_3N_1^{x_3}N_2^{y_3}N_3^{z_3}\\N_4&=\pi_4N_1^{x_4}N_2^{y_4}N_3^{z_4}\\&\cdots\\N_k&=\pi_kN_1^{x_k}N_2^{y_k}N_3^{z_k}\end{aligned}\right\} \tag{2-8}$$

式中 π，π_1，π_2，π_3，π_4，…，π_k——量纲为 1 的比例系数。

由量纲和谐性可知，式（2-8）方程组中各式等号两边的量纲应相等，因此方程组第二

式的 $x_1=1$，$y_1=0$，$z_1=0$，得 $N_1=\pi_1\cdot N_1$，故得 $\pi_1=1$，即 $N_1=1\cdot N_1$。

同理，第三式 $N_2=\pi_2\cdot N_2$，故 $\pi_2=1$，即 $N_2=1\cdot N_2$；第四式 $N_3=\pi_3\cdot N_3$，故 $\pi_3=1$，即 $N_3=1\cdot N_3$。

这就是说，基本物理量中的 π_1、π_2、π_3 均等于 1，这样式（2-8）可写作

$$\left.\begin{aligned} N &= \pi N_1^x N_2^y N_3^z \\ N_1 &= \pi_1 N_1 = 1N_1 \\ N_2 &= \pi_1 N_2 = 1N_2 \\ N_3 &= \pi_1 N_3 = 1N_3 \\ N_4 &= \pi_4 N_1^{x_4} N_2^{y_4} N_3^{z_4} \\ &\cdots \\ N_k &= \pi_k N_1^{x_k} N_2^{y_k} N_3^{z_k} \end{aligned}\right\} \tag{2-9}$$

将式（2-9）代入式（2-6），得

$$\begin{aligned} N &= \pi N_1^x\cdot N_2^y\cdot N_3^z \\ &= \sum_i \alpha_i [1\cdot 1\cdot 1\cdot \pi_4^{d_i}\cdot \pi_5^{e_i}\cdot \cdots \cdot \pi_n^{k_i}\cdot N_1^{(a_i+x_4d_i+x_5e_i+\cdots+x_kn_i)}\cdot \\ &\quad N_2^{(b_i+y_4d_i+y_5e_i+\cdots+y_kn_i)}\cdot N_3^{(c_i+z_4d_i+z_5e_i+\cdots+z_kn_i)}] \end{aligned} \tag{2-10}$$

由于量纲的和谐性，上式等号右边每一项的量纲都应与等号左边的量纲相同，即

$$N_1^x\cdot N_2^y\cdot N_3^z = N_1^{(a_i+x_4d_i+x_5e_i+\cdots+x_kn_i)}\cdot N_2^{(b_i+y_4d_i+y_5e_i+\cdots+y_kn_i)}\cdot N_3^{(c_i+z_4d_i+z_5e_i+\cdots+z_kn_i)} \tag{2-11}$$

由此可得

$$\left.\begin{aligned} a_i+x_4d_i+x_5e_i+\cdots+x_kn_i &= x \\ b_i+y_4d_i+y_5e_i+\cdots+y_kn_i &= y \\ c_i+z_4d_i+z_5e_i+\cdots+z_kn_i &= z \end{aligned}\right\} \tag{2-12}$$

将式（2-12）代入式（2-10），得

$$\begin{aligned} N &= \pi N_1^x\cdot N_2^y\cdot N_3^z \\ &= \sum_i \alpha_i [1\cdot 1\cdot 1\cdot \pi_4^{d_i}\cdot \pi_5^{e_i}\cdot \cdots \cdot \pi_n^{k_i}\cdot N_1^x\cdot N_2^y\cdot N_3^z] \end{aligned} \tag{2-13}$$

以 $N_1^x\cdot N_2^y\cdot N_3^z$ 除上式各项，得

$$\pi = \sum_i \alpha_i [1\cdot 1\cdot 1\cdot \pi_4^{d_i}\cdot \pi_5^{e_i}\cdot \cdots \cdot \pi_n^{k_i}] \tag{2-14}$$

上式也可写成

$$\pi = f[1\cdot 1\cdot 1\cdot \pi_4\cdot \pi_5\cdot \cdots \cdot \pi_n] \tag{2-15}$$

式中量纲为 1 的数可用式（2-8）来求，即

$$\pi = \frac{N_k}{N_1^{x_k}\cdot N_2^{y_k}\cdot N_3^{z_k}} \tag{2-16}$$

式中　N_1、N_2、N_3——三个基本物理量；

x_k、y_k、z_k——可由分子和分母的量纲相等来确定。式（2-16）就是 π 定理。

由 π 定理可知，如果物理现象规定的物理量有 n 个，其中 k 个是基本物理量，则独立的纯数有（$n-k$）个。无量纲数也叫纯数，独立的纯数也叫 π 项。

2.1.4　量纲分析方法——π 定理的应用

量纲分析方法——π 定理的应用步骤如下：

1. 方法一

(1) 确定影响某物理现象 n 个独立物理变量。

(2) 选出 k 个基本变量。

(3) 排列 $(n-k)$ 个 π 式，各个 π 式组成为

$$\pi_i = Q_i^k X^{a_i} Y^{b_i} Z^{c_i}$$

其中 X、Y、Z 为基本变量，Q_i 为 $(n-k)$ 个导出变量之一，k 可任意选项，一般取 1 或 −1；a_i、b_i、c_i 为待定指数。

(4) 根据各个 π 式必须无量纲的条件，决定 a、b、c 列出 π 式。

(5) 该物理现象可由此 $(n-k)$ 个 π 项的函数式来表示。

(6) 各 π 项可做必要的自身或互相乘除，最后使各 π 项变为一般所熟悉的或物理含义更明确的纯数。

(7) 以 π 项为变量，根据试验，确定函数关系。

2. 方法二

当某物理现象涉及变量很多（n 数大）时，运用方法一计算各个 π 项，势必会烦琐易错，可用下法简化：

(1) 步骤同方法一 (1)；

(2) 步骤同方法一 (2)；

(3) 将各基本量纲用基本变量的量纲来表示；

(4) 排列 $(n-k)$ 个 π 式，列出各个导出变数的基本量纲，然后化成基本变量的量纲；

(5) 比较基本变量量纲，即可得到各基本变量的指数。

以下步骤如方法一。具体运用举例如下：

例 2-1 通过试验研究发现，当水流流过平面壁时，液体流动的边壁切应力 τ 与液流的水力半径 R、液流断面的平均流速 u、流体的密度 ρ、流体的动力黏滞系数 μ、平面壁的绝对粗糙度 Δ 有密切关系。试采用 π 定理分析壁面切应力 τ 的表达式。

分析： 由题意知，液流流经平面壁时，共涉及 6 个物理量，选取长度［L］、时间［T］、质量［M］作为基本量纲，则在这 6 个物理量中选取水力半径 R、液流断面的平均流速 u 以及流体密度 ρ 作为基本物理量，显然，这三个基本物理量相互独立，满足 π 定理的要求。

解： 首先将这 6 个物理量写成函数表达形式：

$$\tau = f(R、u、\rho、\mu、\Delta)$$

根据 π 定理，该方程可表示为含有 3 个无量纲数构成的无量纲方程，形式如下：

$$\pi_1 = f(1,1,1,\pi_5,\pi_6)$$

由于无量纲数 1 可以省略，故无量纲方程亦可表达为：

$$\pi_1 = f(\pi_5,\pi_6) \tag{2-17}$$

无量纲数 π_1、π_5、π_6 可分别表示为：

$$\pi_1 = \frac{\tau}{R^{x_1} u^{y_1} \rho^{z_1}}$$

$$\pi_5 = \frac{\mu}{R^{x_5} u^{y_5} \rho^{z_5}}$$

$$\pi_6 = \frac{\Delta}{R^{x_6} u^{y_6} \rho^{z_6}}$$

根据量纲齐次性，第一式中，τ 应与 $R^{x_1}u^{y_1}\rho^{z_1}$ 量纲相同，μ 应与 $R^{x_5}u^{y_5}\rho^{z_5}$ 量纲相同，Δ 应与 $R^{x_6}u^{y_6}\rho^{z_6}$ 量纲相同。

对于 π_1，由于 $\dim\tau=[ML^{-1}T^{-2}]$，$\dim R=[L]$，$\dim u=[LT^{-1}]$，$\dim\rho=[ML^{-3}]$，则：$[ML^{-1}T^{-2}]=[L]^{x_1}[LT^{-1}]^{y_1}[ML^{-3}]^{z_1}$。

基于同量纲指数相等原理，可得到一个关于 x_1、y_1、z_1 的三元一次方程组：

$$\left.\begin{aligned}x_1+y_1-3z_1&=0\\-y_1&=-2\\z_1&=1\end{aligned}\right\}$$

解此方程组，得到 $x_1=0$、$y_1=2$、$z_1=1$，即可得出无量纲数 π_1 的表达形式如下：

$$\pi_1=\frac{\tau}{\rho u^2}$$

同理，按照 π_1 的求解方法，可以求出 π_5、π_6 的表达式为：

$$\pi_5=\frac{\mu}{R\rho u}$$

$$\pi_6=\frac{\Delta}{R}$$

根据雷诺数定义，π_5 又可表示为：

$$\pi_5=\frac{\mu}{R\rho u}=\frac{\nu}{Ru}=\frac{1}{Re}$$

通过对求得的 π_1、π_5、π_6 进行检验，表明 π_1、π_5、π_6 符合无量纲数的特征，从而证明求解正确，将其代入无量纲方程式（2-11）中，得到下式：

$$\frac{\tau}{\rho u^2}=f\left(\frac{1}{Re},\frac{\Delta}{R}\right)$$

上式还可改写为：

$$\tau=\rho u^2 f\left(\frac{1}{Re},\frac{\Delta}{R}\right)$$

由以上量纲分析过程可知，壁面切应力是雷诺数 Re、壁面相对粗糙度 $\frac{\Delta}{R}$ 的函数，尽管其具体的函数表达式未知，但以上推论为我们进一步研究沿程水头损失系数在不同的流态下的变化规律及相应的计算公式指明了方向。

在某些特殊情况下，比如当需要导出的某一物理量的函数关系式不能表示成显式函数时，量纲分析中，可先用隐式函数式代替，经对物理过程进行分析后，通过中间物理量来间接求解。

例 2-2 已知二维沙质河床的条件：平均水深为 h，水的密度为 ρ，水的动力黏滞系数为 μ，河床过流断面平均流速为 u，泥沙粒径为 d，泥沙的密度为 ρ_s。试用量纲分析法推求二维沙质河床条件下泥沙起动的临界剪切应力 τ_{cr}。

分析：根据水力学知识，临界剪切应力 τ_{cr} 可以用临界摩阻流速 u_{*cr} 来表达：$\tau_{cr}=\rho u_{*cr}^2$，而临界摩阻流速与断面平均流速呈正比关系：$u_{*cr}=\frac{\sqrt{g}}{C}u$，因此可以用临界摩阻流速 u_{*cr} 代替断面平均流速 u，先求出 u_{*cr} 的表达式，然后得出临界剪切应力的表达式。由于床沙在水中受到浮力作用，考虑将泥沙的密度 ρ_s 用泥沙与水的密度差（$\rho_s-\rho$）替代。通过对物理过程分析，我们所要研究的问题的影响因素为 7 个：水的密度 ρ、临界摩阻流速 u_{*cr}、泥沙粒径 d、当地重力加速度 g、水的动力黏滞系数 μ、泥沙与水的密度差（$\rho_s-\rho$）、平均水深 h。进行量纲分析时，我们选取长度［L］、时间［T］、质量［M］作为基本量纲，则在这 7 个物理量中选取水的密度 ρ、临界摩阻流速 u_{*cr} 以及泥沙平均粒径 d 作为基本物理量，这三个基本物理量相互独立，满足 π 定理的要求。

解：首先将这 7 个物理量写成隐式函数表达形式：

$$f(\rho、u_{*cr}、d、g、h、\mu、\rho_s-\rho)=0$$

根据 π 定理，该方程可表示为含有 4 个无量纲数构成的无量纲方程，形式如下：

$$f(1、1、1、\pi_4,\pi_5,\pi_6,\pi_7)=0$$

由于无量纲数 1 可以省略，故无量纲方程亦可表达为：

$$f(\pi_4,\pi_5,\pi_6,\pi_7)=0 \tag{2-18}$$

则无量纲数 π_4、π_5、π_6、π_7 可分别表示为：

$$\pi_4=\frac{g}{\rho^{x_4}u_{*cr}^{y_4}d^{z_4}}$$

$$\pi_5=\frac{h}{\rho^{x_5}u_{*cr}^{y_5}d^{z_5}}$$

$$\pi_6=\frac{\mu}{\rho^{x_6}u_{*cr}^{y_6}d^{z_6}}$$

$$\pi_7=\frac{\rho_s-\rho}{\rho^{x_7}u_{*cr}^{y_7}d^{z_7}}$$

根据量纲齐次性，在 π_4 的表达式中，当地重力加速度 g 应与 $\rho^{x_4}u_{*cr}^{y_4}d^{z_4}$ 量纲相同，平均水深 h 应与 $\rho^{x_5}u_{*cr}^{y_5}d^{z_5}$ 量纲相同，水动力黏滞系数 μ 应与 $\rho^{x_6}u_{*cr}^{y_6}d^{z_6}$ 量纲相同，泥沙与水的密度差（$\rho_s-\rho$）应与 $\rho^{x_7}u_{*cr}^{y_7}d^{z_7}$ 量纲相同。

对于 π_4，由于 $\dim g=[LT^{-2}]$，$\dim\rho=[ML^{-3}]$，$\dim u_{*cr}=[LT^{-1}]$，$\dim d=[L]$，则：$[LT^{-2}]=[ML^{-3}]^{x4}[LT^{-1}]^{y4}[L]^{z4}$。

基于同量纲指数相等原则，可得到关于 x_4、y_4、z_4 的三元一次方程组：

$$\left.\begin{aligned}-3x_4+y_4+z_4&=1\\x_4&=0\\-y_4&=-2\end{aligned}\right\}$$

解此方程组，得 $x_4=0$、$y_4=2$、$z_4=-1$，即可得出无量纲数 π_4 的表达式如下：

$$\pi_4=\frac{g}{u_{*cr}^2d^{-1}}=\frac{gd}{u_{*cr}^{\ 2}}$$

参照 π_4 的求解方法，同理可以求出 π_5、π_6、π_7 的表达式：

$$\pi_5=\frac{h}{d}$$

$$\pi_6=\frac{\mu}{\rho u_{*cr}d}$$

$$\pi_7=\frac{\rho_s-\rho}{\rho}$$

通过对求得 π_4、π_5、π_6、π_7 的进行检验，表明 π_4、π_5、π_6、π_7 符合无量纲数特征，因而

表明求解正确，将其代入无量纲方程式（2-12）中，得到下式：

$$f\left(\frac{gd}{u_{*cr}^2},\frac{h}{d},\frac{\mu}{\rho u_{*cr}d},\frac{\rho_s-\rho}{\rho}\right)=0$$

将上式变为关于临界摩阻流速 u_{*cr} 的显式函数关系式：$\frac{gd}{u_{*cr}^2}=f\left(\frac{h}{d},\frac{\mu}{\rho u_{*cr}d},\frac{\rho_s-\rho}{\rho}\right)$，则

$$u_{*cr}^2=gdf\left(\frac{d}{h},\frac{\rho u_{*cr}d}{\mu},\frac{\rho_s-\rho}{\rho}\right)$$

由于$\frac{\rho_s-\rho}{\rho}$与函数值 f 呈正比关系，所以上式可变为：

$$u_{*cr}^2=\frac{\rho_s-\rho}{\rho}gdf\left(\frac{d}{h},\frac{\rho u_{*cr}d}{\mu}\right)$$

将其代入临界剪切应力 τ_{cr} 的表达式：

$$\tau_{cr}=\rho u_{*cr}^2=\rho\frac{\rho_s-\rho}{\rho}gdf\left(\frac{d}{h},\frac{\rho u_{*cr}d}{\mu}\right)=(\rho_s-\rho)gdf\left(\frac{d}{h},\frac{u_{*cr}d}{\nu}\right)$$

由此可以看出，临界剪切应力 τ_{cr} 与泥沙和水的密度差（$\rho_s-\rho$）、泥沙粒径 d、当地重力加速度 g、相对粗糙度$\frac{d}{h}$和$\frac{u_{*cr}d}{\nu}$有关系。值得注意的是：由于$\frac{u_{*cr}d}{\nu}$中的特征尺度是泥沙颗粒的平均粒径，所以称无量纲数$\frac{u_{*cr}d}{\nu}$为沙粒雷诺数；泥沙与水的密度差（$\rho_s-\rho$）反映了泥沙颗粒受浮力作用的大小；相对粗糙度$\frac{d}{h}$反映了水深的影响，其对泥沙颗粒运动的影响是随着水深的增大而减小的，当水深 h 达到一定深度后，水深对泥沙的影响可以忽略不计。

量纲分析和 π 定理是水工试验研究中一种行之有效的数学分析方法，不仅可以借助量纲分析求得各变量之间的某种关系，还可通过 π 定理把参变量组合成个数减少了的无量纲量，使问题得到简化；有时使偏微分方程变成为常微分方程，便于求解。此外，经过量纲分析把包含若干个参变量的函数式转换为只包含几个无量纲数的函数，而这些无量纲数往往就是该函数式所描述的物理现象互为相似的一组相似准数，即设计模型试验所必须遵循的相似准则，而且这些准数也成为将试验结果进行正确处理和推广引申的依据。

必须指出，量纲分析毕竟是一种数学分析方法，具有一定的局限性和缺陷。在量纲分析中，常常由于以下原因而导致错误或出现困难：

1）错误地遗漏重要的表示物理现象特征的变量。

2）错误地列入了与所研究现象无关的变量。

3）把有量纲的常数或系数看成无量纲数，因而没有把它们列为变量之一。

4）量纲分析不能控制无量纲数，如摩擦系数等。

5）遇到量纲相同而物理意义不用的量，在分析时难以分清，如弯矩与功，它们的量纲式都是 ML^2T^{-2}，其物理意义却完全不同。

6）在所求得的若干个无量纲准数中，只凭量纲分析方法不能确定哪几个是决定性的，哪几个是次要的，有些准数相同是其他准数保持为同量的必然结果。

正确的量纲分析必须基于我们对物理现象本身正确的理解认识。越是有经验的、能把握住事物的物理本质的研究者，越能发挥量纲分析的作用，而且，结果的正确性还应该以试验来检验证实。因此，量纲分析虽有局限性，但十分有用，是研究工作中一种重要的辅助方法。

2.2 相似现象及相似概念

2.2.1 相似的定义及基本条件

在自然界中，从宏观的天体到微观的粒子，从无机界到有机界，从原生生物到人类，一般来说，都是由一定要素组成的系统，存在着某些具体的属性和特征。各个系统的属性和特征是客观存在的，不依赖于人们的感性认识而存在，在不同类型、不同层次的系统之间可能存在某些共有的物理、化学、几何等具体属性或特征。这些属性和特征具有明确概念和意义，并可以进行数值上的度量。对于两个或两个以上不同系统间存在着某些共有属性或特征，并在数值上存在差异的现象，我们称之为相似。

相似的概念首先出现在几何学中。推而广之，有物理相似。在自然界的一切物质体系中，存在着各种不同的物理变化过程，这些物理变化过程可以具体反映各种物理量（如时间、力、速度、加速度、位移、变形等）的变化。物理相似，是指不同物理体系的形态和某种变化过程的相似。通常所说的“相似”，有下面三种类型：

1）相似，或同类相似，即两个物理体系在几何形态上，保持所对应的线性尺寸成比例，所对应的夹角角度相等，同时具有同一物理变化过程。

2）拟似，或异类相似，即两个物理体系物理性质不同，但它们的物理变化过程，遵循同样的数学规律或模式，如渗流场和电场，热传导和热扩散现象。

3）差似，或变态相似，即两个物理体系在几何形态上不相似，但有同一物理变化过程。

为了便于讨论，用下标字母 p、m 分别表示原型（prototype）、模型（model）中的物理量，用 λ_i 表示比尺，即原型量与模型量的比值。例如以 F 表示质点上的合力，则 F_p 及 F_m 分别表示原型及模型中相应点上的合力，而 $\lambda_F=F_p/F_m$ 表示原型与模型中相应点上合力的比尺。

1. 几何相似

几何相似是指原型和模型的几何形状相似，也就是说要求原型和模型中所有相应线性长度都保持一定的比例关系，即

$$\lambda_l = l_p/l_m \tag{2-19}$$

式中 λ_l 为长度比尺，几何相似的结果必然使原型与模型的相应面积 A 和体积 V 也都保持一定的比例关系，即

$$\lambda_A = A_p/A_m = l_p^2/l_m^2 = \lambda_l^2 \tag{2-20}$$

$$\lambda_V = V_p/V_m = l_p^3/l_m^3 = \lambda_l^3 \tag{2-21}$$

可以看出，几何相似是通过长度比尺 λ_l 来表达的。

2. 运动相似

运动相似是指模型与原型两个流动中任何相应质点在相应瞬间里做相应位移。所以运动状态的相似要求流速相似和加速度相似，或者两个流动的流速场和加速度场相似。即

$$\lambda_v = v_p/v_m \tag{2-22}$$

若流速用断面平均流速 v 表示，则流速比尺为

$$\lambda_v = v_p/v_m = \frac{l_p/t_p}{l_m/t_m} = \lambda_l/\lambda_t \tag{2-23}$$

式中 λ_t——时间比尺。

流速相似也就意味着各相应点的加速度相似，因此加速度的比尺为

$$\lambda_a = a_p/a_m = \frac{l_p/t_p^2}{l_m/t_m^2} = \lambda_l/\lambda_t^2 \tag{2-24}$$

3. 动力相似

两个几何相似体系中，对应点上的所有作用力方向相互平行，大小成同一比例，则这两个体系动力相似，即力的作用相似。

$$\lambda_F = F_p/F_m$$

式中　λ_F——力的比尺。

一个物理体系，可能存在有多个动力作用。如水利工程中，可能遇到的作用力包括惯性力、重力、黏滞力、摩阻力、表面张力和弹性力等。在动力相似体系中，所有这些对应的力的方向应相互平行、大小成同一比例。

4. 边界条件及初始条件的相同或相似

一切水流都必须受到与其直接相邻的周围情况的影响，所以要使模型与原型流动相似，除了以上三个条件外，还应有边界条件的相似。所谓边界条件的相似就是要求边界上约束流动的条件相同。例如，原型的某一段具有自由水面，模型中与之相应的一段边界也应具有自由水面；原型中某段边界是固体边界，则模型中的相应位置也应是固体边界。此外，任何物理过程的发展都直接受起始状态的影响，所以对于非恒定流动还要求有相似的初始条件。例如，原型流动中各点处在 t_{0p} 瞬时的流速为 v_{0p}，则模型中各相应点在相应瞬时 t_{0m} 的流速为 v_{0m}，并且 v_{0p} 与 v_{0m} 应保持一定的比例 λ_{v0}。

以上四种相似是模型与原型保持完全相似的必要条件，同时具备这四种相似就使得模型与原型的流动是相似的。这四种相似是互相联系和互为条件的，例如几何相似是运动相似和动力相似的前提与依据，动力相似是决定流动相似的主导因素，运动相似是几何相似和动力相似的表现。四个相似是一个密切相关的统一整体，是缺一不可的。

2.2.2 相似三定理

相似理论揭示了相似的物理现象之间存在的固有关系。人们可以根据该理论找出同名物理量之间的固定比数，并将该理论应用在科学试验及工程技术实践中。

本书讨论的相似理论主要应用于模型试验。模型试验的任务是将作用在原型上的物理现象，在缩尺模型上重现，从模型上测出与原型相似的物理现象和数据，如应力、位移等，再通过模型相似关系推算到原型，从而达到用模型试验来研究原型的目的，以校核或改进设计方案。

人们对自然界相似现象及规律的认识和研究已有 200 多年的历史了，一些学者对相似理论进行总结，提出了具有概括性的“相似三定理”。

1. 相似第一定理

相似第一定理可表述为：“彼此相似的现象，以相同文字符号的方程所描述的相似指标为 1，或相似判据为一不变量。”

相似指标等于 1 或相似判据相等是现象相似的必要条件。相似指标和相似判据所表达的意义是一致的，互相等价，仅表达式不同。

相似第一定理是由法国科学院院士贝特朗（J. Bertrand）于 1848 年确定的，其实早在 1686 年，牛顿（Isaac. Newton）就发现了第一相似定理确定的相似现象的性质。现以牛顿

第二定律为例，说明相似指标和相似判据的相互关系。

设两个相似现象，它们的质点所受的力 F 的大小等于其质量 M 和其受力后产生的加速度 a 的乘积，质点所受力的方向与加速度的方向相同，则对第一现象有

$$F_1 = M_1 a_1 \tag{2-25}$$

对第二个对象有

$$F_2 = M_2 a_2 \tag{2-26}$$

因为两现象相似，各物理量之间有下列关系：

$$\lambda_F = \frac{F_2}{F_1},\quad \lambda_M = \frac{M_2}{M_1},\quad \lambda_a = \frac{a_2}{a_1} \tag{2-27}$$

式中 λ_F、λ_M、λ_a——两相似现象的同名物理量之比，即相似系数。

将式（2-27）代入式（2-26），得

$$\lambda_F F_1 = \lambda_M M_1 \lambda_a a_1$$

$$\frac{\lambda_F}{\lambda_M \lambda_a} F_1 = M_1 a_1 \tag{2-28}$$

对比式（2-28）和式（2-25）可知，必须有下列关系才能成立：

$$\frac{\lambda_F}{\lambda_M \lambda_a} = \lambda_i = 1 \tag{2-29}$$

式中 λ_i——相似指标，它是相似系数的待定关系式。

若将式（2-28）移项可得如下形式：

$$\frac{F_1}{M_1 a_1} = \frac{\lambda_M \lambda_a}{\lambda_F} = \frac{1}{\lambda_i} = 1 \tag{2-30}$$

同理由式（2-26）可得

$$\frac{F_2}{M_2 a_2} = 1 \tag{2-31}$$

则

$$\frac{F_1}{M_1 a_1} = \frac{F_2}{M_2 a_2} = \frac{F}{Ma} = K = idem \tag{2-32}$$

式中 K——各物理量之间的常数，称为相似现象的“相似判据”或称“相似不变量”，它是相似物理体系的物理量的特定组合关系式；$idem$ 表示同一个数的意思。

由式（2-32）可知，两个相似现象中，它们对应的质点上的各物理量虽然是 $F_1 \neq F_2$，$m_1 \neq m_2$，$a_1 \neq a_2$，但它们的组合量 F/ma 的数值保持不变，这就是“两物理量相似其相似指标等于 1”的等价条件。总之，以牛顿第二定律为例可得相似指标和相似判据的关系如下：

牛顿第二定律

$$F = Ma$$

相似系数

$$\lambda_F = \frac{F_2}{F_1},\quad \lambda_M = \frac{M_2}{M_1},\quad \lambda_a = \frac{a_2}{a_1}$$

相似指标

$$\frac{\lambda_F}{\lambda_M \lambda_a} = 1 \quad 或 \quad \frac{\lambda_F \lambda_t}{\lambda_M \lambda_v} = 1$$

相似判据

$$\frac{F}{Ma} = idem$$

物理现象总是服从某一规律，这一规律可用相关物理量的数学方程式来表示。当现象相似时，各物理量的相似常数之间应该满足相似指标等于1的关系。应用相似常数的转换，由方程式转换所得相似判据的数值必然相同，即无量纲的相似判据在所有相似系统中都是相同的。

2. 相似第二定理

对于两个同一类物理现象，如果它们的定解（单值）条件相似，而且由定解条件物理量所组成的相似准数相等，则现象必定相似。

模型设计最关键的问题是找出满足哪些条件才达到相似。由相似第一定理我们知道，模型与原型现象相似，则必然遵循同一客观规律，具有同等的相似准数，这是以现象相似为前提得出的结论，构成了现象相似的必要条件。但是不是只要按照相似准则去设计模型的各种比尺和测量各种物理量，就能使原型和模型的现象相似并获得符合实际的试验结果呢？

给定一个方程，一般只能描述某一现象的一般规律，还不能确定具体的运动状态，必须附加一些条件（如给定开始运动情况或在边界上施加一些约束，即给出初始条件或边界条件），才能完全确定其具体运动状态。例如，不可压缩的黏性流体最普遍的运动方程式是水流运动方程和水流连续方程，只有给定自由表面边界条件和水流运动的初始条件后，这一流动才是特定的。这些条件称为定解条件或单值条件，有了这些条件就能够从一个普遍规律的无数现象中区别出某一特定的具体现象。因此，若要使某一具体的现象完全相似于另一具体现象，定解条件相似是现象相似的第二个必要条件，与相似准数相等共同构成了现象相似的充分必要条件。定解条件决定现象过程的特点，若这一条件不相似，则不可能保证现象时时处处总是相似。

定解条件相似包括：几何相似；介质物理性质相似；边界条件相似（如水流进出口处几何相似、流场相似等）；初始条件相似。

相似第二定理讨论了满足那些条件（必要而且充分）现象才达到相似的问题。模型设计的关键问题就在于找出必须遵循的相似条件，因此相似第二定理是相似理论的核心。

3. 相似第三定理

表示物理过程的微分方程式可以转换为由若干个无量纲的相似准数组成的准数方程式。

如前所述，两物理体系相似，则表示其运动规律的方程式中的各物理量都乘上一对应比数（比尺）后的方程式仍然不变，由此可以得到若干个无量纲的相似准数。描述某一物理现象的微分方程式既然表达了某些物理量间的函数关系，那么由这些物理量所组成的相似准数之间必然也存在着某种函数关系，称为相似准数方程或相似判据方程。各相似准数都是一个无量纲的复合数，如牛顿数、弗劳德数、雷诺数等。相似准数方程可表示为：

$$f(\pi_1, \pi_2, \cdots, \pi_n) = 0$$

因此，相似第三定理又可称为前面所述的 π 定理。由前面介绍的可知 π 定理，一个有 n 个变量参与作用的物理过程的函数式，经过处理，可以变为仅包含若干个无量纲数的函数式，此准数方程与原微分方程表达的是同一物理规律。我们知道，物理现象相似也就是各物理量改变一个倍数而其运动规律保持相同，即表示其运动规律的方程式不变。由于准数方程中所包含的都是无量纲数，其数值不会随单位更换而改变，那么将准数方程的各项数值倍增或倍减某一个比数，即可得到表征某一物理现象的具体函数关系式。也就是说，模型试验的结果若整理成准数方程后就可推广到原型中去。因此，对于凭借数学分析方法无法求解或难以求解的一些复杂现象的方程，以及尚未建立起数学方程的某些物理现象，相似理论提供了通过模型试验进行求解的一个有效途径。

综上所述，以相似三定理为总结的相似理论实质上是指导模型试验的基本理论，是规划试验方案、进行模型设计、组织试验、分析试验成果以及将试验结果推广到原型的理论依据。按照相似理论，我们在模型试验中，必须满足定解条件相似，必须使相似准数相等，应当采集相似准数中所包含的各个物理量，并且将试验成果整理成相似准数之间的函数关系式，这样才可以将它们推广到原型中去。

2.2.3 相似准数的确定方法

相似准数如何确定，这是在弄清楚三个相似定理以后留下来的一个问题。目前常用的相似准则导出方法主要有 3 种，即定律分析法、方程分析法和量纲分析法。从理论来说，3 种方法可以得出同样的结果，只是用不同的方法来对物理现象（或过程）作数学上的描述。但在实际运用上却有各自不同的特点、限制和要求。

1. 定律分析法

定律分析法要求人们对所研究的现象必须充分运用已经掌握的全部物理定律，并能辨别其主次。一旦这个要求得到满足，问题的解决并不困难，而且还可获得数量足够的、能反映现象实质的 π 项。然而这种方法的缺点是：①由于就事论事，看不出现象的变化过程和内在联系，故作为一种方法缺乏典型意义；②由于必须找出全部物理定律，所以对于未能全部掌握其机制的、较为复杂的物理现象，运用这种方法是不可能的，甚至无法找到它的近似解；③常常会有一些物理定律，对于所讨论的问题表面看上去关系并不密切，但又不宜妄加剔除，需要通过试验去找出各个定律间的制约关系，和决定哪个定律对问题来说是重要的，因此在实际上为问题的解决带来不便。

2. 方程分析法

方程分析法即首先分析相似运动体系必须共同遵守的运动规律，建立基本微分方程式及其相应的定解条件，然后进行相似变换，从而得到表示其主要特征的相似参数。此方法严格、可靠，但如果研究对象影响因素复杂，不能建立相应的物理方程式，则不能应用此方法。

在上节中，我们通过对牛顿第二定律进行相似变化，得到力学相似体系中最基本的相似准数，即

$$\left(\frac{Ft}{Mv}\right)_{\mathrm{p}} = \left(\frac{Ft}{Mv}\right)_{\mathrm{m}} = idem = K$$

若将上式中的质量 M 和 ρV（V 为体积）代换，则可得到：

$$\lambda_M = \lambda_\rho \lambda_V = \lambda_\rho \lambda_l^3$$

代入上节相似指标公式得：

$$\frac{\lambda_F}{\lambda_\rho \lambda_l^2 \lambda_v^2} = 1 \tag{2-33}$$

或

$$\left(\frac{F}{\rho l^2 v^2}\right)_{\mathrm{p}}=\left(\frac{F}{\rho l^2 v^2}\right)_{\mathrm{m}}=idem=Ne \tag{2-34}$$

式（2-34）即为牛顿相似准数的另一表达形式。牛顿数表明，在原型和模型中，对应的力之间的比尺与密度比尺的一次方，长度比尺的平方及速度比尺的平方三者的乘积相等，或者说作用在模型和原型上力与其密度的一次方、长度的平方和速度的平方三者乘积之比值等于同一常数。广义地说，如果两个几何相似体系达成运动规律相似，它们的牛顿数应相等。

对水工模型试验来说，首先应该保证水流运动的相似，而其研究和模拟的对象通常都是三维紊动水流，因此有关物理量的相似比尺关系，可由三维紊动水流的微分方程式进行相似变换导出。

由流体力学可知，描述三维紊动水流运动的直线坐标的微分方程式为：

连续方程式

$$\frac{\partial v_x}{\partial x}+\frac{\partial v_y}{\partial y}+\frac{\partial v_z}{\partial z}=0 \tag{2-35}$$

运动方程式

$$\left.\begin{aligned}
\frac{\partial v_x}{\partial t}+v_x\frac{\partial v_x}{\partial x}+v_y\frac{\partial v_x}{\partial y}+v_z\frac{\partial v_x}{\partial z}&=g_x-\frac{1}{\rho}\frac{\partial p}{\partial x}+\nu\nabla^2 v_x-\left(\frac{\partial v'^2_x}{\partial x}+\frac{\partial v'_x v'_y}{\partial y}+\frac{\partial v'_x v'_z}{\partial z}\right)\\
\frac{\partial v_y}{\partial t}+v_x\frac{\partial v_y}{\partial x}+v_y\frac{\partial v_y}{\partial y}+v_z\frac{\partial v_y}{\partial z}&=g_y-\frac{1}{\rho}\frac{\partial p}{\partial y}+\nu\nabla^2 v_y-\left(\frac{\partial v'^2_y}{\partial y}+\frac{\partial v'_y v'_z}{\partial z}+\frac{\partial v'_y v'_x}{\partial x}\right)\\
\frac{\partial v_z}{\partial t}+v_x\frac{\partial v_z}{\partial x}+v_y\frac{\partial v_z}{\partial y}+v_z\frac{\partial v_z}{\partial z}&=g_z-\frac{1}{\rho}\frac{\partial p}{\partial z}+\nu\nabla^2 v_z-\left(\frac{\partial v'^2_z}{\partial z}+\frac{\partial v'_z v'_x}{\partial x}+\frac{\partial v'_z v'_y}{\partial y}\right)
\end{aligned}\right\} \tag{2-36}$$

其中

$$\nabla^2 v_i=\left(\frac{\partial^2}{\partial x^2}+\frac{\partial^2}{\partial y^2}+\frac{\partial^2}{\partial z^2}\right)v_i(i=x,y,z)$$

式中 v_x、v_y、v_z——时均流速在 x、y、z 方向的分量；

v'_x、v'_y、v'_z——脉动流速在 x、y、z 方向的分量；

p——压强；

ν——运动黏滞系数；

ρ——密度；

g_x、g_y、g_z——单位质量力沿 x、y、z 方向的分量。

由于几何相似应得到保证，故长度比尺应满足：

$$\lambda_x=\lambda_y=\lambda_z=\lambda_l$$

由式（2-35）进行相似转化，即对原型和模型而言，均应服从这一普遍的连续性方程，可求得：

$$\lambda_{v_x}=\lambda_{v_y}=\lambda_{v_z}=\lambda_v$$

考虑脉动流速的连续方程为：

$$\frac{\partial v'^2_x}{\partial x}+\frac{\partial v'^2_y}{\partial y}+\frac{\partial v'^2_z}{\partial z}=0$$

用同样的相似转换办法可导出：

$$\lambda_{v'_x} = \lambda_{v'_y} = \lambda_{v'_z} = \lambda_{v'}$$

利用式（2-36）中的任一式，进行相似转换可求得：

$$\frac{\lambda_l}{\lambda_v \lambda_t} = \frac{\lambda_g \lambda_l}{\lambda_v^2} = \frac{\lambda_p}{\lambda_\rho \lambda_v^2} = \frac{\lambda_\nu}{\lambda_v \lambda_l} = \frac{\lambda_{v'}^2}{\lambda_v^2} = 1$$

由此可以导出有关的5个比尺关系式和相似准则，其具体形式为：

$$\frac{\lambda_v \lambda_t}{\lambda_l} = 1，\quad 即\ St = \frac{tv}{l} = idem \tag{2-37}$$

$$\frac{\lambda_v^2}{\lambda_g \lambda_l} = 1，\quad 即\ Fr = \frac{v^2}{gl} = idem \tag{2-38}$$

$$\frac{\lambda_p}{\lambda_\rho \lambda_v^2} = 1，\quad 即\ Eu = \frac{p}{\rho v^2} = idem \tag{2-39}$$

$$\frac{\lambda_v \lambda_l}{\lambda_\nu} = 1，\quad 即\ Re = \frac{vl}{\nu} = idem \tag{2-40}$$

$$\frac{\lambda_{v'}^2}{\lambda_v^2} = 1，\quad 即 \frac{v'^2}{v^2} = idem \tag{2-41}$$

上述5个比尺关系式决定三维紊动水流相似的各比尺关系，各式的意义如下：

式（2-37）中，St 称为斯特鲁哈数（Strouhal）。这个比尺关系式表示原型与模型由位变加速度引起的惯性力之比，等于由时变加速度引起的惯性力之比，它表示了两种非恒定流动在流速对时间关系上是否相似，实质上反映了水流运动连续性条件的相似要求。对于两个非恒定流动的相似，它决定了时间比尺与流速比尺、长度比尺的关系。当水流为恒定流时，水流运动方程式中的时变项为零，这个比尺关系式将自动满足。

式（2-38）中，Fr 称为弗劳德数（Froude），即模型与原型的弗劳德数应保持相等。按照弗劳德数所表明的物理力学意义，这个比尺关系式实际上表示了原型与模型惯性力之比等于重力之比，表达了重力影响的大小。因此，弗劳德数实际上表达了重力相似的条件。

式（2-39）中，Eu 称为欧拉数（Euler），即模型与原型的欧拉数应保持相等。这个比尺关系式表示原型与模型压力之比等于惯性力之比。当研究水流对边壁和建筑物的荷载时应予考虑，但研究一般明渠水流运动时，压力的影响可以不予考虑。

式（2-40）中，Re 称为雷诺数（Reynolds），即模型与原型的雷诺数应保持相等。按照雷诺数的物理力学意义，这个比尺关系式表示原型与模型惯性力之比等于黏滞力之比。因此，雷诺数实际上表达了层流状态下流体内部黏滞阻力相似的条件。

由于天然河道水流及明渠水流一般均为紊流，而紊流中黏滞力的作用比较小，因此在水工模型中一般并不要求严格满足雷诺数相等这个条件，而只要使其保持在一定的范围内就可以了。事实上，这个条件也无法严格满足，这由式（2-38）和式（2-40）就可明显看出。这时：

$$\lambda_l = \frac{\lambda_\nu^{2/3}}{\lambda_g^{1/3}}$$

当模型的几何尺寸较原型为小（通常都是如此）时，$\lambda_l>1$，则必须 $\lambda_\nu>1$，要满足这一要求，意味着不能用水做模型流体，而应使用运动黏滞系数 ν 较小的流体作为模型流体。否则，须使 $\lambda_g<1$，这又意味着增加模型的重力加速度。由于这两者均是很难做到的，为了满

足上式，就只能取 $\lambda_g=\lambda_v=1$，由此必然有 $\lambda_l=1$，即模型与原型一样大小，当然就失去做模型的意义了。

式（2-41）为紊流判据，表示原型与模型由时均流速产生的惯性力之比等于由脉动流速产生的惯性力之比。由于脉动惯性力就是紊动剪力，它消耗水流的能量，对水流产生阻力作用。对于紊动水流，黏滞力可以忽略不计，这个比尺关系式就可视为惯性力之比等于阻力之比。由此可见水流的紊动相似与阻力相似的密切关联性。应该指出，直接利用式（2-41）推导实际使用的阻力相似的比尺关系是十分困难的，因而一般都是根据每一项试验的具体水流和边界条件，根据相应的微分方程式去导出。

以上这些无量纲相似准数实质上都是两种力的比值，是通过对方程组的分析得到的。如果两组流动由同样的物理方程所描述，在其几何和边界条件相似的条件下，其相似准数 St、Fr、Eu、Re 等都相等，则可以判断这两组流动是相似的。

3. 量纲分析法

为了正确地制定试验方案和整理试验数据，并推广运用所取得的试验结果，在试验前必须首先对所研究的问题进行定性分析，然后按照一定的理论分析得出物理模型，最后把涉及的物理量组合成无量纲参数，再把这些无量纲参数写成函数形式。我们把这种在试验前的定性分析和选取无量纲参数的方法叫作量纲分析。

量纲分析法是在研究现象相似的过程中，对各种物理量的量纲进行考察时产生的。它的理论基础，是关于量纲齐次方程的数学理论。根据这一理论，一个能完善、正确地反映物理过程的数学方程，必定是量纲齐次的，这也是 π 定理得以通过量纲分析导出的理论前提。

一个现象，当它具有自身的物理方程时，量纲方程并不难建立。但是当现象不具备这种物理方程，同时又想解决问题时，量纲方程有时就能起到一定的作用。π 定理一经导出，便不再局限于带有方程的物理现象。这时根据正确选定的物理量，通过量纲分析法考察其量纲，可以求得和 π 定理相一致的函数关系式，并据此进行试验结果的推广。量纲分析法的这个优点，对于一切机制尚未彻底弄清，规律也未充分掌握的复杂现象来说，尤为明显。它能帮助人们快速地通过相似性实验核定所选参量的正确性，并在此基础上不断加深人们对现象机制和规律性的认识。

通过量纲矩阵求取相似准则的方法，形似严密，但并不凝练简洁，为此有必要加以改造。在作量纲分析时，基本物理量与基本量纲具有同等的效力。如果我们从所有的物理量中选出一组基本物理量，并把所剩物理量看成是这组基本物理量的函数，则相似准则的推求过程可大大简化。

总之，量纲方程能根据正确选择的物理量建立起带未知系数的、供相似分析用的物理方程。特别是在尚未建立适当数学模型的问题时，方程分析法就无能为力了，而以相似第三定理为主要理论基础的量纲分析法，则是有力的分析手段。

2.3 模型试验常用的相似准则

由前节可知，要使结构模型与原型相似，其相似的条件准数必须相等。而自然界的建筑物结构总是有多种力同时作用着，这样，要使模型与原型保持完全相似，就必须要求几个条件准数都相等，事实上这是很困难的。因此一般在进行模型试验时，多根据具体情况，抓住主要矛盾，使主要的条件准数保持相等，兼顾或忽略次要准数的相等，这种相似虽然是近似的，但经实践证明是能满足要求的。

2.3.1　重力相似准则

当作用在建筑物结构上的外力主要是重力时，例如流经闸、坝的水流，起主导作用的力就是重力。只要用重力代替牛顿数中的合外力 F，根据牛顿一般相似原理就可求出只有重力作用下流动相似的准则。

重力可表示为$G=\rho gV$，重力的比尺为

$$\lambda_G=\frac{G_p}{G_m}=\frac{\rho_p g_p l_p^3}{\rho_m g_m l_m^3}=\lambda_\rho\lambda_g\lambda_l^3$$

以 λ_G 代替式（2-33）中的 λ_F，则有

$$\frac{\lambda_\rho\lambda_g\lambda_l^3}{\lambda_\rho\lambda_l^2\lambda_v^2}=1$$

化简得

$$\frac{\lambda_v^2}{\lambda_g\lambda_l}=1$$

还原到物理量，上式也可以写成

$$\frac{v_p^2}{g_p l_p}=\frac{v_m^2}{g_m l_m}$$

开方后有

$$\frac{v_p}{\sqrt{g_p l_p}}=\frac{v_m}{\sqrt{g_m l_m}} \tag{2-42}$$

式中　$\frac{v}{\sqrt{gl}}$——弗劳德（Froude）数 Fr，其量纲为 1，则有

$$Fr_p=Fr_m \tag{2-43}$$

由此可知，作用力只有重力时，两个流动相似系统的弗劳德数应相等，这就叫作重力相似准则，或称弗劳德准则。所以要做到流动的重力相似，原型与模型之间各物理量的比尺不能任意选择，必须遵循弗劳德准则。现将重力作用时各种物理量的比尺与模型长度比尺 λ_l 的关系推导如下：

（1）流速比尺。在式（2-42）中，因原型和模型均在地球上，重力加速度在各地的差异很小，故取重力加速度比尺 $\lambda_g=1$。因 $g_p=g_m$，所以

$$\lambda_v=\frac{v_p}{v_m}=\sqrt{\frac{l_p}{l_m}}=\lambda_l^{0.5} \tag{2-44}$$

（2）流量比尺。

$$\lambda_Q=\frac{Q_p}{Q_m}=\frac{A_p v_p}{A_m v_m}=\lambda_A\lambda_V=\lambda_l^2\lambda_l^{0.5}=\lambda_l^{2.5} \tag{2-45}$$

（3）时间比尺。设 λ_V 为体积比尺，因 $Q=V/t$，故

$$\lambda_t=\frac{\lambda_V}{\lambda_Q}=\frac{\lambda_l^3}{\lambda_l^{2.5}}=\lambda_l^{0.5} \tag{2-46}$$

（4）力的比尺。

$$\lambda_F=\frac{m_p a_p}{m_m a_m}=\frac{\rho_p l_p^3 l_p/t_p^2}{\rho_m l_m^3 l_m/t_m^2}=\frac{\rho_p l_p^3 v_p^2}{\rho_m l_m^3 v_m^2}=\lambda_\rho\lambda_l^3$$

若模型与原型液体相同，$\lambda_\rho=1$，则

$$\lambda_F = \lambda_l^3 \tag{2-47}$$

（5）压强比尺。

$$\lambda_p = \frac{\lambda_F}{\lambda_A} = \frac{\lambda_\rho \lambda_l^3}{\lambda_l^2} = \lambda_\rho \lambda_l$$

当 $\lambda_\rho=1$ 时，则

$$\lambda_p = \lambda_l \tag{2-48}$$

（6）功的比尺。

$$\lambda_W = \lambda_F \lambda_l = \lambda_\rho \lambda_l^4$$

当 $\lambda_\rho=1$ 时，则

$$\lambda_W = \lambda_l^4 \tag{2-49}$$

（7）功率比尺。

$$\lambda_P = \frac{\lambda_W}{\lambda_t} = \frac{\lambda_\rho \lambda_l^4}{\lambda_l^{0.5}} = \lambda_\rho \lambda_l^{3.5}$$

当 $\lambda_\rho=1$ 时，则

$$\lambda_P = \lambda_l^{3.5} \tag{2-50}$$

2.3.2 阻力相似准则

1. 内摩擦力相似准则（雷诺相似准则）

雷诺试验揭示的是流体在运动中存在两种不同的流动型态，即层流与紊流，这两种流态最主要的区别在于紊流时各流层之间液体质点有不断的相互混掺作用，而层流则没有，因而其具有完全不同的阻力规律，不论有压管流还是无压的明渠流动均是如此。

若试验研究的目的是了解黏滞力（流体内摩擦力）起主要作用的运动现象，则应保持原型和模型间的黏滞力相似。

根据牛顿内摩擦定律，单位面积上的黏滞力 τ 与流线的法线方向的速度梯度成正比：

$$\tau = \mu \frac{\mathrm{d}v}{\mathrm{d}n}$$

式中　μ——动力黏滞系数，$\mu=\rho\nu$，ν 为运动黏滞系数。

相邻两流层间面积 A 上的黏滞力为：

$$F_\mu = \tau A = \mu A \frac{\mathrm{d}v}{\mathrm{d}n}$$

可得黏滞力比尺为：

$$\lambda_{F_\mu} = \lambda_\mu \lambda_l \lambda_v = \lambda_\rho \lambda_\nu \lambda_l \lambda_v$$

要使在黏滞力作用下模型与原型相似，必须同时满足牛顿相似律，也就是应使黏滞力比尺与惯性力比尺相等，即

$$\lambda_\rho \lambda_\nu \lambda_l \lambda_v = \lambda_\rho \lambda_l^2 \lambda_v^2$$

即

$$\frac{\lambda_v \lambda_l}{\lambda_\nu} = 1$$

或

$$\frac{vl}{\nu} = idem = Re$$

上式可改写为

$$\left(\frac{vl}{\nu}\right)_{\mathrm{p}}=\left(\frac{vl}{\nu}\right)_{\mathrm{m}}=Re \tag{2-51}$$

式中　Re——黏滞力相似准数，或称雷诺数（Reynolds）。

式（2-51）表明，在模型和原型之间，欲满足黏滞力作用下获得动力相似，则它们的雷诺数应保持同一常数。换言之，如果原型和模型中的雷诺数 Re 相等，则它们必然是在黏滞力作用下动力相似，这就是雷诺相似准则。若研究有压管道、压力隧道、船闸输水系统等管流现象，由于其阻力损失主要由黏滞力产生，此时重力不是主要因素，因此雷诺相似准则是主要的相似准则。而对于一般的水工模型，这一相似律并不要求严格满足，只要保证模型与原型是同一流态即可。

由雷诺数 Re 可知，若模型采用与原型相同的流体，试验时温度与原型也一致，则 $\lambda_\mu=\lambda_\nu=1$，于是 $\lambda_\mu\lambda_\nu=1$。由此可得到其他比尺：

速度比尺：
$$\lambda_v=\frac{1}{\lambda_l}$$

时间比尺：
$$\lambda_t=\lambda_l^2$$

力的比尺：
$$\lambda_F=\lambda_\mu\lambda_l\lambda_v=1$$

2. 紊动相似准则（紊流阻力相似准则）

在上节中，我们通过分析水流微分方程，得到了反映水流紊动相似的相似准则，即两流动体系脉动流速与时均流速之比的平方保持相等，并等于一常数：

$$\frac{v'^2}{v^2}=idem$$

如前所述，该相似准数实质上反映的是紊流阻力的相似，由于脉动流速的因素在实际操作中较难处理，因此不能直接用此式作为相似准则来指导模型设计，只能从问题的实质出发，即利用水力学中紊流阻力规律的研究成果来推求所需要的相似比尺。

若水流处于紊流的水力粗糙区，即此时紊流阻力为主要作用力，黏滞力比因紊动作用而引起的紊流阻力要小得多，可略去不计。由水力学可知，此时沿程水头损失与平均流速的平方成正比，所以又称紊流的阻力平方区。实际上，管流和明渠水流多为紊流。

下面以管流为例对此进行分析。对于管流，其紊流阻力可按下式计算：

$$F_f=\chi L f_0 \tag{2-52}$$

式　χ——湿周；

L——流程长度；

f_0——单位长度管壁上的阻力，对于均匀流

$$f_0=\rho gRJ=\rho g\,\frac{A}{\chi}\,\frac{\Delta h}{L} \tag{2-53}$$

式中　A——过水面积；

Δh——沿程水头损失；

R——水力半径。

其余符号含义同前。

由水力学中达西-韦斯巴赫管流公式有：

$$\Delta h=f\,\frac{L}{D}\,\frac{v^2}{2g} \tag{2-54}$$

式中 D——管径；

v——平均流速；

f——沿程阻力系数。

将式（2-54）和式（2-53）代入式（2-52）计算得

$$F_f = \frac{1}{8} f \rho \chi L v^2$$

则相应紊流比尺为

$$\lambda_{F_f} = \lambda_f \lambda_\rho \lambda_l^2 \lambda_v^2$$

根据动力相似，紊流阻力比尺必须与惯性力比尺相等，有

$$\lambda_f \lambda_\rho \lambda_l^2 \lambda_v^2 = \lambda_\rho \lambda_l^2 \lambda_v^2$$

可得

$$\lambda_f = 1$$

即

$$f_{\mathrm{p}} = f_{\mathrm{m}} = idem$$

上式表明，如果原型和模型均满足紊流阻力作用下的动力相似，则它们的沿程阻力系数 f 相等。换言之，如原型和模型中的沿程阻力系数 f 相等，则它们必在紊流阻力作用下达到动力相似，这就是紊流阻力相似准则。

对明渠流，当模型水流肯定处于阻力平方区时，可采用水力学中计算明渠均匀流沿程阻力的公式，即谢才公式：

$$v = C\sqrt{RJ}$$

式中 C——谢才系数；

R——断面水力半径；

J——水力坡度。

由 $C=\sqrt{\frac{8g}{f}}$、$\lambda_{\mathrm{f}}=1$ 可得 $\lambda_{\mathrm{C}}=1$，即

$$C_{\mathrm{p}} = C_{\mathrm{m}} = idem$$

如用曼宁公式表达谢才系数：

$$C = \frac{1}{n} R^{1/6}$$

式中 n——糙率系数。

则糙率比尺：

$$\lambda_n = \frac{\lambda_l^{1/6}}{\lambda_c} = \lambda_l^{1/6} \tag{2-55}$$

应该指出，以上紊动相似准则是由一维均匀流动微分方程式及边界条件出发推导得到的，其物理量都是取断面平均值，且紊流阻力的变化规律均与雷诺数无关，这使得模型设计能够比较简便。实际上，天然河流和一般的明渠水流一般都处于阻力平方区，大多数情况下，水工模型水流亦处在阻力平方区。此时紊流阻力系数只取决于边壁的相对糙率，而与 Re 无关。显然，在紊流区内，只要使模型糙率系数满足式（2-55）的要求，即使模型与原型的 Re 不相等，也能达到阻力系数相等，阻力相似也就自动满足，因此该区也叫“自动模型区”。此外，当 Re 小于某一临界值时，流动处于层流状态，此时沿横截面的流速分布都

是一轴对称的旋转抛物面，即流体流速场分布彼此相似，则水流阻力也相似，与 Re 无关，这一流动区域也叫“自动模型区”。

“自动模型区”的存在给模型设计带来极大方便，我们在保持几何边界条件相似的基础上，可以不必追求模型和原型雷诺数完全相同，而只要使雷诺数保持在一定范围内，即达到流态相似就可以了。

2.3.3 惯性力相似准则

由于非恒定流的水力要素是随时间而变化的，因此在非恒定流中由时变加速度$\frac{\partial v}{\partial t}$所引起的惯性力往往起重要作用。该惯性力及其比尺可分别表示为

$$I = m\frac{\partial v}{\partial t} = \rho V\frac{\partial v}{\partial t}$$

$$\lambda_I = \lambda_\rho \lambda_V \frac{\lambda_{\partial v}}{\lambda_{\partial t}} = \lambda_\rho \lambda_l^3 \frac{\lambda_v}{\lambda_t}$$

用 λ_I 代替式（2-33）牛顿数中的 λ_F，整理后则有

$$\frac{\lambda_v \lambda_t}{\lambda_l} = 1 \tag{2-56}$$

或

$$\frac{v_p t_p}{l_p} = \frac{v_m t_m}{l_m} \tag{2-57}$$

上式等号两边的形式相同，均为表征流动非恒定性的斯特罗哈数 vt/l，于是，也可写成

$$St_p = St_m \tag{2-58}$$

由此可知，要是两个水流的惯性力作用相似，则它们的斯特罗哈数必须相等，称之为惯性力相似准则或斯特罗哈准则。

2.3.4 弹性力相似准则

管道中的水击其主要作用力为弹性力，以 K 表示水体的体积弹性系数，则弹性力可表达为 $E=Kl^2$，于是，根据比尺定义可写出弹性力的比尺为

$$\lambda_E = \lambda_K \lambda_l^2 \tag{2-59}$$

同样，用 λ_E 代替式（2-33）牛顿数中的 λ_F，整理后则有

$$\frac{\lambda_\rho \lambda_v^2}{\lambda_K} = 1 \tag{2-60}$$

或

$$\frac{\rho_p v_p^2}{K_p} = \frac{\rho_m v_m^2}{K_m} \tag{2-61}$$

若不考虑下标，上式等号两边的形式相同，均为无量纲数 $\rho v/K$，称为柯西数，用 Ca 表示，则可写成

$$Ca_p = Ca_m \tag{2-62}$$

由此可知，要是两个水流的弹性力作用相似，则它们的柯西数必须相等，称之为弹性力相似准则，或称为柯西准则。

2.3.5 表面张力相似准则

当作用力主要为表面张力时，例如毛细管的水流，表面张力 $S=\sigma l$，式中，σ 为单位长度上的表面张力。表面张力比尺为

$$\lambda_S=\lambda_\sigma\lambda_l \tag{2-63}$$

以 λ_S 代替式（2-33）中的 λ_F，则有

$$\frac{\lambda_\sigma\lambda_l}{\lambda_\rho\lambda_l^2\lambda_v^2}=1 \tag{2-64}$$

整理为

$$\frac{\lambda_\rho\lambda_l\lambda_v^2}{\lambda_\sigma}=1 \tag{2-65}$$

或写成

$$\frac{\rho_p l_p v_p^2}{\sigma_p}=\frac{\rho_m l_m v_m^2}{\sigma_m} \tag{2-66}$$

式中 $\rho l v^2/\sigma$——韦伯数，用 We 表示，其量纲为 1，则式（2-66）可写为

$$We_p=We_m \tag{2-67}$$

由此可知，要是两个流动的表面张力相似，它们的韦伯数必须相等，这就是表面张力相似准则，或称为韦伯准则。

2.3.6 压力相似准则

流体在运动过程中起主导作用的力是压力，故在原型和模型之间必须要保持压力作用下的动力相似。压力 $P=pA$ 的比尺为

$$\lambda_P=\lambda_p\lambda_A=\lambda_p\lambda_l^2 \tag{2-68}$$

若压力为主要作用力，则可用 λ_P 代替（2-33）式的 λ_F，于是有

$$\frac{\lambda_p}{\lambda_\rho\lambda_v^2}=1 \tag{2-69}$$

$$\frac{p_p}{\rho_p v_p^2}=\frac{p_m}{\rho_m v_m^2} \tag{2-70}$$

上式等号两边的形式相同，均为无量纲数的欧拉数 $\frac{p}{\rho v^2}$，于是，也可写成

$$Eu_p=Eu_m \tag{2-71}$$

以上表明，如模型与原型的压力相似，则它们的欧拉数必然相等。这称为压力相似准则，或欧拉准则。

若用压强差 Δp 代替欧拉数中的动水压强，则欧拉数可表示为 $\Delta p/\rho v^2$。在实际流动中，压强差往往由黏滞力或重力等所造成。当压强差由黏滞力所造成时，则由牛顿内摩擦定律可知 $\Delta p=\mu v/l$，代入 $\Delta p/\rho v^2$ 后的欧拉数就与雷诺数基本相同，由此可见模型与原型的雷诺数相等时，欧拉数也相等；当压强差由重力所造成时，则 $\Delta p=\rho g\Delta h$，代入 $\Delta p/\rho v^2$ 后的欧拉数就与弗劳德数基本相同，即模型与原型的弗劳德数相等时，欧拉数也相等。所以，在模型设计时，根据具体情况，可先按雷诺准则或弗劳德准则设计，则欧拉准则就会自动得到满足。

在研究空化现象时，欧拉数同样有着重要意义。以 Δp 表示某点处的绝对压强与汽化压强之差，则衡量空化的指标——空化数为欧拉数的两倍。

一般情况下，水流的表面张力、弹性力可以忽略，恒定流动时也没有时变惯性力，所以作用在液流上的主要作用力只有重力、摩擦力及动水压力。此时，若要使两个流动相似，则要求它们的弗劳德数、雷诺数、欧拉数必须相等。前已述及，这三个准则只要有两个得到满足，其余一个就会自动满足。

2.4 相似准则的应用及限制条件

2.4.1 相似准则的应用

在实际水利工程中，某些项目常常需要进行模型试验，可将各种设计方案制成按比例缩小的模型，在实验室中观测其结果，以选择最合适的试验方案。

模型的设计、长度比尺的选择是最基本的。在保证试验及不损害试验结果正确性的前提下，模型宜做得小一些，即长度比尺要选择得大一些。因为这能降低模型的建造与运转费用，符合经济性的要求。当长度比尺确定后，就要根据占主导地位的作用力来选用相应的相似准则进行模型设计。例如，当黏性力为主时，则选用雷诺准则设计模型；当重力为主时，则选用弗劳德准则设计模型。下面根据各种不同的情况重点给出这两种相似原理的具体应用。

1. *弗劳德相似准则的应用*

例 2-3 某大坝坝高 30m，最大下泄流量 $Q_p=1000m^3/s$，若用长度比尺 $\lambda_l=50$ 的模型进行试验，试求：

(1) 模型坝高为多少?

(2) 模型的最大流量为多少?

(3) 若测得模型坝上水头 $H_m=8cm$，坝下收缩断面流速 $v_m=1m/s$，那么，原型中相应断面的流速各为多少?

解： 为了使模型与原型流动相似，首先必须做到几何相似。由于在溢流现象中重力起主导作用，所以按重力相似准则设计模型。

(1) 因 $\lambda_l=50$，根据式（2-19）可求得模型坝高为

$$h_m = h_p/\lambda_l = 30m/50 = 0.6m$$

(2) 由式（2-45）可求得流量比尺为

$$\lambda_Q = \lambda_l^{2.5} = 50^{2.5} = 17\ 678$$

则模型流量为

$$Q_m = Q_p/\lambda_Q = 1000/17\ 678m^3/s = 51.6L/s$$

(3) 同样，根据式（2-19）求得原型坝上水头为

$$H_p = H_m \times \lambda_l = 8cm \times 50 = 400cm = 4m$$

由式（2-44）可求得流速比尺为

$$\lambda_v = \lambda_l^{0.5} = 50^{0.5} = 7.07$$

则原型收缩断面处流速为

$$v_p = v_m \times \lambda_v = 1 \times 7.07m/s = 7.07m/s$$

例 2-4 某一桥墩 $l_p=24m$，桥墩宽度 $b_p=4.3m$，两桥墩间距 $B_p=90m$，水深 $h_p=8.2m$，水流平均流速 $v_p=2.3m/s$。需在室内进行模型试验，若实验室的最大供水流量仅有 $Q_m=0.1m^3/s$，问该模型可选取最大的长度比尺为多少? 并计算该模型的尺寸和平均流速 v_m。

解：（1）选择长度比尺。水流通过桥孔的流动主要是重力作用的结果，应按照弗劳德准则设计模型。因 $Fr_p=Fr_m$，取 $g_p=g_m$，由式（2-45）可得流量比尺

$$\lambda_Q = \lambda_l^{2.5}$$

原型流量

$$Q_p = v_p A_p = [2.3 \times (90 - 4.3) \times 8.2] \text{m}^3/\text{s} = 1616 \text{m}^3/\text{s}$$

实验室最大供水流量 $Q_m = 0.1\text{m}^3/\text{s}$，所以模型的最大长度比尺为

$$\lambda_l = \lambda_Q^{\frac{2}{5}} = \left(\frac{1616}{0.1}\right)^{\frac{2}{5}} = 48.24$$

模型的长度比尺一般多选用整数值，为了使模型的最大流量不大于实验室的最大供水流量 $0.1\text{m}^3/\text{s}$，长度比尺 λ_l 应选用比 48.24 稍大些的整数，现选用 $\lambda_l = 50$，则

$$\lambda_Q = \lambda_l^{2.5} = 50^{2.5} = 17\,677.7$$

模型流量

$$Q_m = \frac{Q_p}{\lambda_Q} = \frac{1616}{17\,677.7} \text{m}^3/\text{s} = 0.0914 \text{m}^3/\text{s} < 0.1 \text{m}^3/\text{s}$$

故选用 $\lambda_l = 50$，使实验室的供水能力可满足模型试验的要求。

(2) 确定模型尺寸。由于选用 $\lambda_l = 50$，故模型尺寸为

桥墩长 $$l_m = \frac{l_p}{\lambda_l} = \frac{24}{50} \text{m} = 0.48\text{m}$$

桥墩宽 $$b_m = \frac{b_p}{\lambda_l} = \frac{4.3}{50} \text{m} = 0.086\text{m}$$

桥墩间距 $$B_m = \frac{B_p}{\lambda_l} = \frac{90}{50} \text{m} = 1.8\text{m}$$

水深 $$h_m = \frac{h_p}{\lambda_l} = \frac{8.2}{50} \text{m} = 0.164\text{m}$$

(3) 计算模型平均流速。由式 (2-44) 得流速比尺

$$\lambda_v = \lambda_l^{0.5} = 50^{0.5} = 7.071$$

模型平均流速

$$v_m = \frac{v_p}{\lambda_v} = \frac{2.3}{7.071} \text{m/s} = 0.325 \text{m/s}$$

2. 雷诺相似准则的应用

例 2-5 有一长 5m、直径为 15cm 的输油管，管中要通过的流量为 $0.18\text{m}^3/\text{s}$，现用水来做模型试验，已知模型与原型的管径一样，原型与模型所用液体的运动黏滞系数分别为 $\nu_p = 0.13\ \text{cm}^2/\text{s}$，$\nu_m = 0.0131\ \text{cm}^2/\text{s}$，试问：模型与原型相似时，模型流量及流速分别为多少？

解： 因为圆管中流动主要受黏滞力作用，所以相似条件应满足雷诺准则，即

$$\frac{v_p l_p}{\nu_p} = \frac{v_m l_m}{\nu_m}$$

在圆管流动时，管径 d 就是上式中的特征长度 l，又因 $d_m = d_p$，则上式可简化为

$$\frac{v_p}{\nu_p} = \frac{v_m}{\nu_m} \quad \text{或} \quad \frac{Q_p}{\nu_p} = \frac{Q_m}{\nu_m}$$

将已知数据代入后，则得

$$Q_m = Q_p \frac{\nu_m}{\nu_p} = 0.18 \text{m}^3/\text{s} \times \frac{0.0131}{0.13} = 0.0181 \text{m}^3/\text{s}$$

$$v_m = v_p \frac{\nu_m}{\nu_p} = \frac{0.18}{3.14 \times 0.075^2} \text{m/s} \times \frac{0.0131}{0.13} = 1.027 \text{m/s}$$

例 2-6 有一座处理废水的稳定塘，其宽度 $b_p=25m$，长度 $l_p=100m$，水深 $h_p=2m$，塘中水温为 20℃，水力停留时间 $t_p=15d$，水流呈缓慢的均匀流。设模型的长度比尺 $\lambda_l=20$，其中水的运动黏度 $\nu=0.0101\ cm^2/s$，试求模型尺寸及模型中的水力停留时间 t_m。

解：(1) 求模型尺寸，原型中的流速

$$v_p=\frac{Q_p}{A_p}=\frac{b_pl_ph_p/t_p}{b_ph_p}=\frac{l_p}{t_p}=\frac{100}{15\times24\times3600}m/s=7.716\times10^{-5}m/s$$

原型的水力半径

$$R_p=\frac{A_p}{\chi_p}=\frac{25\times2}{25+2\times2}m=1.724m$$

原型中的雷诺数

$$Re_p=\frac{v_pR_p}{\nu_p}=\frac{7.716\times10^{-5}\times1.724}{1.01\times10^{-6}}=132<500$$

稳定塘中的水流为层流运动，流速 $v_p=0.07716mm/s$，流速非常缓慢，按雷诺准则设计稳定塘模型尺寸如下：

长度 $$l_m=\frac{l_p}{\lambda_l}=\frac{100}{20}m=5m$$

宽度 $$b_m=\frac{b_p}{\lambda_l}=\frac{25}{20}m=1.25m$$

深度 $$h_m=\frac{h_p}{\lambda_l}=\frac{2}{20}m=0.1m$$

水力半径 $$R_m=\frac{R_p}{\lambda_l}=\frac{1.724}{20}m=0.0862m$$

(2) 确定模型中的水力停留时间 t_m，按 $Re_p=Re_m$ 来设计模型中的流速，假设模型水温为 20℃，取运动黏滞系数 $\nu_m=\nu_p$，根据雷诺准则中的流速比尺 $\lambda_v=\lambda_l^{-1}$ 可知模型中流速

$$v_m=\frac{v_p}{\lambda_v}=v_p\lambda_l=7.716\times10^{-5}m/s\times20=1.543\times10^{-3}m/s$$

模型中水力停留时间

$$t_m=\frac{l_m}{v_m}=\frac{5}{1.543\times10^{-3}}s=3240s=0.9h$$

2.4.2 相似准则的限制条件

在进行水力模型试验时，首先必须了解原型液体的运动特性，确定出控制流动的主要作用力，再根据对应的相似准则，计算出各物理量的模型比尺。但是由于水流运动的复杂性，即使相似准数保持不变，模型中的物理现象也只在一定范围内才与原型相似，这是因为模型缩小了若干倍后，数量变化超出了一定界限，流动性质上就开始变化。如高速掺气水流模型在常规大气压情况下的负压模拟，天然河道水流按统一的长度比尺设计几何尺寸等问题。因此，模型试验中除保持相似准数相等以外，模型中的各物理量大小应分别保持在一定范围内，这样才不会歪曲水流现象而得出错误结果。对于水流运动，埃斯奈尔等人对相似原理的应用提出了以下几个限制条件。

1. 共同作用力的限制条件

当液体在几种力共同作用下运动时，从理论上讲必须同时满足各单项力相似准则，但通常只考虑重力相似和阻力相似准则。在模型试验中的液体一般都是水体。因此无法同时满足

弗劳德准则和雷诺准则，只能考虑一种主要作用力，同时估计其他作用力的影响，实现模型与原型近似地相似。水利工程中水流运动多数是重力起主导作用，所以一般按弗劳德准则设计模型，但试验过程中必须限定在黏滞性可忽略的范围内进行，或者估算出黏滞性的作用而引起的误差，对超出范围的试验结果予以校正。

2. 长度比尺 λ_l 的限制条件

模型的设计，首先要解决模型与原型各物理量比尺的问题，即所谓相似准则的问题。无论采用何种相似准则，均需保证在几何相似的前提下进行，因此长度比尺 λ_l 的选择是最基本的。长度比尺的上限要保证模型试验顺利进行和不损害试验结果的正确性；长度比尺的下限要考虑到实验室的最大供水能力，同时也受实验室场地条件的约束。

3. 流态的限制条件

(1) 层流与紊流的界限：层流与紊流运动有质的区别。由于实际工程中的水流运动多数是紊流，因此水力模型试验中的流态也应是紊流。以上临界雷诺数 Re_c' 为判别值，要求模型中相应于最小水深（或水力半径）和最小流速时的雷诺数应大于上临界雷诺数。通常情况下，圆管中的水流上临界雷诺数 $Re_c'=13\ 350$；粗糙表面矩形断面明渠流中上临界雷诺数 $Re_c'=3000\sim4000$。

(2) 缓流与急流的界限：明渠水流有急流与缓流之分，如按重力相似准则设计明渠水流模型，除了模型与原型对应断面上的弗劳德数相等外，还要求水流流态也对应相同。在设计明渠均匀流模型时，常以临界底坡 i_{cr} 来判别流态。明渠均匀流临界底坡 $i_{cr}=\dfrac{g\chi_{cr}}{\alpha C_{cr}^2 B_{cr}}$，式中，$C_{cr}$ 为临界水深时的谢才系数。以 i_m 表示模型底坡，当 $i_m<i_{cr}$ 时为均匀流缓流模型；当 $i_m>i_{cr}$ 时为均匀流急流模型，当 $i_m=i_{cr}$ 时为均匀流临界流模型。

底坡 i 为量纲 1 的数，当取 $\lambda_i=i_p/i_m=1$ 时，模型底坡与原型相同。如果考虑外界影响因素（如扰动程度无法完全相似等），为保证流态相似，需对模型底坡做一定的调整。缓流模型，底坡可设计成比计算的临界值小 10%；急流模型，则底坡要较临界值大 10%。

4. 模型中糙率制作的限制条件

水流运动时固体边壁凹凸不平，如果要求模型与原型严格的几何相似，则应将边壁上的凹凸大小、形状和位置如实模拟，但这是不可能做到的，即使这些凹凸不平被准确地大幅度缩小后，在模型中它们对水流摩阻的影响也不会与原型相似。因此，模型的糙率不能用使壁面的凹凸与原型几何相似的办法来解决，而只能使模型固体边界对水流的摩阻影响相似，形成相应流段上水头损失相似。在明渠水流中就是使模型的水面坡降与原型相等。即水力坡度 $J_m=J_p$，或沿程阻力系数 $\lambda_m=\lambda_p$。实际操作中，先按经验对模型进行加糙，再按不同流量工况下校核水面坡降，直到满足为止。

此外，相似原理的应用还要考虑到真空与空蚀的限制条件，以及高速水流中的掺气问题，天然水体中的表面波浪问题等。因此，在进行模型试验时，除选定相似准则和推算出物理量的相似比尺外，还要考虑到有影响的各种物理因素，注意到模型试验反映实际水流物理过程所具有的局限性。

以上概要介绍了模型试验中的限制条件，以作为模型设计相似条件的重要补充。在进行模型试验时，除按照运动现象的特点选定相似准则，推算出各种模型比尺外，还要充分考虑到这些限制条件，从而使模型试验工作达到预期的目的。

3 水工模型试验

水工模型试验就是仿照原体实物，按照相似的准则，缩制成模型。根据其所受的主要作用力，进行水工建筑物各种水力学问题试验研究。水工模型试验有常规模型试验及各种专题模型试验，本章重点介绍水工常规模型及主要专题模型的原理、设计及试验方法等内容，包括水利枢纽整体模型试验、泄水建筑物及消能工模型试验、水流空化及掺气减蚀模型试验、水电站有压引水系统非恒定流模型试验、地下水渗流模型试验等。

3.1 水利枢纽整体模型试验

3.1.1 水利枢纽整体模型试验基本任务

水利枢纽及其附近河段水流模型试验的基本任务如下：

(1) 工程兴建前枢纽河段的水力特性试验研究。一般来说，水利枢纽建设前，通常会进行一定的原型观测，但往往因为受观测条件等因素的限制，导致观测得到的成果不够详细。因此，通过模型试验，可以得到更多、更全面的有关枢纽河段的水力特性成果，为工程规划、水工建筑物的设计等提供数据。

(2) 枢纽泄流能力及优化泄流宽度试验研究。通过理论计算得到的泄流能力与实际情况相比肯定存在一定程度的偏差，因此必须通过模型试验验证泄水建筑物的泄流能力，根据河段水流条件等相关资料，研究确定满足要求的枢纽的尺寸。

(3) 枢纽总体布置方案试验研究。根据枢纽中各主要建筑物可能的相对位置，在满足各建筑物的布置要求和保证各个方面的使用要求的情况下，确定枢纽总体布置方案。

(4) 通航枢纽建筑物平面布置形式研究。主要包括：确定通航枢纽中各主要建筑物的相对位置，通过试验确定合理的枢纽调度方式及影响航运的条件等。

(5) 枢纽运行期优化调度方案试验研究。主要研究水利枢纽运行期上、下游水流形态以及由此引起的对河床、河岸的影响，为枢纽的优化做准备。

(6) 枢纽河段局部动床模型试验研究。

(7) 对施工导流方案和施工期河床冲淤等进行试验研究。研究施工期各级流量下施工围堰前后水位、施工河段导流流速，确定围堰范围及高程；施工期导流河段水流条件。最终确定适当的施工期，并为设计施工方案提供参考数据。

3.1.2 整体模型试验的相似条件

近代流体力学的基础是理论分析和试验观测相结合。对于复杂的水流运动现象，由于种种原因无法只用数学描述和预见，而工程技术人员需要得到可靠的实际成果时，就必须考虑试验数据。模型可以小于亦可等于或大于原型，但都须保证几何相似和重力相似。水利枢纽模型设计除满足相似条件外，还必须保证模型是正态的。本节将从平面上的二维非恒定流的运动方程及连续方程出发，对此进行分析。为简便叙述，以水深 h 代替水力半径。

设 x、y 为水流平面纵、横坐标，t 为时间，v_x、v_y 为 x、y 向流速分量，v 为平面上各点垂线平均流速，J_x、J_y 为沿 x、y 向水面比降，C 为谢才系数，g 为重力加速度（可视为常量）。则水流运动方程和连续方程为：

$$\left.\begin{aligned}&\frac{\partial v_x}{\partial x}+\frac{\partial v_y}{\partial y}=0\\&v_x\frac{\partial v_x}{\partial x}+v_y\frac{\partial v_x}{\partial y}+\frac{\partial v_x}{\partial t}=gJ_x-\frac{gv_x|v|}{C^2h}\\&v_x\frac{\partial v_y}{\partial x}+v_y\frac{\partial v_y}{\partial y}+\frac{\partial v_y}{\partial t}=gJ_y-\frac{gv_y|v|}{C^2h}\end{aligned}\right\}\tag{3-1}$$

模型水流和原型水流必须为同一微分方程描写的相似水流，根据相似理论的方程分析法，由（3-1）可导出下列比尺关系：

$$\frac{\lambda_{v_x}^2}{\lambda_l}=\frac{\lambda_{v_y}\lambda_{v_x}}{\lambda_l}=\frac{\lambda_{v_x}}{\lambda_t}=\frac{\lambda_h}{\lambda_l}=\frac{\lambda_{v_x}\lambda_v}{\lambda_c^2\lambda_h}$$

$$\frac{\lambda_{v_x}\lambda_{v_y}}{\lambda_l}=\frac{\lambda_{v_y}^2}{\lambda_l}=\frac{\lambda_{v_y}}{\lambda_t}=\frac{\lambda_h}{\lambda_l}=\frac{\lambda_{v_y}\lambda_v}{\lambda_c^2\lambda_h}$$

由上面两个式子可推导得如下 4 个独立的相似条件：

$$\lambda_{v_x}=\lambda_{v_y}=\lambda_v\tag{3-2}$$

$$\lambda_t=\frac{\lambda_l}{\lambda_{v_x}}=\frac{\lambda_l}{\lambda_{v_y}}\frac{\lambda_l}{\lambda_v}\tag{3-3}$$

$$\lambda_{v_x}=\lambda_{v_y}=\lambda_v=\lambda_h^{1/2}\tag{3-4}$$

$$\lambda_c=\left(\frac{\lambda_l}{\lambda_h}\right)^{1/2}\tag{3-5}$$

在模型纵、横向不变的情况下，条件式（3-2）本身是满足的，因此在这个情况下，由式（3-1）中的连续方程就可以直接得到这个条件。

条件式（3-3）是水流运动的时间比尺。

条件式（3-4）是弗劳德准则，满足这个条件就能实现水流沿流向惯性力与重力之比在模型与原型中保持同量。在弯道水流情况下，这个条件也可以保证离心惯性力与重力之比在模型与原型中保持同量。如果以 Z 表示水面高程，则曲率半径为 r 的弯道水流方程为：

$$\frac{\partial_z}{\partial_r}+\frac{v^2}{gr}=0\tag{3-6}$$

可以由方程式（3-6）推导相似比尺关系式，仍可得到条件式（3-4），即 $\lambda_v=\lambda_h^{1/2}$。这表明条件式（3-4）非常重要。且在保证模型与原型重力相似后，弯道水流的相似条件就自然满足。

条件式（3-5）是阻力相似条件，也是保证水流相似的重要条件，但对水利枢纽及其附近定床模型来说，其重要程度略低于条件式（3-4），可视为重力相似基础上的校核条件。谢才系数比尺也可视为阻力比尺，引进曼宁公式还可得糙率比尺，用以控制模型糙率。

需要注意的是，满足重力相似条件式（3-4）和阻力相似条件式（3-5），仅是从平均水力要素意义上说的水流运动相似，而要实现水利枢纽上、下游附近流态的真正相似，还必须做到垂线流速分布相似，这就要求模型与原型的阻力系数或谢才系数同量，即 $\lambda_c=1$，从而可得 $\lambda_l=\lambda_h$，即模型必须为正态。

所以，水利枢纽及其附近河段的定床模型在满足重力相似条件和阻力相似条件的情况下，通常设计成正态几何相似模型。为保证试验研究的准确性和可靠性，根据《水工（常规）模型试验规程》（SL/T 155—2012），λ_l 的取值不宜大于 120。

3.1.3 模型设计步骤

水利枢纽及其附近河段的定床模型设计大致可按下列步骤进行：

（1）遵循几何相似准则，并按照几何相似进行模型设计。根据试验内容和任务、试验场地、设备、供水量和量测仪器精度等要求，参照《水工（常规）模型试验规程》（SL/T 155—2012）的限制条件，选定模型类型、模型比尺及模拟范围。

（2）按确定的模拟范围（如有必要可以附加）以及最大放水流量，以正态几何相似为前提条件选择可能的最大模型尺寸，并计算在各种放水流量下模型河床中的水深和雷诺数，并校核其数值是否足够。如条件允许，可适当减小模型尺寸，以求经济。对要求进行局部动床试验的模型，还要按照动床模型的有关相似条件，综合考虑来确定。

（3）根据试验要求、材料性能、采购方便、价格经济、加工难易及原型建筑物表面粗糙度及原型河段水文资料中的糙率系数，用阻力相似条件估算模型各部位应采用的模型材料。

（4）为使模型粗糙度的模拟符合实际情况，在模型中布置枢纽建筑物模型之前，应进行天然河流的阻力验证试验，即以上述选择的模型比尺和模型材料制作研究河段未建枢纽前的天然河床模型，然后按原型已有的资料进行模型验证。

（5）绘制详细的模型施工图，整体规划布置建筑物和各种观测设备等。

3.1.4 水工整体模型试验示例

1. 试验综述

当研究河道中水利枢纽工程的总体布置合理性时，常按一定比例把所研究的河段和水利枢纽缩制成模型来进行研究，这种模型就叫做整体模型。模型所研究的对象的水力特性通常与空间三个坐标有关，如显著弯曲的河渠、溢洪道水流问题、拱坝泄流问题及水利枢纽上下游水流衔接、流态等，常需制作成水工整体模型来进行研究。

影响枢纽布置的主要因素是坝址地形、地质情况及河道水文特征等，影响下游消能防冲的主要因素是泄水建筑物的体型布置和下游河道的地质、地貌等。

2. 试验目的

（1）初步了解整体模型试验的基本理论及研究范围和内容。

（2）初步掌握整体模型试验的基本方法及量测技术和技巧。

（3）初步掌握试验资料整理、分析、评价及解决实际工程问题的能力。

（4）结合具体试验、巩固和复习专业理论知识，增强动手和科研能力。

3. 整体模型一般研究内容

（1）泄水建筑物的泄流能力。

（2）泄水建筑物的压力、流速、空化特性等。

（3）下游河道岸边水面高程（水面线）。

（4）消能工的消能效果。

（5）泄水建筑物下游的折冲水流及水流扩散问题。

（6）下游河道流速分布。

（7）上下游水流流态、水流衔接。

（8）下游河床及岸坡的冲刷等。

4. 模型布置与制作

（1）实际工程概况。洞河水库位于汉阴县以东 8km 的涧池镇境内，地处汉江北岸月河一级支流洞河下游，枢纽距洞河口 3km。是一座以灌溉、供水为主，兼有发电和防洪等综合利用效益的工程，枢纽工程由水库大坝、发电引水隧洞和电站厂房等建筑物组成。水库总库容 4579 万 m^3，设计灌溉面积 3.5 万亩，水电站装机容量 3430kW，水库为Ⅲ等中型工程，混凝土大坝为 3 级建筑物，防洪标准按 50 年一遇洪水设计，500 年一遇洪水校核；相应下泄洪峰流量分别为 $763m^3/s$ 和 $1207m^3/s$。

大坝为碾压混凝土双曲拱坝，最大坝高 65.5m。水库泄洪方式为坝顶自由溢流表孔和冲沙泄洪底孔联合泄流。溢流表孔采用浅孔布置形式，表孔为自由溢流式，不设闸门，堰顶高程 391.0m（正常蓄水位），泄流总宽度 39m，对称拱中心线布置在泄洪底孔两侧，溢流净宽 3×15m。坝身布置 1 孔冲沙泄洪，底孔底板高程 348.0m。最大下泄流量 $489m^3/s$，进口设置平板检修闸门，孔口尺寸 3m×4.5m，出口设置弧形工作闸门，孔口尺寸 3×4m。

（2）基本资料。

1）模型为正态模型，比尺为 1∶55。

2）库水位及洪水资料。

（一）库水位	
（1）校核洪水位	396.38m
（2）设计洪水位	393.93m
（3）正常蓄水位	391.00m
（二）洪水流量	
（1）校核洪水流量	$1207m^3/s$
（2）设计洪水流量	$763m^3/s$

3）下游河床覆盖层厚 5m，基岩抗冲流速为 5m/s。

（3）模型设计。模型上游库区纵长布置长度为 3.6m（相当原型 200m），模型下游河道纵长布置长度为 12.7m（相当原型 700m），模型总体布置长度为 18.2m（相当原型 1000m。包括进水与退水），上游库区水位量测点位置布置在大坝上游 100m 处，主要为兼顾表孔和底孔。下游河道水位量测控制点布置在坝轴线下游 300m 处，水位均采用水位测针量测。为便于控制和互相校核整体模型下泄流量，上下游各布置一矩形堰量测流量。

枢纽模型泄水建筑物全部用有机玻璃制作，有机玻璃糙率约为 0.007～0.008，换算到原型糙率约为 0.015 左右，刚好为混凝土糙率，模型和原型糙率相似性较好，满足阻力相似条件。

5. 本试验要求和任务

（1）计算分析枢纽的泄流能力。

（2）测量下游岸边流速分布。

（3）测量下游岸边水面线。

（4）分析上下游水流流态。

（5）整理分析试验成果，对工程布置作出评价，试提出改进措施。

（6）写出试验报告。

附：表孔泄流流量计算方式：

$$Q = mb\sqrt{2g}H^{\frac{3}{2}}$$

$$m = \left(0.405 + \frac{0.0027}{H}\right)\left[1 + 0.55\left(\frac{H}{H+P}\right)^2\right]$$

流速计算公式：

$$V = \phi\sqrt{2g\Delta h} \qquad \phi = 0.98 \sim 1$$

3.2 泄水建筑物及消能工模型试验

泄水建筑物是水利枢纽最重要的建筑物之一，主要作用为泄洪、排沙、施工期导流及初期蓄水时向下游输水，同时兼顾水电进水口前冲沙、排冰的功能。泄水建筑物的泄洪能力及其有效的消能措施，关系着整个水利枢纽的使用效果和安全性，对水利工程至关重要。因此，大中型水利枢纽通常需要进行泄水建筑物及消能工模型试验，为水利枢纽的正常运行提供帮助。

3.2.1 泄水建筑物主要出流类型

泄水建筑物的种类较多，如按泄水方式可以分为五大类：坝顶溢流式、大孔口溢流式、坝身泄水孔、明流泄水道、泄水隧洞。泄水建筑物种类无论有多繁杂，其出流类型只表现为两种，即堰流和闸孔出流（简称孔流）。通过溢流坝、溢洪道、溢洪堤和全部开启的水闸的水流属于堰流；通过泄水隧洞、泄水涵管、泄水（底）孔和局部开启的水闸的水流属于孔流。

由水力学知识可知，出流类型主要由孔口开度 e 和堰前水头 H 确定。即

孔流：$\frac{e}{H} \leqslant 0.65$（平面堰坎）或$\frac{e}{H} \leqslant 0.75$（曲面堰坎）；

堰流：$\frac{e}{H} > 0.65$（平面堰坎）或$\frac{e}{H} > 0.75$（曲面堰坎）。

3.2.2 消能工主要形式

消能工消能是通过局部水力现象，把水流中的一部分动能转换成热能随水流散逸。常用的消能工形式有底流消能、挑流消能、面流消能、消力戽消能、洞塞消能，还有其他新型消能工和多种消能工联合消能等形式。

1. 主消能工

（1）底流消能。如图 3-1（a）所示，底流消能是通过水跃，将泄水建筑物泄出的急流转变为缓流，以消除多余动能的消能方式。消力池是水跃消能的主体，横断面大多是矩形。在泄水建筑物下游修建消力池等工程措施，控制水跃发生的位置，主要靠水跃产生的表面漩滚与底部主流间的强烈紊动、剪切和混掺作用以达到消能的目的。

底流消能的主要控制参数是消力池深度、长度以及水跃发生的位置，通过出流的剩余能量可计算消能效率。

（2）挑流消能。如图 3-1（b）所示，挑流消能是利用泄水建筑物泄口处的挑流鼻坎，

将下泄急流挑向空中，再落入离建筑物较远的河床，与下游水流衔接的消能方式。挑流的消能途径主要是急流沿固体边界的摩擦，射流在空中与空气摩擦、掺气和扩散消能等，射流落入下游尾水中淹没紊动扩散耗能。

挑流消能设计的主要内容包括选择鼻坎形式，确定鼻坎高程、反弧半径、反弧挑角，计算挑距和冲刷坑深度等。

(3) 面流消能。如图 3-1 (c) 所示，利用鼻坎将主流挑至水面形成反向漩滚，使主流与河床隔开。主流在水面逐渐扩散而消能，反向漩滚也消除一部分能量。主要适用于下游尾水较深，流量变化范围较小，水位变幅不大或有排冰、排木等要求的情况。

面流消能主要控制参数有挑坎高程、挑角和反弧半径。

(4) 消力戽消能。如图 3-1 (d) 所示，在泄水建筑物末端建造一个具有较大反弧半径和挑角的低鼻坎。在一定下游水深时，从泄水建筑物下泄的高流速水流，由于受下游水位的顶托作用在戽斗内形成漩滚，主流沿鼻坎挑起，形成涌浪并向下游扩散，在戽坎下产生一个反向漩滚，有时涌浪之后还会产生一个微弱的表面漩滚，从而减轻了对河床的冲刷。

消力戽的主要控制参数为挑射角、反弧半径、戽坎高程、戽底高程。

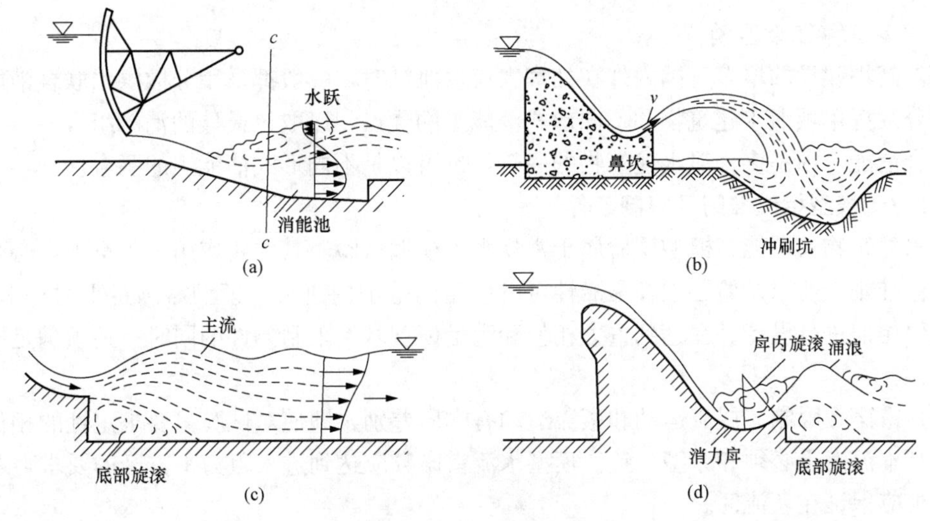

图 3-1 主要消能形式

(a) 底流消能；(b) 挑流消能；(c) 面流消能；(d) 消力戽消能

2. 其他新型消能工

随着水利水电建设的发展，出现了一些新型高效的消能工，如宽尾墩、台阶式溢流坝面和 T 形墩等。

(1) 宽尾墩。如图 3-2 所示，将尾部逐渐拓宽的闸墩称为宽尾墩。一般闸孔收缩比为 0.3～0.5，墩体收缩角为 20°左右。宽尾墩消能工使过坝水流横向收缩、竖向增高，到墩尾形成窄而高的三元收缩射流沿坝面下泄，提高了消能效果。通常宽尾墩消能工不单独使用，可与挑流、底流、消力戽等消能工联合使用。

(2) 台阶式溢流坝面。在溢流堰面曲线下游段的坝面，设置系列的台阶，以消除下泄水流的多余能量，简化下游消能设施。水流沿坝面台阶逐级掺气、减速和消能，其消能率比常规光滑坝面高 40%～80%。

（3）T形墩。如图 3-3 所示，墩头平面为矩形，其后以一矩形直墙支撑与消力池尾坎相连，整体在平面上呈T形，故称为T形墩。T形墩消能效果和抗空蚀性能好，结构稳定，可缩短消力池长度，节省工程量，是一种很有发展前途的消力墩。

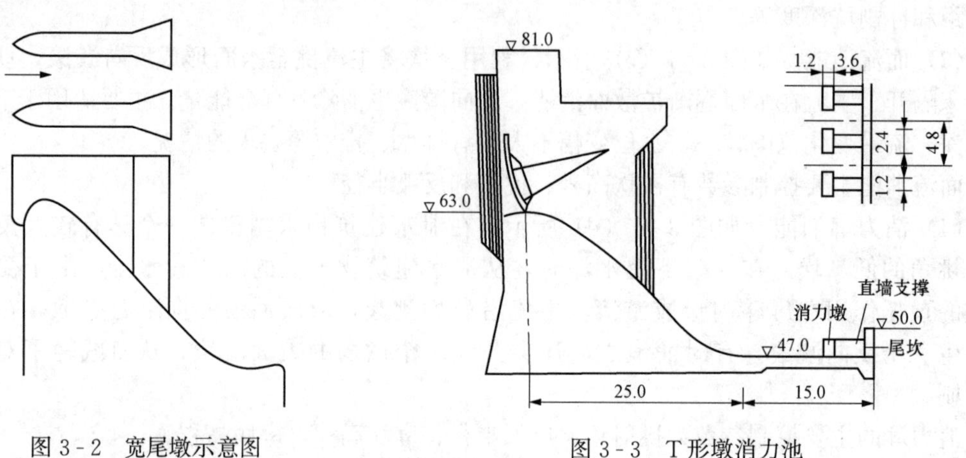

图 3-2　宽尾墩示意图

图 3-3　T形墩消力池

3. 多种消能工联合消能

随着高坝建设的增多，国内外在处理大流量泄洪时，一般都采用分散洪水联合消能的方式，充分发挥单项泄水建筑物和不同形式消能工的优点，以取得最佳的消能组合。

联合消能可以是多种泄水建筑物的联合，也可以是不同形式消能工的联合。

3.2.3　模型相似准则及限制条件

泄水建筑物及消能工模型试验属于常规水工模型试验，其主要作用力是重力，必须遵循重力相似准则，所以试验必须在黏滞性可以忽略的范围内进行。模型需满足重力相似准则，并按几何相似进行设计。在达到重力相似和满足模型基本限制条件的同时，还须满足下列限制条件：

（1）雷诺数限制。层流运动和紊流运动有本质差别，即使对试验只要求定性的相似，模型中的基本流态也必须和原型一致。模型水流雷诺数应达到进入阻力平方区的要求，若有困难，至少应保证在紊流区。

（2）粗糙率制作的限制。水工建筑物模型一般要求满足阻力相似，即模型表面糙率需按阻力相似准则进行设计选用。通常因模型比尺和制模材料的限制，糙率难以达到阻力相似的要求，此时需要选择合理方法进行糙率校正。

（3）水力基本要素限制。模型内各水力要素与原型相似，但流速过小容易挟有大量空气导致运动规律发生变化。模型表面流速宜大于 23cm/s，水深不宜小于 3cm。

（4）模型变态限制。水工建筑物模型应采用正态模型，不得采用变态模型。

（5）模型范围限制。模型截取范围不得影响工作段的水流流态。

（6）模型制作精度限制。模型的精度应该满足水工模型试验要求。

3.2.4　试验内容和方法

1. 水位及水面线

水面线施测主要用以确定溢流坝导墙、泄槽边墙的高度以及隧洞洞顶余幅的大小，消力池水跃位置及其随流量、下游水位的变化等。水工建筑物模型常采用透明的有机玻璃制作，方便观看水面线的变化。根据试验要求设置水位测量点，可用固定测针、活动测针、自动水位仪等测量水位和水面线。非恒定流的水位变化过程可用自动跟踪水位计量测，每次量测重复2～3次。下面介绍几种水位线观测方法。

(1) 侧面直读法。这种方法适用于测读精度要求不高的情况。在溢流坝、斜槽等部位的侧面布设标尺，待水面稳定后直接观读标尺刻度，再据标尺水准基点换算为原型水位。该方法难以观读横向水面线，因此可以在补充测点水面的外壁处做记号，然后采用水准仪测取各点高程。

(2) 活动测针架法。制作一个活动测针架，从泄水体顶部用针尖直接测读水面。活动测针架需要校平，使测针零点保持为一个常数，施测速度快。一般各测点需要观读2～3次或更多次求平均值。

(3) 自动跟踪水位计法。在各测点架设一台自动跟踪水位计，实时观测水面线的变化。这种方法优点是测量精度高、速度快，缺点是观测点较多，费用偏高。

(4) 联合法。联合法是指将以上方法联合运用进行观测，如在重要测点布设自动跟踪水位计，其他测点则可采用侧面直读法。各测点水位测出后，绘制左壁、中心线和右壁等纵向水面线。

2. 泄流能力

泄流能力是关系到泄水建筑物和整个枢纽安全的关键参数。水工模型试验的内容不仅包括设计洪水位、校核洪水位等特征水位下的泄流量，还包括蓄水位、开度等与泄流量、流量系数等之间的关系。试验时保持流量和闸门开度不变，调节尾水位，待水位流量稳定后，观测流量和水位；然后变换闸门开度或流量，重复上述操作。试验流量范围应包括设计最高水位和最低水位，流量测点不宜少于10组，并满足试验精度要求。

(1) 堰流。溢流坝、溢洪道、泄水闸等在敞泄或大开度时出流通常表现为堰流，堰流种类较多，但不论何种堰型，其泄流能力采用下列公式计算：

$$Q=\sigma_s \varepsilon m' B\ \sqrt{2g}H_0^{3/2}$$

式中 Q——泄水量；

σ_s——淹没系数；

ε——侧收缩系；

m'——流量系数；

B——溢流前沿总净宽，对具有 n 个等宽、单孔宽度为 b 的多孔泄水建筑物，其 $B=nb$；

g——重力加速度；

H_0——包括行近流速水头在内的总水头。

在综合模型试验中，通常将 σ_s、ε、m'以及行近流速 u_0 引起的流量变化统一在一个系数中，称之为综合流量系数 m，即

$$Q=mB\ \sqrt{2g}H^{3/2}=mB\ \sqrt{2g}(Z-Z_0)^{3/2} \tag{3-7}$$

$$m=\frac{Q}{B\ \sqrt{2g}H^{3/2}}=\frac{Q}{B\ \sqrt{2g}(Z-Z_0)^{3/2}} \tag{3-8}$$

式中 m——堰流综合流量系数；

H——堰上水头；

Z——库水位；

Z_0——堰顶高程。

（2）孔流。孔流通常出现在泄水闸、溢洪道等在闸门开度较小、闸门底部与水面有接触的情况。试验时将淹没系数、流量系数等统一为一个综合流量系数，其泄流能力计算公式为：

$$Q=\mu A_c\sqrt{2gH}=\mu A_c\sqrt{2g(Z-Z_d)}$$

综合流量系数反算公式则为：

$$\mu=\frac{Q}{A_c\sqrt{2gH}}=\frac{Q}{A_c\sqrt{2g(Z-Z_d)}} \tag{3-9}$$

式中 μ——孔流综合流量系数；

A_c——出流面积；

H——作用水头；

Z_d——特征高程，出口淹没时为下游水位，非淹没时取闸门底缘高程。

需要指出的是，对于淹没出流，宜补充自由出流条件的试验，并满足试验精度的要求，然后对试验结果进行分析计算。

3. 流速和流态

根据试验要求需要设置主要观测断面且不宜少于 8 个，其他流速断面位置视需要而定。测流断面一般布置在收缩断面、鼻坎末端、消力池出流、闸门孔口等控制性断面处，来观测水流沿程以及横向的流速变化。根据流速量程与试验要求选择相应的流速测量仪器。测流断面一般需要布置三条以上的垂线，每条垂线需布置三个以上的测点。

在观测流速的同时可采用摄影法或目测法进行流态观测。

4. 时均动水压强

动水压强通常采用测压管测量，也可用压力传感器测量。下面介绍测压管测量方法。

（1）测压管的布设。沿程测压管的布置密度、间距、位置视具体情况而定。总体原则可归纳为左右结构形式和水流条件对称的可布置在中心线，非对称的需两岸布设；沿程断面形式一致且为直线的可等间距布置；沿程断面无变化的直线溢洪道、隧洞等，可沿槽底中心线等间距布置；水流条件改变处、突变处需加设测压管且加密；消力池、闸门上下游、突然扩散或收缩处、渐变段连接处等均需布设测压管且加密；可能出现高压、负压的部位需增设测压管且加密；一般部位通常布置在过水体底部，但有压隧洞布置在洞顶，便于获得压力余幅，然后加上水深即可得洞底压强。

图 3-4 所示为某模型试验测压管布置情况，因为消力池内水流变化较为剧烈，所以在消力池内测压点布置非常密，而在斜坡段布置较稀。

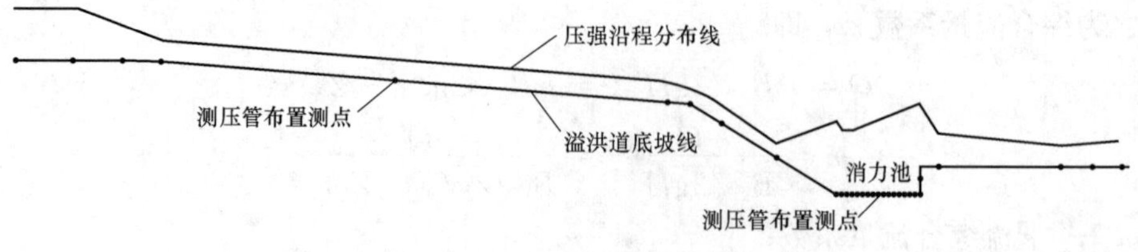

图 3-4 某水工模型试验测压管布置

（2）压强测读。动水压强测读采用直读法，通常用橡胶软管将测压孔和试验体外的玻璃管联通，玻璃管铅垂布置在贴有坐标纸的木板上，待水流稳定后读取玻璃管面的数值，通常读取 2～3 次取平均值，然后再换算成压强值。

（3）压强数据整理。如图 3-4 所示，以测点当地高程为起点，将压强换算为水柱高，然后与试验的泄水建筑物底坡线绘制在一起，便于直观分析出现最大压强、负压值和压强急变的位置。对于压强横向分布不一致的情况，难以直接看出其分布差异，因此可将左、中、右的沿程压强分布绘制在同一图上，便于观察分析。

（4）注意事项。采用测压管测出的动水压强为时均压强，仅代表试验时段内某测点的压强平均值，如需要获得极端压强，则需要专门进行瞬时或脉动压强测量。

当模型测得的负压值按长度比尺换算至原型接近绝对真空时，则负压值不能引申至原型，应进行分析论证。

5. 脉动压强

由于水流脉动压力的存在，因此需要考虑当脉动频率与泄水建筑物固有频率相近时会引起建筑物共振，共振可能会增加如护坦、闸门等轻质建筑物空蚀破坏的可能性，因此设计时常需考虑脉动压力的影响；过流面考虑空蚀破坏时宜研究脉动压力可能形成的更大负压值。

脉动压强需要专门的晶体压力传感器测量，每次测量应重复 3 次。水压从测压孔通过压力传感器转变为电讯号，由相应采集系统同步记录和计算获取脉动压强值。需要注意的是，传感器在试验前后均需要率定；传感器需直接安装在测压孔处，保持与边壁垂直，与过流面齐平。获得系列脉动压强值后，需记录并统计最大值、最小值、平均值等参数，并总结和绘制概率密度和相关函数等经验关系和图形，从而分析脉动压强各因素变化的规律。

6. 局部冲刷

下泄水流虽然经过消能，但仍带有一定的能量，常在下游形成一定范围的局部冲刷坑，特别是挑流消能，易形成较大、较深的局部深坑，如设计不合适，冲刷坑会危及水工建筑物以及两侧岸坡的安全。

（1）模型沙的选择。用天然散粒体模拟由沙砾石或岩石节理组成极为发育的原型河床，具体粒径按抗冲流速相似选择；如用轻质沙模拟由细颗粒泥沙组成的原型河床，具体粒径宜通过预备试验确定；用节理块或胶结材料模拟由岩体构成的原型河床，要求达到抗冲流速相似。

（2）模型河床的铺设。模型铺沙高程应根据冲刷模拟对象确定；模拟基岩冲刷时，应根据河床基岩弱风化层顶部高程确定；模拟覆盖层冲刷时，应根据覆盖层表面高程确定；必要时可按覆盖层和基岩分层铺设。首先根据一般经验相关资料估算可能的冲刷范围，一般来说，模型铺沙范围应大于冲刷范围；模型河床的厚度应大于最大可能冲刷深度。

（3）冲刷时间。冲刷时间的确定应以形成稳定冲刷坑为原则，一般定为 2～3h。特殊情况应由预备试验确定。

（4）试验成果整理。冲刷试验完成后，采用等高线法测绘冲淤地形。首先绘制冲淤后的实际地形，然后以等冲淤线的形式绘制相对冲淤变化主要是冲刷高程的前后变化等。由此得出冲刷坑的长度、深度等参数，再分析是否满足设计要求。

7. 波浪

测点应布置在建筑物下游大尺度紊动区的岸坡或通航地段。主测仪器选用波高仪，将电信号输入配套的二次仪表记录或贮存。试验进行前和结束后，波高仪均需进行率定试验。每次测量记录时间不得少于 30s，并重复测量 3 次。

3.2.5 水工单体模型试验示例

1. 试验概述

单体水工模型是指用于研究单一泄水建筑物水力特性的水工模型，如溢洪道水工模型、泄洪洞水工模型等。研究内容一般为泄水建筑的体型、水流流态、过流能力、流速和压力、水流的掺气和空化特性等。

2. 试验目的

（1）了解单体水工模型试验基本理论及研究内容。

（2）掌握正确的试验方法及量测技术。

（3）通过溢洪道单体模型试验，了解溢洪道水力特性。

（4）初步掌握单体水工模型试验数据量测和试验资料的分析方法，培养学生解决实际问题的能力。

（5）巩固和复习专业理论知识，增强动手和科研能力。

3. 试验内容及要求

（1）观测溢洪道的泄流能力，计算流量系数，绘制库水位—泄量关系曲线。

（2）量测溢洪道的水面线、流速、压力分布等水力特征。

（3）观测溢洪道下游河道冲刷情况，提出下游防冲措施建议。

（4）整理试验资料、评价工程布置合理性，编写试验报告。

4. 模型制作

（1）实际工程概况。潍坊抽水蓄能电站位于山东省潍坊市临朐县境内，电站距潍坊和济南的直线距离分别为 80km 和 120km。电站初拟安装 4 台单机容量为 300MW 的立轴单级混流可逆式水泵水轮机，总装机容量为 1200MW，额定发电水头 326m。为一等大（1）型工程，主要建筑物为 1 级建筑物，次要建筑物为 3 级建筑物。上、下水库挡水坝，下水库泄水建筑物，以及电站厂房及其他附属建筑物的设计洪水标准为 200 年一遇洪水，校核洪水标准为 1000 年一遇洪水，下水库消能防冲建筑物的洪水设计标准为 100 年一遇洪水。

枢纽建筑物主要由上水库、下水库、输水系统、地下厂房系统和地面开关站等建筑物组成。

下水库位于弥河支流石河的上游。水库正常蓄水位 289.00m，死水位为 266.00m，调节库容 $4186\times10^4m^3$，死库容 $401\times10^4m^3$。下水库主要建筑物包括拦河坝和溢洪道。拦河坝坝型为壤土心墙砂壳坝，坝顶高程 293.50m，最大坝高 43.60m。

溢洪道布置（见图 3-5）在大坝左岸，由进水段、控制段、泄槽段、消能防冲设施、出水渠段组成。溢洪道进水渠底板高程 283.5m，全长 560m，5 孔溢洪闸。闸室总宽 55.2m，顺水流方向长 16m，闸底板高程 283.5m。单孔闸孔尺寸 10m×6.0m，闸孔总净宽 50m。泄槽段为矩形断面，槽宽度 55.2m，水流落差为 10m，坡降 0.167。消能方式为挑流消能，长 14m，宽 55.2m，挑坎为连续等宽式，反弧段反弧半径 44.8m，挑射角为 25°，挑坎顶高程 275.30m。

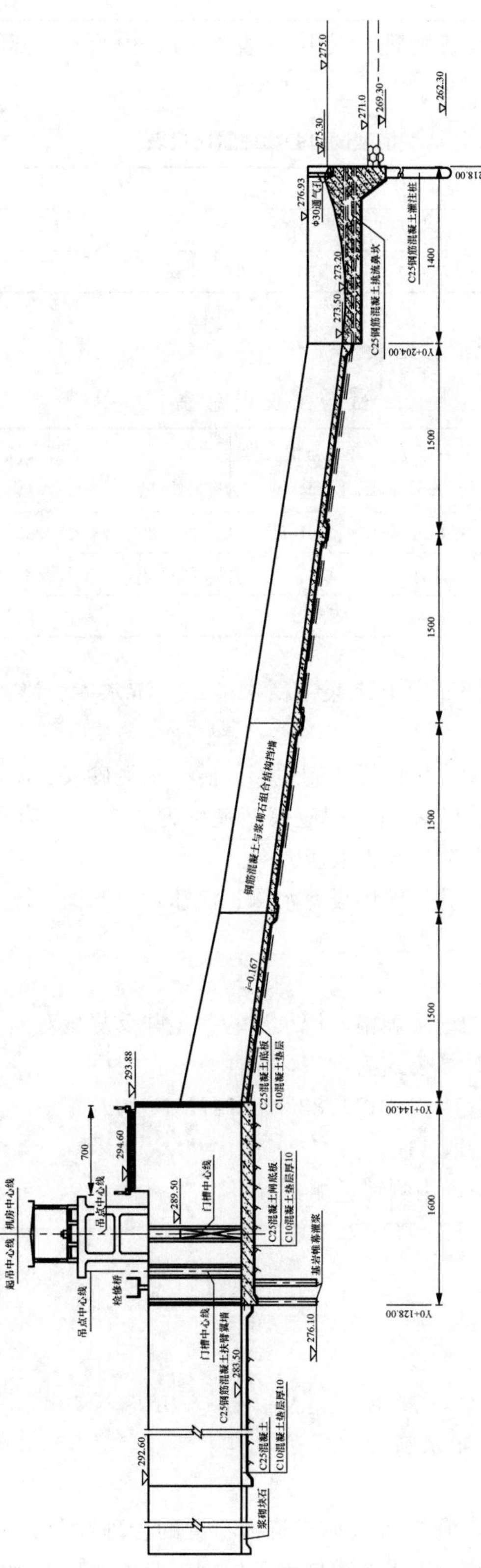

起吊中心线
机房中心线
吊点中心线
检修桥
700
294.60
293.88
289.50
门槽中心线
283.50
276.10
292.60
C25混凝土底板
C10混凝土垫层
C25混凝土闸底板
C10混凝土垫层厚10
基岩帷幕灌浆
C25钢筋混凝土扶臂翼墙
C25混凝土
C10混凝土垫层厚10
浆砌块石
钢筋混凝土与浆砌石组合结构挡墙
i=0.167
1600
1500
1500
1500
1500
1400
Y0+128.00
Y0+144.00
Y0+204.00
Y0+218.00
273.50
273.20
276.93
Φ30通气孔
C25钢筋混凝土挑流鼻坎
C25钢筋混凝土灌注桩
275.30
271.0
269.30
275.0
262.30

图 3-5　溢洪道纵剖面图

(2) 基本资料。

1) 模型比尺。模型试验各物理量比尺见表 3-1。模型为正态模型，几何相似比尺 $\lambda_l=50$。

表 3-1　模型试验各物理量比尺表

物理量名称	几何比尺	流速比尺	流量比尺	压力比尺	时间比尺	糙率比尺
比尺关系	λ_l	$\lambda_v=\lambda_l^{0.5}$	$\lambda_Q=\lambda_l^{2.5}$	$\lambda_{P/\gamma}=\lambda_l$	$\lambda_t=\lambda_l^{0.5}$	$\lambda_n=\lambda_l^{1/6}$
比尺数值	50	7.071	17 677.67	50	7.071	1.9194

2) 试验工况。试验工况汇总见表 3-2。

表 3-2　试验工况汇总表

工况	洪水频率	入库流量 (m^3/s)	总下泄流量 (m^3/s)	单孔下泄流量 (m^3/s)	库水位 (m)	下游水位 (m)	备注
1	0.1%	2590	1989.14	397.8	292.20	272.36	校核洪水，闸门全开
2	0.5%	1823	1688.61	337.7	291.30	273.89	设计洪水，闸门全开
3	1%	1600	1600.00	320.0	290.9	271.95	消能防冲

(3) 模型布置与制作。模型由上水泵、稳水池、上游水库、溢洪道、下游河道、退水渠、量水堰等部分组成。

上游水库和下游河道模型采用模板控制地形、砖砌水泥砂浆。溢洪道全部用有机玻璃制作，原型混凝土的糙率为 0.015 左右，相应模型糙率为 0.0078，有机玻璃糙率为 0.008 左右，原型和模型之间基本满足阻力相似要求。

沿溢洪道底板布置有测压孔，侧墙设有水深、流速观测断面，流速用毕托管量测，水深用钢板尺观测。

5. 试验数据记录

根据试验内容设计相应的记录表格，记录试验数据并反复核对。

例如矩形薄壁堰，流量计算公式为：

$$Q=\lambda_l^{2.5}(1.782+0.24H/P)BH_0^{1.5}$$

式中 λ_l——模型几何比尺，取 50；

H——薄壁堰堰上水头，用测针量测，m；

H_0——修正后的水头，$H_0=H+0.0011\text{m}$；

B——堰宽，m；

P——堰高，m。

毕托管流速计算公式：

$$V=\lambda_l^{0.5}\phi\sqrt{2g\Delta h},\quad \phi=0.98\sim1$$

3.2.6 水工断面模型试验示例

1. 试验概述

水工断面模型主要研究水利枢纽泄水建筑物布置的合理性及其下游消能防冲的影响问题。即在研究某些问题，往往不需进行整体水工模型试验，而是沿泄水建筑物轴线截取一段来研究水流沿溢流面竖向和纵向的二元变化问题。一般建筑物过水区域宽度较大的情况下亦可采用此法进行试验研究，如观测闸坝的压力分布，流速分布、消能效果等。

研究内容一般可分为以下几个方面：

(1) 泄水建筑物的过流能力。

(2) 建筑物的压力分布，流速分布，流态及水深等。

(3) 上下游水流的衔接方式，消能工的消能率及下游消能防冲等。

2. 试验目的

(1) 了解水工断面模型试验的基本理论知识及其研究的内容。

(2) 掌握水工断面模型试验的试验方法及正确的测试技术。

(3) 初步掌握水工断面模型试验数据分析方法，提高解决实际工程问题的能力。

(4) 结合具体工程模型试验，了解闸坝闸室内水流流态及其后消能效果等。

(5) 巩固和复习专业理论课知识，提高综合分析问题的能力，增强动手和科研能力。

3. 试验内容及要求

(1) 量测泄水闸泄流能力，绘制泄水闸泄流曲线并计算综合流量系数。

(2) 观测泄水闸水流流态、流速分布及水面线等。

(3) 观测消力池的水流流态、流速、压力分布，计算消力池消能率。

(4) 整理分析量测数据，根据试验结果评价泄水闸总体布置及体型尺寸的合理性，提出优化建议。

(5) 编写试验报告。

4. 模型制作及布置

(1) 实际工程概况。葛洲坝水利枢纽位于湖北省宜昌市境内的长江三峡末端河段上，距离长江三峡出口南津关下游 2.3km。它是长江上第一座大型水电站，也是世界上最大的低水头大流量、径流式水电站。枢纽建筑物自左岸至右岸为：左岸土石坝、3 号船闸、三江冲沙闸、混凝土非溢流坝、2 号船闸、混凝土挡水坝、二江电站、二江泄水闸、大江电站、1 号船闸、大江泄水冲沙闸、右岸混凝土拦水坝、右岸土石坝。

二江泄水闸是葛洲坝工程的主要泄洪排沙建筑物，共有 27 孔，三孔一联，最大泄洪量 83900m^3/s，采用开敞式平底闸，闸室底板高程 37.0m，闸室净宽 12m，高 24m，设上、下两扇闸门，尺寸均为 12m×12m，上扇为平板门，下扇为弧形门，闸下采用底流消能，消力池总长 262.9m。

(2) 基本资料。

1) 模型按重力相似准则设计，为正态模型，模型几何比尺为 1∶70。

2) 设计蓄水位 66.0m，相应单孔泄流量 3000m^3/s；校核洪水位 67.0m，相应单孔泄流量 3110m^3/s。

(3) 模型制作与设计。模型模拟葛洲坝二江泄水闸两孔，进口段模拟原型长度为 0.929m，闸室段模拟长度 0.831m，消力池段模拟长度 1.343m，海漫段模拟原型 1.14m。消力池内设 T 形、梯形两种消力墩，进行消能效果对比研究。沿闸室及消力池底板布置有压强监测点，左右导墙布设流速、水深观测点。流速采用旋桨式流速仪量测，水位采用水位测针观测。模型布置如图 3-6 所示。

泄水闸全部用有机玻璃制作，有机玻璃糙率约为 0.007～0.008，相应原型糙率约为

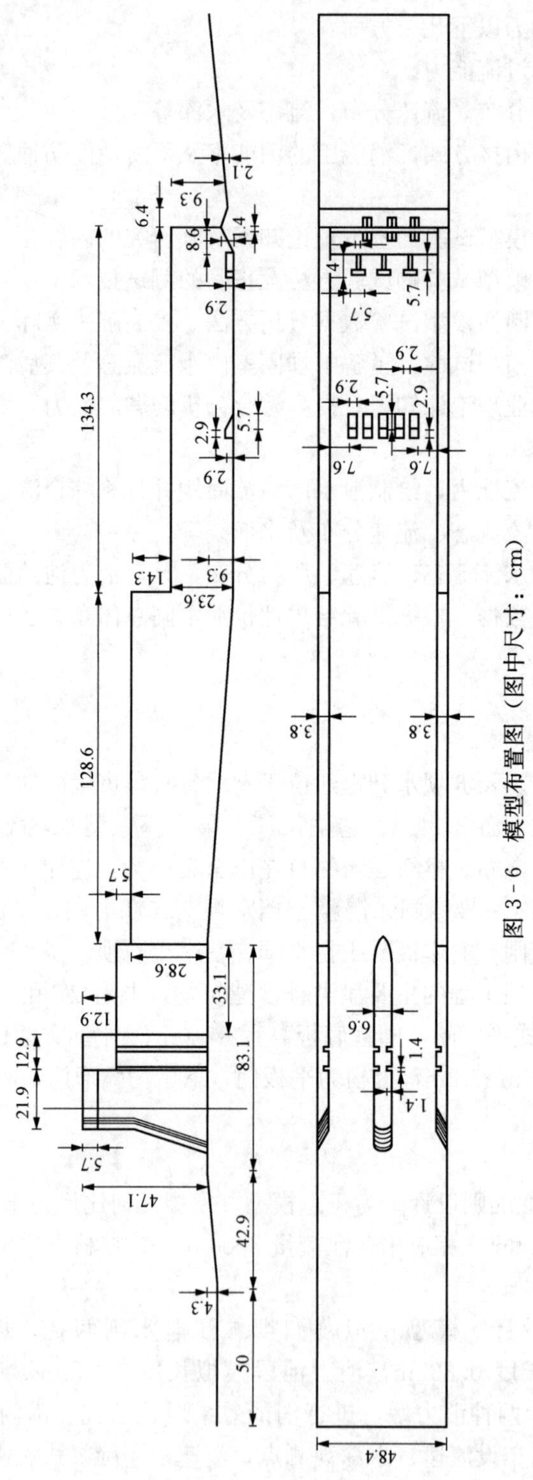

图 3-6 模型布置图（图中尺寸：cm）

0.015左右，与混凝土糙率一致，模型和原型满足阻力相似条件。

5. 试验数据记录

根据试验内容设计相应的记录表格，记录试验数据并反复核对。

3.3 水电站有压引水系统非恒定流模型试验

水电站的有压引水系统非恒定流，或简称有压非恒定流，所研究的对象为水电站引水系统在负荷改变时的暂态过程，其中包括水击的弹性波动、调压井的质量波动等。其目的在于论述各种运行条件下，其暂态过程的有压非恒定流的理论计算以及其处理方法等，进而寻求最有利的措施．以保证水电站的正常运行。

尽管水击和质量波动计算的理论发展得很快，可以解决很多复杂的实际问题。但任何理论应用于实际均有一定的局限性；例如水击计算理论虽已比较成熟，但在计算中仍然引入很多假定。这些假定与实际均有一定的出入，例如一维均匀流的假定对于蜗壳和尾水管中的水击就不完全合适；非恒定流水头损失系数和变化规律并不完全与恒定流时相同，所有这些因素只有通过模型试验或原型观测才能考虑进去。

模型试验通常可分为两类：一类是专题研究，其目的是研究各种因素对水击和质量波动的影响，由此验证理论的正确性，或者根据试验建立一种新的更符合实际的理论；另一类是生产性试验，其目的是论证设计方案的合理性，并为设计提供必要的数据，提出合理的设计方案。模型试验往往受场地、模型材料、模型律的限制不可能完全正确地再现实际过程，这就必须借助于原型观测，例如机组特性对水击的影响、长尾水道的反水击问题等都不是一般模型试验所能解决的。

3.3.1 有压引水系统非恒定流模型试验的特点

(1) 对于非恒定流，其水力要素都是时间的波动函数，所以时间因素在模型设计中极其重要，在设计和试验观测中必须严格对待，而且相应的量测设备必须能同步记录各水力要素随时间变化的波形图。

(2) 流量变化范围很大，可能会从较大值变到零，因此雷诺数也就可能从较大值变到零，因而前面用的控制最小允许雷诺数使模型流态位于紊流自动模型区的办法在此情况下没有太大意义。在模型尺寸总是小于原型的前提下，要保证时时刻刻满足包括黏滞力在内的阻力相似，实际上是不可能的。为了使阻力相似偏离程度控制在较小的范围，只有尽可能选用大的模型尺寸并控制模型边壁糙率。

(3) 水锤压力和调压井的质量波动是主要研究内容，其中水锤压力的传播速度与固体边壁的弹性变形相关，因此选择模型材料时需要将其考虑进去。

3.3.2 有压引水系统非恒定流模型相似条件

本节采用简单圆筒式调压室波动的基本方程和压力管中水锤的基本方程来推导相似条件。有压引水系统虽然形式复杂多样，但基本相似条件都是一样的。

设以 z 表示调压室水位与水库水位之差，l_1、D_1、v_1 和 n_1 表示调压室前引水隧洞的长度、直径、断面平均流速和内壁糙率系数，D_2、v_2 表示调压室后压力管道的直径、断面平均流速，D_3 表示调压室直径，g 表示重力加速度，t 表示时间，则调压室涌浪的基本方程为：

$$\left.\begin{aligned}z&=\frac{l_1 n_1^2 v_1^2}{\left(\dfrac{D_1}{4}\right)^{4/3}}\frac{l_1}{g}\frac{\mathrm{d}v_1}{\mathrm{d}t}\\ \frac{\pi}{4}D_2^2 v_2&=\frac{\pi}{4}D_1^2 v_1+\frac{\pi}{4}D_3^2\frac{\mathrm{d}z}{\mathrm{d}t}\end{aligned}\right\}\tag{3-10}$$

对上式进行方程分析，可得到4个相似条件：

$$\frac{\lambda_t\lambda_z}{\lambda_{l_1}\lambda_{v_1}}=1\tag{3-11}$$

$$\frac{\lambda_t\lambda_{v_1}\lambda_{n_1}^2}{\lambda_{D_1}^{4/3}}=1\tag{3-12}$$

$$\frac{\lambda_{D_2}^2\lambda_{v_2}}{\lambda_{D_1}^2\lambda_{v_1}}=1\tag{3-13}$$

$$\frac{\lambda_t\lambda_{D_1}^2\lambda_{v_1}}{\lambda_{D_3}^2\lambda_z}=1\tag{3-14}$$

设 H 表示压力管道内包括水锤压力在内的压力水头，l_2 表示管道沿程距离，a 表示水锤波速，n_2 表示管壁糙率系数，则压力管道水锤方程可写为：

$$\left.\begin{aligned}&\frac{\partial H}{\partial l}+\frac{1}{g}\left(1+\frac{v_2}{a}\right)\frac{\partial v_2}{\partial t}+\frac{n_2^2 v_2^2}{\left(\dfrac{D_2}{4}\right)^{4/3}}=0\\ &\frac{\partial v_2}{\partial t}+\frac{g}{a}\left(1+\frac{v_2}{a}\right)\frac{\partial H}{\partial t}=0\end{aligned}\right\}\tag{3-15}$$

由上述方程式可推出4个相似条件：

$$\frac{\lambda_n}{\lambda_{v_2}}=1\tag{3-16}$$

$$\frac{\lambda_l\lambda_{n_2}^2}{\lambda_{D_2}^{4/3}}=1\tag{3-17}$$

$$\frac{\lambda_a\lambda_{v_2}}{\lambda_H}=1\tag{3-18}$$

$$\frac{\lambda_a\lambda_t}{\lambda_{l_2}}=1\tag{3-19}$$

然后就可以得到式（3-11）～式（3-14）和式（3-16）～式（3-19）共8个相似条件，其中包含有 l_1、v_1、D_1、n_1、l_2、v_2、D_2、n_2、D_3、z、t、H、a 等13个物理量的比尺（不计 $\lambda_g=1$），原则上说，可以有5个比尺自由选择。需要注意的是，我们引用的调压室涌浪基本方程和压力管道水锤方程中都没有表征局部水头损失的项，这显然已把局部阻力的相似寄托于模型的完全几何相似。故整个有压引水系统的模型自然以设计成正态模型最为合适，在此情况下就有全模型的单一几何比尺，即

$$\lambda_l=\lambda_{l_1}=\lambda_{D_1}=\lambda_{l_2}=\lambda_{D_3}=\lambda_z=\lambda_H$$

于是原来的8个相似条件就缩减为下列4个独立条件：

$$\lambda_v=\lambda_{v_1}=\lambda_{v_2}=\lambda_l^{1/2}\tag{3-20}$$

$$\lambda_t=\frac{\lambda_l}{\lambda_v}=\lambda_l^{1/2}\tag{3-21}$$

$$\lambda_n = \lambda_{n_1} = \lambda_{n_2} = \lambda_l^{1/6} \tag{3-22}$$

$$\lambda_a = \lambda_v = \lambda_l^{1/2} \tag{3-23}$$

下面对（3-23）的实现做进一步讨论。

对于均质材料的简单压力管，水锤波速 a 的计算公式可写为：

$$a = \frac{\sqrt{\dfrac{K}{\rho}}}{\sqrt{1+\dfrac{DK}{\delta E}}} \tag{3-24}$$

式中 K——水的体积弹性模量，其值约为 $2.1\times10^5\ \mathrm{N/cm^2}$；

ρ——水的密度；

D——压力管的直径；

δ——压力管的壁厚；

E——管壁材料的弹性模量。

式（3-24）中，分子$\sqrt{\dfrac{K}{\rho}}$表示声音在水中的传播速度，其值约为 1435m/s，可视为常量。由此可到水锤波速 a 的比尺为：

$$\lambda_a = \frac{a_{\mathrm{p}}}{a_{\mathrm{m}}} = \sqrt{\frac{1+\dfrac{D_{\mathrm{m}}K}{\delta_{\mathrm{m}}E_{\mathrm{m}}}}{1+\dfrac{D_{\mathrm{p}}K}{\delta_{\mathrm{p}}E_{\mathrm{p}}}}} \tag{3-25}$$

当已知原型管壁弹性模量 E_{p}、壁厚 δ_{p} 时，可根据式（3-25）选择模型材料及管壁厚度，使 $\delta_{\mathrm{m}}E_{\mathrm{m}}$ 满足该条件，也就实现了式（3-23）的条件。如果原型引水道各段特征数据不同，则模型设计时就要各段分别满足。但要注意选用的材料还要同时满足式（3-22）的粗糙度相似要求，综合考虑各种条件不要顾此失彼。模型制作安装完成后，如果其水锤波速与预计值不相符，应当根据试放水的实测数据来修正模型。

3.3.3 压力管道水锤试验模型试验示例

1. 试验目的和要求

（1）了解压力管道水锤试验的原理和方法。

（2）观察管道水锤现象的发生、传播与消失的过程，增强对水锤现象的认识。

（3）熟悉水流脉动参数的量测技术，掌握试验数据的处理方法。

（4）测量水锤过程中脉动压强，评价压力管道运行中的安全性。

2. 试验仪器和设备

试验装置和仪器如图 3-7 所示。由图中可以看出，试验装置为供水箱水泵、上水管道、稳水箱、压力管道、快速关闭阀、调节控制阀、接水盒、回水管。实验仪器为 DJ800 型多功能监测系统、压力传感器、计算机和打印机。

3. 数据量测和处理

压力管道水锤试验除观察管道水锤现象的发生、传播与消失的过程外，重点应对水锤波传播过程中管道中的脉动压强进行量测，以获得管道中压强的变化值。

脉动压强的测量方法目前多采用非电量的电测法，即将水流的脉动压强通过压强传感器转换为电流的变化，再通过滤波、放大和 A/D 转换，即得脉动压强数据。然后通过计算机对所测数据进行处理和分析，得出频谱、振幅和脉动压强强度。

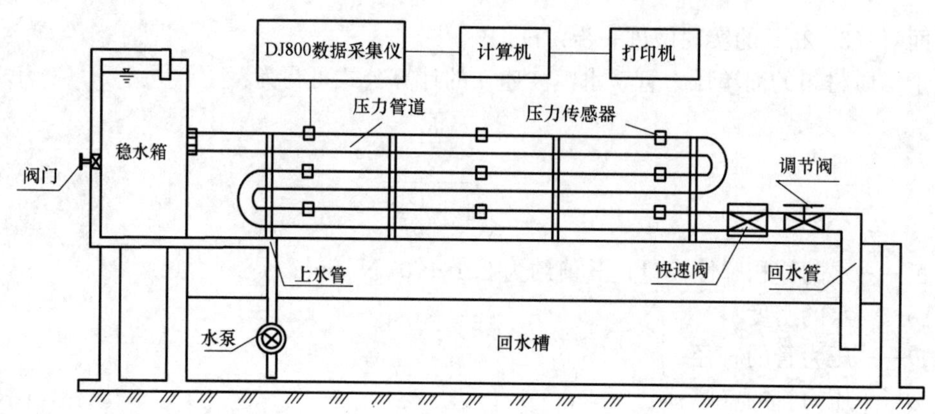

图 3-7　试验装置示意图

脉动压强的分析有两种方法，即统计分析法和频谱分析法。

（1）脉动压强的统计分析法。

1）根据采集的波形图，对波形图进行整理。在波形图上取波段，也叫选样本。波段一般应取 100 个波以上，历时约 15～20s，统计时不是所有的波都要考虑，有些波太小可以舍去，一般以 $2A_{max}$ 的 $1/n$ 作为取舍的标准，$n=3\sim5$，即双倍振幅小于 $2A_{max}/n$ 的波可以舍去。

2）求出时均压强。通过每个波的摆幅 B 的计算来求出平均波高，画出时均压强线。即按波高的等级分别统计数量，得总波数 N，总波高除以 N 即得平均波高。

3）读出每个波的周期 T，求出每个波的频率 $f=1/T$，并求出最小频率 f_{min} 和最大频率 f_{max}。

4）从 f_{min} 到 f_{max} 之间，将各个波的频率按大小次序列。

5）划分频率区间，统计各区间频率出现的次数 N_i。划分频率区间一般每秒 2～3 次为一个区间，有 m 个，并统计各区间频率出现的次数 N_i，求出各区间频率所出现的百分数，即

$$(N_i/\sum_{i=1}^{m} N_i)\times 100\%$$

6）以频率 f 为横坐标，以各区间频率出现的次数的百分数为纵坐标，绘制频率的概率分布图，如图 3-8 所示。

7）求主频率 f_0。从图 3-8 上找出出现次数最多的频率，即主频率。主频率表示脉动压强以这个频率作用于建筑物的次数最多，所以主频率 f_0 是研究建筑物振动的主要参数之一。

8）求主振幅 A_0，相应与主频率 f_0 的振幅称为主振幅。波形图上每个波都可以找出两个振幅，即波峰到时均线的振幅和波谷到时均线的振幅。在分析时应取较大的一个作为该波的振幅。每个频率区

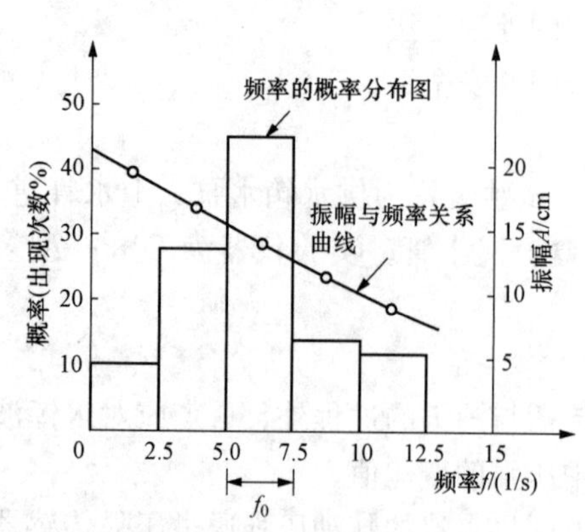

图 3-8　频率的概率分布函数

间各个波有各自的振幅，取其数字平均值作为该区间的振幅。也可以做出振幅 A 与频率 f 的关系曲线，如图 3-8 所示。

一般研究振动问题时，要用主振幅 A_0；在确定瞬时荷载时，要用最大振幅 A_{max}。

9）由于取用单个的最大振幅，往往有较多的偶然性，在工程中多采用 5%的最大振幅来表示脉动压强的特征值，5%的最大振幅就是在整个样本中，选出相当总数的 5%个最大的振幅的算术平均值。在计算动水荷载或判断是否产生振动时，采用

$$\rho = \bar{p} + 0.5(2A_{max})5\% \tag{3-26}$$

在判断是否产生空蚀时，采用

$$\rho = \bar{p} - 0.5(2A_{max})5\% \tag{3-27}$$

10）为了分析方便，也可采用摆幅。因为每个波的振幅是取波峰或波谷至时均线的距离较大的一个，所以 $2A_{max}>B_{max}$，即 $A_{max}>0.5B_{max}$，或写作

$$A_{max} = kB_{max} \tag{3-28}$$

式中 k——大于 0.5 的系数，根据工程实践，一般取 $k=0.65\sim0.70$，即

$$A_{max} = (0.65 \sim 0.70)B_{max} \tag{3-29}$$

同理得

$$A = (0.65 \sim 0.7)B$$

$$A_0 = (0.65 \sim 0.70)B_0$$

（2）脉动压强的频谱分析法。频谱分析法认为，在组成脉动的过程中，各个频率不同的压强波中，相应于能量最大的频率，即频谱密度最大的频率，就是对于建筑物的振动起主导作用的频率，称为最优频率。当这个频率与建筑物在水中的固有频率相近时，出现共振，使建筑物产生强烈的振动，有时甚至导致建筑物的破坏。通过频谱分析，就能找出这个能量最大的最优频率。

随着计算机技术的普遍应用，对脉动压强的数据处理已普遍采用随机函数理论为依据的随机数据处理法。如果一个物理过程是以时间 t 为参数的随机过程，通常可以用均值、方差、相关函数、功率谱密度及概率密度函数等特征值来描述脉动压强的紊动特性。

脉动压强的频谱分析法的步骤为：

1）确定采样间隔和样本容量。采样间隔 Δt 可采用不失真的奈奎斯特定律来决定，即

$$\Delta t = \frac{1}{2f_e} \tag{3-30}$$

式中 f_e——研究的脉动压强的最大频率。

根据经验，一般要求脉动压强波形图所取历时 T 应为所研究的脉动压强可能最大周期的 8～108 倍。

采样的样本容量为

$$n = T/\Delta t \tag{3-31}$$

2）求均值

$$\bar{p} = \frac{1}{n}\sum_{i=1}^{n} p_i \tag{3-32}$$

式中 p_i——脉动压强波形（$p\sim t$）图中横坐标分成 n 个微小时段 Δt 时每个时段末的压强值。

3）求脉动值

$$\left.\begin{aligned} p_1' &= p_1 - \overline{p} \\ p_2' &= p_2 - \overline{p} \\ &\vdots \\ p_i' &= p_i - \overline{p} \end{aligned}\right\} \tag{3-33}$$

4）计算方差

$$D_p = \frac{\sum_{i=1}^{n}(p_i - \overline{p})^2}{n} = \frac{1}{n}\sum_{i=1}^{n}(p_i')^2 \tag{3-34}$$

5）计算各阶自相关函数

$$\left.\begin{aligned} r(1) &= \frac{p_1'p_2' + p_2'p_3' + \cdots + p_{n-1}'p_n'}{(n-1)D_p} \\ r(2) &= \frac{p_1'p_3' + p_2'p_4' + \cdots + p_{n-2}'p_n'}{(n-2)D_p} \\ &\vdots \end{aligned}\right\} \tag{3-35}$$

6）计算功率谱密度

$$S(f) = 1 + 2.0 \times \sum_{\tau=1}^{m} r(\tau)\cos\frac{2\pi}{f}\tau \tag{3-36}$$

式中　f——水流的频率。

由上式计算出的粗略谱，在实际计算中，为了减小采样误差，一般采用平滑谱，用三点滑动平均的平滑谱计算公式为

$$\begin{aligned} S_0 &= [S(0) + S(1)]/2 \\ S_k &= [S(K-1) + 2S(K) + S(K+1)]/4 \\ S_m &= [S(m-1) + S(m)]/2 \end{aligned} \tag{3-37}$$

7）绘出功率谱密度函数的分布曲线，即 $S(f)-f$ 和 $S(T)-T$ 关系，如图 3-9 所示。由图中可求得谱密度最大的频率 f_k 为峰值频率。峰值频率就是所研究的脉动压强的代表频率。亦可绘出频谱密度 $S(T)-T$ 的关系曲线，由该图可求得谱密度最大时相应的周期 T，从而起主导作用的最优频率为

$$f = 1/T \tag{3-38}$$

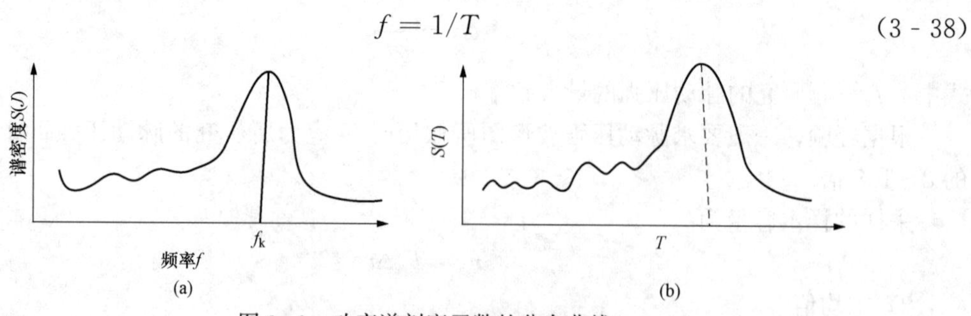

图 3-9　功率谱刻度函数的分布曲线

8）计算均方差

$$\sigma = \sqrt{D_p} \tag{3-39}$$

均方差表示随机变量在数学期望附近分散和偏离程度的一个特征值，可作为脉动压强振

幅的统计特征值，又可作为脉动压强的强度。我国长江水利委员会长江科学院建议：

平均脉动压强振幅为

$$\overline{A} = \sigma$$

计算动水荷载时的最大振幅为

$$A_{max} = 1.96\sigma$$

计算空化水流时最大振幅为

$$A_{max} = 2.58\sigma$$

4. 试验步骤

（1）记录有关参数，如引水管道直径，管道长度、脉动压强测点位置等。

（2）将传感器接到需要量测的测点上，并与 DJ800 数据采集仪、压力传感器、计算机和打印机连接。

（3）打开 DJ800 数据采集仪、计算机和打印机的电源，将仪器预热 5min。

（4）进入参数选择系统，确定采样时间和样本容量，对传感器进行零点标定。

（5）打开水泵，使水流充满稳水箱，并保持溢流状态，同时打开引水管道上的调节控制阀，待水流稳定后，记录上游库水位，计算水头损失。

（6）分别用 3s、6s、9s 关闭快速阀门，用计算机采集各测点的压强变化过程。

（7）试验完后将仪器恢复原状。

5. 分析和评价

对试验成果进行分析及评价并提出合理化建议。

3.4 地下水渗流模型试验

从天然原型的直接观察研究到模型试验是一大进步，人们可以主动地将原型缩小也可以将过程的周期缩短，并能将过程中的某些因素孤立和抽取出来，以便于观察比较和发现因果关系。开始所用的地下水渗流模型材料与原型的介质材料相同，例如水工模型和砂槽模型。然而，这种模型往往制造工作量大、费用高，有时测量困难，难于掌握某些物理现象的过程。因而进一步发展提出了模拟方法，即基于相同的数学方程用其他介质所产生的类似物理现象来模拟所要研究的地下水渗流现象。常用的有黏滞流模型、水力网模型、导电液模型等。各种模型都各有其解决问题的特点和适用范围，它们都在不同程度上得到应用和发展。下面将对上述模型分别加以叙述。

3.4.1 砂槽模型相似条件

砂槽模型试验是研究地下水渗流问题最直观的方法。为使模型中的水流运动完全复演天然状态，模型比尺必须基于一定的相似准则。根据达西（H. Darcy）定律：

$$v_i = k_i \frac{\Delta h}{L} \tag{3-40}$$

可得相似比尺条件为：

$$\lambda_{v_i} = \lambda_{k_i} \frac{\lambda_h}{\lambda_l} \tag{3-41}$$

式中　v_i、k_i——直角坐标 i 方向的渗透速度分量和渗透系数。

其他符号含义同前。

当取正态模型时，式（3-41）则变为：

$$\lambda_{v_i}=\lambda_{k_i}$$

当土体为各向异性（$\lambda_{k_x}=\lambda_{k_z}=\lambda_k$）时，则

$$\lambda_{v_x}=\lambda_{v_z}=\lambda_v=\lambda_k \tag{3-42}$$

式（3-42）同样可由水流的连续条件导出。

渗流量比尺为：

$$\lambda_Q=\lambda_A\lambda_v=\lambda_l^2\lambda_k \tag{3-43}$$

由于 $v=\dfrac{L}{t}$ 及式（3-42）的 $\lambda_v=\lambda_k$，可知时间比尺为 $\lambda_t=\dfrac{\lambda_l}{\lambda_v}=\dfrac{\lambda_l}{\lambda_k}$，同时由于断面流速 v 与孔隙平均流速 v' 之间存在 $v=ev'$（e 为有效孔隙率）的关系，从而渗流模型的时间比尺为：

$$\lambda_t=\frac{\lambda_l\lambda_e}{\lambda_k} \tag{3-44}$$

对于层状非均质土层，则可用水平等效平均渗透系数和垂直等效平均渗透系数进行模型试验。

当为一般非均质土，可按照不同土体的渗透系数之相同比值，即 $\lambda_{k_1}=\lambda_{k_2}=\cdots=\lambda_{k_n}$ 进行模型布置。

3.4.2 黏滞流模型

19 世纪末英国赫尔夏创用平行玻璃板间形成层流研究二向的位势流动，后来经过很长时间才首次用它来研究土坝渗流问题，随后又用来研究地下水问题。黏滞流模型虽然发展较为缓慢，但仍有独特的优点。

两平行板间的层流运动，其流速与水头损失呈线性阻力关系，在数学表达方面与地下水运动的达西定律相似，因此就构成了模拟的相似条件。对于不可压缩液体，其基本微分方程可写为：

$$\left.\begin{aligned}\frac{\partial v_x}{\partial t}+v_x\frac{\partial v_x}{\partial v_x}+v_y\frac{\partial v_x}{\partial y}+v_z\frac{\partial v_x}{\partial z}&=-g\frac{\partial h}{\partial x}+\nu\nabla^2 v_x\\\frac{\partial v_y}{\partial t}+v_x\frac{\partial v_y}{\partial v_x}+v_y\frac{\partial v_y}{\partial y}+v_z\frac{\partial v_y}{\partial z}&=-g\frac{\partial h}{\partial y}+\nu\nabla^2 v_y\\\frac{\partial v_z}{\partial t}+v_x\frac{\partial v_z}{\partial v_x}+v_y\frac{\partial v_z}{\partial y}+v_z\frac{\partial v_z}{\partial z}&=-g\frac{\partial h}{\partial z}+\nu\nabla^2 v_z\end{aligned}\right\} \tag{3-45}$$

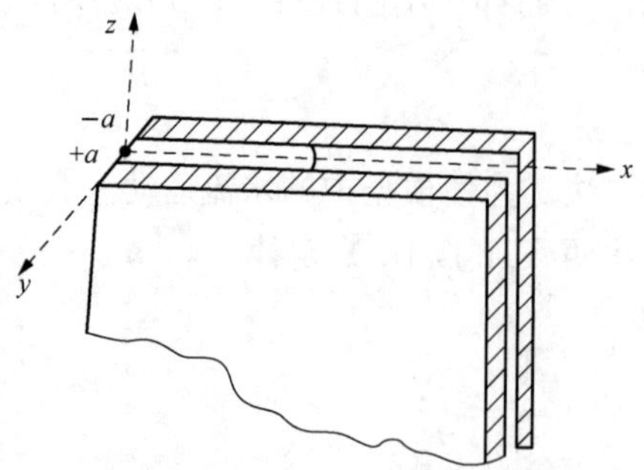

图 3-10　两平行板间的黏滞液流动示意图

方程式左边各项是通过速度表示的加速度 $\dfrac{dv}{dt}$，即单位质量的力；右边的第一项是势能水头，表示压力和重力；右边第二项是摩阻力。式中，ν 表示运动黏滞性。如果考虑两平行板间（$x-z$ 面）的黏滞液流动（见图 3-10），当略去惯性项时，对于垂直平面流动，上式就变为：

$$\left.\begin{aligned}v_x\frac{\partial v_x}{\partial x}+v_z\frac{\partial v_x}{\partial z}&=-g\frac{\partial h}{\partial x}+\nu\nabla^2 v_x\\v_x\frac{\partial v_z}{\partial x}+v_z\frac{\partial v_z}{\partial z}&=-g\frac{\partial h}{\partial z}+\nu\nabla^2 v_z\\0&=-g\frac{\partial h}{\partial x}\end{aligned}\right\}\tag{3-46}$$

由上式可知，沿着垂直于壁面方向的压力不变，因而各点在其（x，z）两个方向的水头梯度完全与 y 无关，也就是说，不管两板间 y 方向的流速分布如何，h 在任一平行壁面的平面上分布必然相同，流线的形态也必然相同。因此，我们就可以沿壁面装设测压管测定压力分布或记录流线作为代表，不必考虑测点在 y 轴方向的位置。

两平行板间的黏滞液流动在一定流量时，垂直于壁面方向的流速梯度与壁面间的距离成反比，因此当两平行板非常靠近时，则在（x，z）两个方向的流速梯度与 y 方向相比较极小，则 $\frac{\partial v_x}{\partial x}$、$\frac{\partial v_x}{\partial z}$、$\frac{\partial v_z}{\partial x}$、$\frac{\partial v_z}{\partial z}$ 以及它们的二阶导数均可略去，上式即可简化为：

$$\left.\begin{aligned}\frac{\partial h}{\partial y}&=\frac{\nu}{g}\frac{\partial^2 v_x}{\partial y^2}\\\frac{\partial h}{\partial z}&=\frac{\nu}{g}\frac{\partial^2 v_z}{\partial y^2}\end{aligned}\right\}\tag{3-47}$$

两次积分上式，并结合边界条件（见图 3-10）$y=0$ 时，$\frac{\partial v_x}{\partial y}=\frac{\partial v_z}{\partial y}=0$；$y=\pm a$ 时，$v_x=v_z=0$ 则可得与壁面正交方向的流速分布：

$$\left.\begin{aligned}v_x&=-\frac{(a^2-y^2)g}{2\nu}\frac{\partial h}{\partial x}\\v_z&=-\frac{(a^2-y^2)g}{2\nu}\frac{\partial h}{\partial z}\end{aligned}\right\}\tag{3-48}$$

在平板间的平均流速为：

$$\left.\begin{aligned}\overline{v_x}&=\frac{1}{a}\int_0^a v_x\mathrm{d}y=-\frac{a^2g}{3\nu}\frac{\partial h}{\partial x}\\\overline{v_z}&=\frac{1}{a}\int_0^a v_z\mathrm{d}y=-\frac{a^2g}{3\nu}\frac{\partial h}{\partial z}\end{aligned}\right\}\tag{3-49}$$

即

$$\frac{\partial v_x}{\partial z}=\frac{\partial v_z}{\partial x}$$

说明 $x-z$ 平面的流动是有势的，因此可以应用平板间的黏滞液流动模拟地下水的位势流动。很明显，式（3-49）的平均流速与达西定律：

$$\left.\begin{aligned}v_x&=-k\frac{\partial h}{\partial x}\\v_z&=-k\frac{\partial h}{\partial z}\end{aligned}\right\}\tag{3-50}$$

完全相似，即渗透模型系数为：

$$k_{\mathrm{m}}=\frac{a^2g}{3\nu}$$

若设原型的渗透系数为 k，则 $\lambda_k=\frac{k}{k_m}=\frac{3\nu k}{a^2 g}$。对于正态模型，比较式（3-49）和式（3-50）可知流速比尺：

$$\lambda_v=\lambda_k=\frac{3\nu k}{a^2 g} \tag{3-51}$$

由于两平板间的距离 $2a$ 相当于天然的单位宽度 1，则可得流量的比尺关系：

$$\lambda_q=\frac{3\nu k\lambda_l}{2ga^3} \tag{3-52}$$

式（3-51）和式（3-52）的狭缝槽模型比尺关系，只有在 x、z 方向的流速梯度和惯性加速度可以忽略时成立。因此，两板间距离越近，这种误差以及模型进口处受边界转变所影响的距离就越小。根据经验，在一般模型水头的情况下，甘油在 1～2mm 的缝间流动是满足条件的。如果以雷诺数 $Re=\frac{v(2a)}{\nu}$ 来衡量，不能超过临界值 $Re=1000$，并在恒温条件下进行试验。

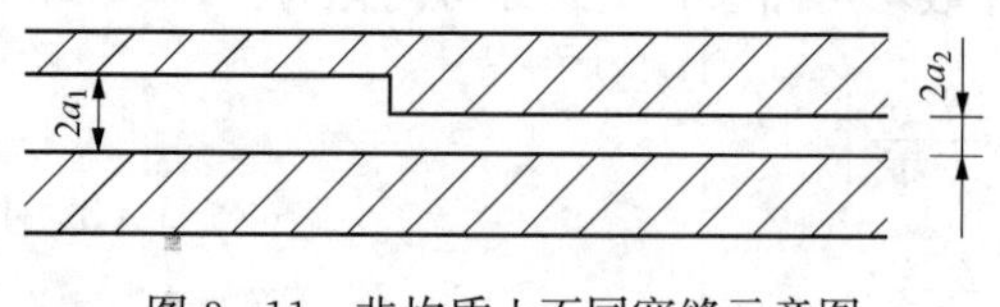

图 3-11　非均质土不同宽缝示意图

对于非均质土的模拟，如图 3-11 所示，采用不同宽缝 $2a_1$、$2a_2$ 代表两种不同透水性 k_1 和 k_2，它们之间的关系可由流量关系式（3-52）得：

$$\frac{k_1}{k_2}=\left(\frac{a_1}{a_2}\right)^3 \tag{3-53}$$

对于非稳定渗流模型，若可考虑运动方程（3-47）中略去惯性项中的平方部分，以达西定律表示右边末项的摩阻力，并考虑到水质点的运动，而把 v 看成是断面平均流速时，就可得到垂直平面的流动方程：

$$\left.\begin{aligned}\frac{1}{eg}\frac{\partial v_x}{\partial t}+\frac{\partial h}{\partial x}+\frac{\partial_x}{k}=0\\ \frac{1}{eg}\frac{\partial v_z}{\partial t}+\frac{\partial h}{\partial z}+\frac{\partial_z}{k}=0\end{aligned}\right\} \tag{3-54}$$

式中　e——表示土体的有效孔隙率。

由式（3-54）得到相关模型比尺：

$$\frac{\lambda_v}{\lambda_e\lambda_t}=\frac{\lambda_v}{\lambda_k}=1$$

即

$$\lambda_k=\lambda_v,\quad \lambda_t=\frac{\lambda_v}{\lambda_e}$$

根据上式各比尺的推导过程可知，原型须符合达西定律，黏滞流模型必须是层流，而且在相同的边界条件和初始条件下进行试验。

3.4.3　导电液模型

在电模拟试验中，较早采用的模型材料是电解液或一般饮用水，即导电液模型。对不同土层的渗流，可制备各种导电率的水溶液加以模拟，便于观测。导电液模型为连续介质模型，所以当它模拟的渗流区域处于急变情形时更有利，但对于非均质各向异性渗透介质和多变的地质情形与边界条件，此法就较为不适。

1. 基本模型律

用电拟试验研究渗流问题的基本原理，是基于水流在多孔介质中服从达西定律和电流在导电介质中服从欧姆定律的相似性，因为两种物理场可以用同一形式的数学方程式来描述。

稳定渗流场拉氏方程为：

$$\frac{\partial^2 h}{\partial x^2}+\frac{\partial^2 h}{\partial y^2}+\frac{\partial^2 h}{\partial z^2}=0 \tag{3-55}$$

电场的拉普拉斯方程为：

$$\frac{\partial^2 V}{\partial x^2}+\frac{\partial^2 V}{\partial y^2}+\frac{\partial^2 V}{\partial z^2}=0 \tag{3-56}$$

式中 h——渗流场测压管水头；

V——电场电位。

若建立起式（3-55）与式（3-56）中各物理量间的相似比尺，并满足几何形状和边界条件相似，则可知两个式子的解完全相同。因此，可用导电介质电场模型来代替所要研究的渗流场，通过测量电场模型的要素，进而得到渗流场渗流要素。

设在三维空间坐标系中，分别沿流线取渗流场中一段长 L 和电场中一段长 L_m 的微小流束，根据达西定律和欧姆定律，分别写出渗流场通过截面面积 w 的渗流场和电场通过截面面积 w_e 的电流强度为：

$$Q=wv=-wk\frac{\partial h}{\partial L} \tag{3-57}$$

$$I=w_e i=-w_e c\frac{\partial V}{\partial L_m} \tag{3-58}$$

式中 v——渗流速度；

k——渗透系数；

i——电流密度；

c——导电率，是电阻率 ρ 的倒数。

其他符号意义同前。

上述两式表明，导电介质中电流和电压间的关系与渗流场多孔介质中渗流速度和水头间的关系完全相似。若在上述各物理量间引进相应的比尺，即

$$\lambda_h=\frac{h}{V},\quad \lambda_Q=\frac{Q}{I},\quad \lambda_k=\frac{k}{c}=k\rho$$

并考虑到电模型的几何尺寸比渗流场缩小 λ_l 倍，即

$$L_m=\frac{L}{\lambda_l},\quad w_e=\frac{w}{\lambda_l^2}$$

则可导出：

$$Q=-\left[\frac{\lambda_Q}{\lambda_l\lambda_h\lambda_k}\right]wk\frac{\partial h}{\partial L} \tag{3-59}$$

方括号中的无尺度数称为电导液模型试验的相似准数，也是贯穿全部电拟试验中必须遵循的基本模型律。

若要使式（3-57）和式（3-59）相等，则需满足：

$$\lambda_Q=\lambda_l\lambda_h\lambda_k \tag{3-60}$$

由上式可知，当模型长度比尺和电阻率确定后，在电压和电流两比例常数中只需任选一个，即可确定剩下的参数。

对均质渗流场，ρ 值可任选。对不同土层组成的非均质渗流场，其模型各区的 ρ 值应满足下面的条件：

$$\lambda_k = \rho_1 k_1 = \rho_2 k_2 = \cdots = \text{常数}$$

只在计算渗流量时以任一成对的 $\rho_i k_i$ 代入相应公式。

2. 边界条件的相似性

第一类为狄里希利（Dirichlet）条件。当水头函数 $h = f(x,y,z)$ 已知时，要求电模型施以相应电压，以满足 $V = f(x,y,z)$ 也为已知。因此，在等水头面和相应的等电位面上，须分别满足 $h=$常数和 $V=$常数。在渗流自由面上和自由渗出段上，因为 $\frac{p}{\gamma}=0$，所以 $h=\frac{p}{\gamma}+z=z$，故电模型中需使电位与位置高度成正比关系，即

$$V = Az$$

其中，A 为任意常数。为便于测量，常用化引电位 V_{p}、化引水头 h_{p} 和化引高度 z_{p} 表示，此时应符合：

$$V_{\mathrm{p}} = h_{\mathrm{p}} = z_{\mathrm{p}}$$

这里，

$$h_{\mathrm{p}} = \frac{h - h_2}{h_1 - h_2} = \frac{h - h_2}{H}, \quad V_{\mathrm{p}} = \frac{V - V_2}{V_1 - V_2} = \frac{V - V_2}{U}$$

式中　h_1、h_2——上、下游水位；

V_1、V_2——相应于上、下游水位的模型极板电压。

第二类为诺依曼（Neuman）条件，即边界进出流量或水头函数的导数已知：

$$k_n = \frac{\partial h}{\partial n} = -v_n$$

则要求给模型边界提供一定电流，以满足：

$$c_n \frac{\partial V}{\partial n} = -i \tag{3-61}$$

式中　n——边界面的外法线方向。

在不透水面和自由面上因 $\frac{\partial h}{\partial n} = 0$，故需把模型边界做成绝缘边界，以使 $\frac{\partial V}{\partial n} = 0$。

第三类为傅里叶条件（Fourier），即含水层边界内外水头差和进出流量之间呈一定线性关系：

$$h + \alpha \frac{\partial h}{\partial n} = \beta \tag{3-62}$$

式中　α——正常数，α、β 均为已知值。

在模型中仍可按 V 相当于 h 和式（3-61）的关系，使穿过边界的电流密度 $i_{\mathrm{n}} = (V - \beta)/(\partial\rho)$（外法向为正），以满足：

$$V + \alpha \frac{\partial V}{\partial n} = \beta \tag{3-63}$$

综上所述，可将电流场与模型电场的对应关系概括为：水头～电位，渗透系数～导电系数，渗流量～电流强度等，如图 3-12 所示。

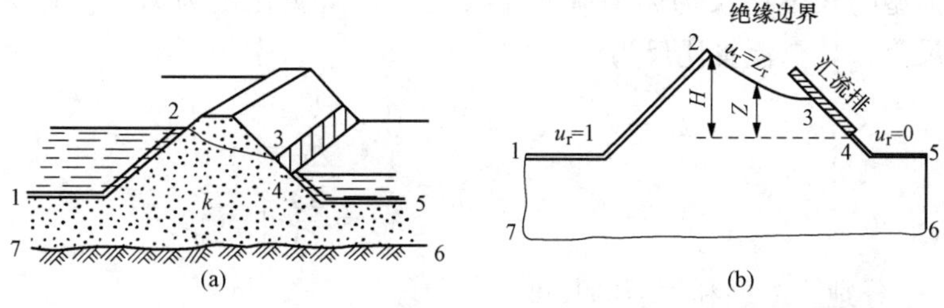

图 3-12 土坝水电模拟对应关系示意图

(a) 隔水层$\frac{\partial h}{\partial n}=0$；(b) 绝缘面$\frac{\partial u}{\partial n}=0$

1—上游铺盖；2—面板；3—护坡；4—排水体；5—下游铺盖；6—上游基岩；7—下游基岩

应当指出，上述相似原理虽基于符合达西定律的多孔介质的稳定渗流，但对节理、裂缝甚至不甚发育的岩石裂隙渗流仍可适用。对某些不稳定渗流问题，在补充某些适当条件后，也能用导电液模型进行试验研究。

3.4.4 土石坝渗流模型试验示例

土石坝的安全和正常工作与渗流控制的效果密切相关，许多土石坝的失事均与渗流有关。由于土石坝渗流边界和坝基形态的复杂性，目前仅能采用近似的方法进行土石坝的渗流计算。模型试验能够尽可能多的模拟建筑物地基的实际形态、同时考虑各种因素的影响，并能给人以直观的概念，因而成为解决土坝渗流问题的重要手段之一。

1. 试验目的及要求

(1) 了解模型试验的相似理论及方法。

(2) 掌握渗流模型试验的基本原理、实验方法和量测技术。

(3) 通过不同坝型的渗流模型试验，加深对各种渗流控制措施的理解。

(4) 观察土石坝的渗流现象、量测有关数据、评价防渗措施的防渗效果。

(5) 验证土石坝渗流计算简化公式的正确性。

2. 试验原理

渗流模型试验是根据相似原理将原型渗流场缩小制成模型进行的研究试验。根据模型材料和模拟方法的不同可分为砂槽模型、电网络模型、导电液模型、黏滞流模型、水力网模型和水力积分仪等。砂槽模型以其物理概念明确、试验现象直观和试验方法简单而被广泛采用。

砂槽模型试验是用砂或砂性土制作模型，然后将其放置于模型槽内，当模型的上下游保持与实际建筑物上下游相应的水位时，由于上下游水头差的作用，模型内即产生渗流，形成自由水面，此时可通过量测设备测出模型内自由水面的高度，从而获得浸润线数据。

模型槽一般用钢木和玻璃制作，一侧通常采用钢板或胶木板制成，其上安装测压管量测模型内部的孔隙水压力。模型槽的另一侧安装玻璃板，以便试验人员直接进行观察。为便于观察，试验时用的液体可以是有颜色的水。

在进行砂槽模型试验时，应使模型与原型之间保持基本相似，即保持几何相似和水流运动相似。前者是保持模型与原型之间一定的长度比尺关系，后者是保持模型的渗流场符合达西定律。

设原型与模型的长度比尺为 λ_l，流速比尺为 λ_v，水头比尺为 λ_h，渗透系数比尺为 λ_k，单宽渗流量比尺为 λ_q，渗流量比尺为 λ_Q，则

$$\left.\begin{aligned}\lambda_l=\frac{l_\mathrm{p}}{l_\mathrm{m}},\ \lambda_v=\frac{v_\mathrm{p}}{v_\mathrm{m}},\ \lambda_h=\frac{h_\mathrm{p}}{h_\mathrm{m}}\\ \lambda_k=\frac{k_\mathrm{p}}{k_\mathrm{m}},\ \lambda_q=\frac{q_\mathrm{p}}{q_\mathrm{m}},\ \lambda_Q=\frac{Q_\mathrm{p}}{Q_\mathrm{m}}\end{aligned}\right\} \tag{3-64}$$

式中 l_p、l_m——分别为原型和模型的长度；

v_p、v_m——分别为原型和模型的流速；

h_p、h_m——分别为原型和模型的水头；

k_p、k_m——分别为原型和模型的渗透系数；

q_p、q_m——分别为原型和模型的单宽渗流量；

Q_p、Q_m——分别为原型和模型的渗流量。

根据达西定律和水流连续方程可得模型比尺关系如下：

（1）流速与渗透系数的比尺关系为

$$\lambda_v=\lambda_k \tag{3-65}$$

（2）单宽流量与流速和渗透系数的比尺关系为

$$\lambda_q=\lambda_l\lambda_k \tag{3-66}$$

（3）渗流量与单宽流量和渗透系数的比尺关系为

$$\lambda_Q=\lambda_l\lambda_q \tag{3-67}$$

对非稳定渗流（库水位降落引起的坝内渗流），除应满足上述相似准则外，还应使模型与原型的瞬时流网相似，也就是要使模型与原型孔隙中水质点的实际流速相似。

孔隙中的实际流速为：

$$v'=\frac{v}{\mu}=\frac{ki}{\mu} \tag{3-68}$$

式中 v'——孔隙中水质点的流速；

v——断面平均流速；

μ——土的有效孔隙率或土的排水率；

k——土的渗透系数；

i——渗流水力坡降。

根据公式（3-68）可得模型与原型时间和孔隙中水质点流速相似比尺分别为：

$$\lambda_v'=\frac{\lambda_k}{\lambda_\mu} \tag{3-69}$$

$$\lambda_t=\frac{\lambda_l\lambda_\mu}{\lambda_k} \tag{3-70}$$

当仅按重力水渗流场比尺推算渗流量，而不考虑毛细管水升高的相似性时，常常会使计算结果偏大，所以在砂槽试验中，特别是当模型土颗粒较小时应考虑模型与原型毛细管水层相似的问题。

由于毛细管水与土的粒径成反比，即 h_cp 正比于 $1/d$。假设原型毛细管水的升高 h_cp 和模型毛细管水的升高 h_cm 的比值为 λ_h，则可得模型土粒直径 d_m 与原型土粒直径 d_p 的比值 $d_\mathrm{m}/d_\mathrm{p}=\lambda_h$，即

$$d_m = d_p \lambda_h \tag{3-71}$$

模型与原型只有完全满足上述相似准则，才能保证两者之间所产生的渗流场相似。

3. 模型设计

模型设计包括坝基模拟范围的确定、模型边界的简化和各个相似比尺的选择。

对于土坝渗流模型，除需对坝体和防渗体的几何尺寸和材料进行严格模拟外，一定范围内的坝基也需模拟，特别是对具有透水层坝基应严格模拟。

模型比尺应根据所研究问题的任务、目的和实验室场地大小以及试验的费用综合考虑加以选择。

本试验考虑到尽量让学生能够观察到不同坝型的渗流现象和渗流机理，因此精选了三种坝型，即均质土坝、心墙土石坝和斜墙土石坝，其中均质土坝分别模拟了有相对透水地基和无相对透水地基两种情况。

模型几何比尺均取 100，渗透系数比尺为 50，坝体剖面如图 3-13～图 3-16 所示。

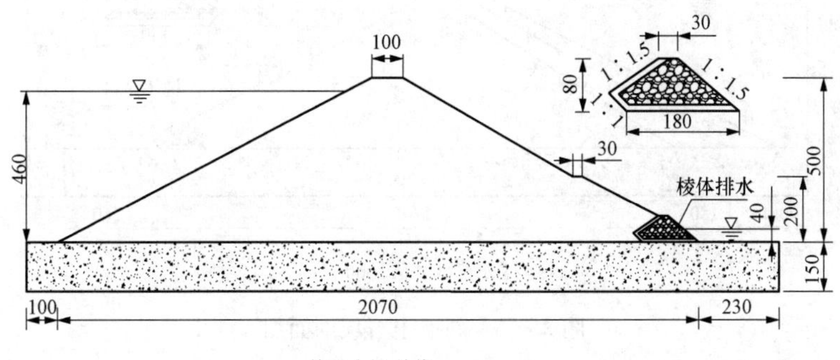

图 3-13　均质土坝Ⅰ（无截水槽）剖面图

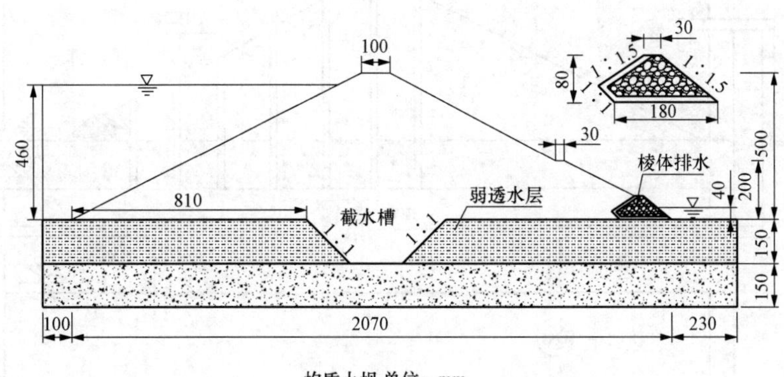

图 3-14　均质土坝Ⅱ（有截水槽）剖面图

4. 试验装置

土坝渗流模型装置由土坝模型、玻璃水槽、水泵等设备构成，如图 3-17 所示。

5. 试验步骤

(1) 开启水泵，调节阀门使上游水位为正常蓄水位。

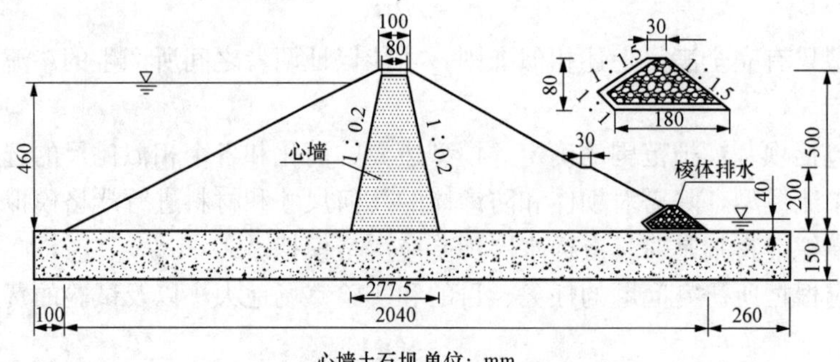

图 3-15　心墙土石坝剖面图

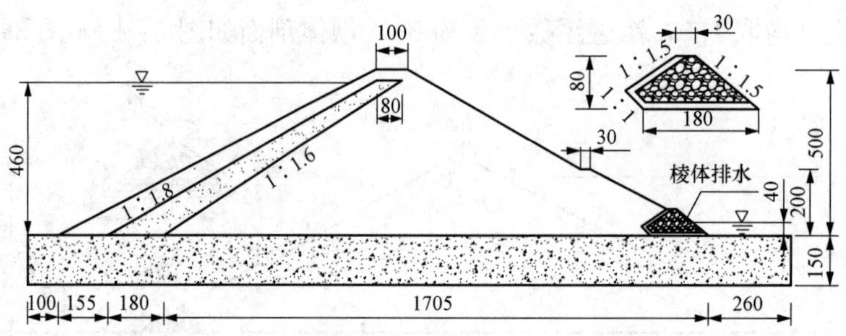

图 3-16　斜墙土石坝剖面图

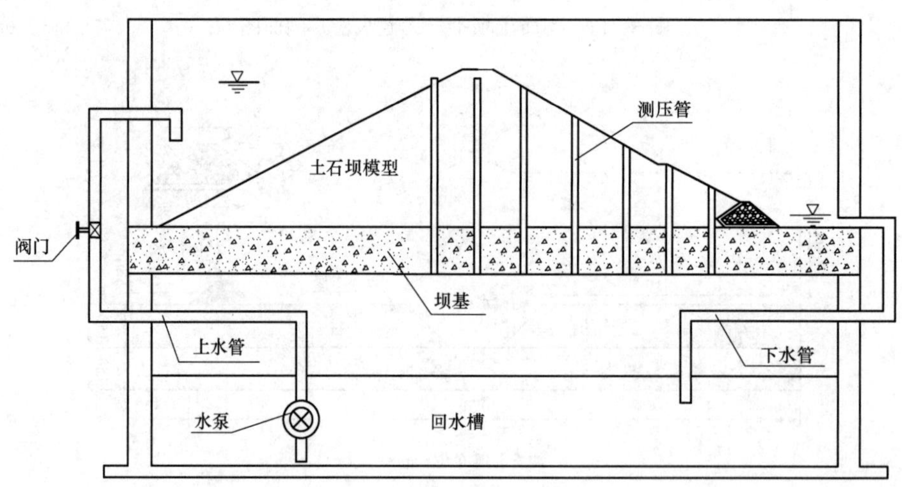

图 3-17　土石坝渗流试验模型装置示意图

(2) 观察土石坝渗流现象和机理。

(3) 待达到稳定渗流状态后，量测测压管水头。

(4) 量测模型渗流量。

(5) 根据量测数据绘制浸润线。

（6）计算模型渗流量和渗透坡降。

（7）根据式（3-65）～式（3-67）计算原型渗流量，绘制原型浸润线。

6. 评价及建议

根据试验结果对土石坝防渗排水效果进行评价并提出优化修改建议。

4 河工模型试验

大多数河床演变和河道整治影响的变形过程一般都非常复杂，很难直接用演变分析研究和变形计算方法求解，而利用模型试验则可能直接方便地观测到。河工模型试验可以模拟一定空间与时间范围内的某些演变过程或预测修建工程后的发展趋势。本章重点介绍定床河工模型和动床河工模型的设计原理和方法。

4.1 定床河工模型

原型河床变形不显著，或虽有变形但对所研究问题影响不大，如研究流态，主流线的变化和汊道分流比变化等问题，往往可以采用定床模型。定床河工模型主要用来研究水流结构，不考虑河床变形，故定床河工模型的相似一般是保证水流运动的相似。在水流运动时床面一般不发生变化，因此又称为水流模型。

4.1.1 正态定床河工模型

河工模型既可采用正态模型，也可采用变态模型。一般来说河段较短的河渠或河道中有人工建筑物时多采用正态模型。

1. 正态定床河工模型的相似条件

通常认为河道水流的运动不仅受重力作用，紊流阻力对其也有很大的影响，所以在模型设计时应按重力相似准则进行设计，与此同时还应满足阻力相似的要求。考虑到此时水流运动大多处于紊流状态，因此原型和模型水流中相应点上的重力比尺 λ_{F_g} 应等于紊流阻力比尺 λ_{F_f}，且都应等于反映牛顿相似率的惯性力比尺 λ_{F_I}，即

$$\lambda_{F_g} = \lambda_{F_f} = \lambda_{F_I} \tag{4-1}$$

把第3章叙述的各比尺表达式代入式（4-1）可得：

$$\lambda_p \lambda_g \lambda_l^3 = \lambda_f \lambda_p \lambda_l^2 \lambda_v^2 = \lambda_p \lambda_l^2 \lambda_v^2 \tag{4-2}$$

由此可得到重力和阻力同时相似的条件，即同时满足弗劳德相似准则和紊流阻力相似准则：

$$\frac{\lambda_v^2}{\lambda_g \lambda_l} = 1 \text{ 和 } \lambda_f = 1 (\text{或 } \lambda_C = 1) \tag{4-3}$$

式中 f——沿程阻力系数；

C——谢才系数。

其他符号意义同前。

当模型为正态模型时，由于 $\lambda_g = 1$，若要保证重力相似则具体要求为：

流速比尺 $\lambda_v = \lambda_l^{1/2}$

流量比尺 $\lambda_Q = \lambda_v \lambda_A = \lambda_l^{1/2} \lambda_l^2 = \lambda_l^{5/2}$

时间比尺 $\lambda_t = \dfrac{\lambda_l}{\lambda_v} = \dfrac{\lambda_l}{\lambda_l^{1/2}} = \lambda_l^{1/2}$

引入谢才-曼宁公式，可知若要保证阻力相似则具体要求为：

$$\lambda_v = \frac{1}{\lambda_n}\lambda_l^{2/3}$$

当同时满足重力相似条件和阻力相似条件时，则可知上述两个流速比尺一定相等，因此可得：

$$\lambda_n = \lambda_l^{1/6} \tag{4-4}$$

除了需要满足上述相似条件外，还应该满足紊流限制性条件 $Re_m > 1000$ 和表面张力限制性条件 $h_m > 1.5\text{cm}$ 的要求。

2. 正态定床河工模型设计

正态定床河工模型设计的任务就是确定满足上述相似要求的几何比尺 λ_l、流速比尺 λ_v 和与之相应的模型糙率 n_m。要进行模型设计必须事先具有水流阻力系数与水流条件及模型糙率的关系。具体设计时因为实现阻力相似的途径不同，一般采用曼宁公式法和蔡克士大曲线法两种方法。下面主要介绍曼宁公式法。

第一步是根据已知的原型河道的水文资料分析确定原型河道糙率 n_p，由上述公式（4-4）计算满足几何比尺 λ_l 所需要的模型糙率 n_m。可以看出，只要按照这个方法制作的模型糙率满足公式（4-4）的要求，就能够满足重力相似和阻力相似的要求，而且之前确定的长度比尺也是满足要求的。

模型制作完成后，必须通过放水的方式对模型进行率定试验，来验证模型糙率 n_m 值是否满足要求。率定试验的流程是将模型按流量比尺放水后，观察模型水面线与原型是否吻合，如果是就表明模型糙率满足要求，否则应加糙或减糙进行调整。如果模型的水位高于原型相应处的水位，就表明模型糙率偏大；如模型水位低于原型相应处的水位，就表明模型糙率小于所要求的。

对于属于缓变流动的河道模型，如模型不是足够长，则其水面线不仅受河床壁面糙率的影响，还受到模型尾门控制的影响。当模型足够长时，模型水位则只受河床壁面糙率的影响。当模型某河段糙率不够而致水面降落时，则应在该河段的下游河床采用粘贴砂砾卵石或者粘贴水泥砂浆块体进行加糙。

常用的河工模型加糙方式有两种：颗粒无间距排列加糙和颗粒有间距排列加糙。颗粒无间距排列加糙方式应用较多，因为它很少破坏河底水流结构。可采用张有龄公式（4-5）或天科所式（4-6）计算所应采用的颗粒粒径 d。

$$n = 0.0166d^{1/6} \tag{4-5}$$

式中 d——砂砾直径，mm，适用范围为 d=0.13～3mm。

$$n = 0.0133d^{1/6} \tag{4-6}$$

式中 d——砂砾直径，mm，适用范围为 d=4.3～26.4mm。

密排加粗后模型有效水深 h 将有所减小，与实际水深 h' 之间的关系可取为：

$$h = h' - (0.2 \sim 0.3) \tag{4-7}$$

根据上述模型制作方法所确定的糙率不可能考虑到所有因素的影响，因此模型糙率是不可能与原型完全相似的，所以必须对糙率进行调整校正。利用原型水面线资料进行验证试验，如果发现水面线不符，则需要调整糙率直到水面线相符为止。通常需要进行反复的调整试验使模型各河段的糙率达到要求。

4.1.2 变态定床河工模型

变态河工模型是指原型和模型几何尺度上水平比尺和垂直比尺不一致，也可以指原型沙和模型轻质沙由于密度不同而引起的水流时间比尺和泥沙冲淤时间比尺不一致，这两种情况可以单独出现也可以同时存在。

1. 采用变态河工模型的原因

从相似论的基本要求出发，河工模型自然以满足几何相似做成正态模型是最好的。但是在实际模型设计的时候，往往会因为种种条件的限制，不得不在某种程度上降低几何相似的要求，将模型做成变态。采用变态模型通常有以下几点原因：

(1) 试验场地的限制。天然河流通常河面较宽水深较浅，如果要保证模型水流满足一定的水深要求，几何比尺必不能取值过大，如此可能会使模型所需场地超过已有场地的面积。

(2) 水流条件的限制。如果几何比尺过小会造成模型中水深和糙率太小，超过了模型最小水深，水流不能形成紊流，则流态相似的条件不能满足。

(3) 模型沙的选择的限制。如果满足动床模型几何相似的要求，那原型泥沙在模型中会缩小成粉末，产生胶结或发生絮凝作用，造成冲淤现象不能与原型相似的结果。

(4) 试验量测精度和时间的限制。采用减小垂直比尺的方式增加模型水深，达到改进测量精度的要求。采用轻质沙可缩短模型河床演变时间，进而缩短模型试验所用时间。

2. 变态定床河工模型的相似条件

变态河工模型同时受到重力和阻力的限制，因此必须同时满足重力相似和阻力相似的条件。本节采用明渠恒定非均匀流的基本方程式，以求推算得到变态河工模型的相似条件。

$$-\frac{\mathrm{d}z}{\mathrm{d}s}=\frac{\mathrm{d}}{\mathrm{d}s}\left(\frac{v^2}{2g}\right)+\frac{\mathrm{d}h}{\mathrm{d}s} \tag{4-8}$$

式中 $-\frac{\mathrm{d}z}{\mathrm{d}s}$——在微小流程 ds 中单位水体势能的减小率；

$\frac{\mathrm{d}}{\mathrm{d}s}\left(\frac{v^2}{2g}\right)$——动能的变化率；

$\frac{\mathrm{d}h}{\mathrm{d}s}$——水头损失的变化率，即坡降 J。

根据曼宁公式 $v=\frac{1}{n}R^{2/3}J^{1/2}$ 和式（4-8），可推导出变态河工模型必须遵守的两个条件即重力相似表达式（4-9）和阻力相似表达式（4-10）：

$$\frac{\lambda_v^2}{\lambda_g\lambda_h}=1 \tag{4-9}$$

$$\lambda_v=\frac{1}{\lambda_n}\lambda_R^{2/3}\lambda_J^{1/2} \tag{4-10}$$

由于 $\lambda_g=1$，因此有：

流速比尺： $\lambda_v=\lambda_h^{1/2}$

流量比尺： $\lambda_Q=\lambda_v\lambda_A=\lambda_h^{1/2}\lambda_h\lambda_l$

时间比尺： $\lambda_t=\frac{\lambda_l}{\lambda_v}=\frac{\lambda_l}{\lambda_h^{1/2}}$

因为必须同时满足重力相似，所以式（4-9）和式（4-10）两个流速比尺必须相等，即

$\lambda_h^{1/2}=\frac{1}{\lambda_n}\lambda_R^{2/3}\left(\frac{\lambda_h}{\lambda_l}\right)^{1/2}$，进而有：

$$\lambda_n=\frac{\lambda_R^{2/3}}{\lambda_l^{1/2}} \tag{4-11}$$

定床河工模型最主要的问题就是确定模型的糙率，与正态模型不同，变态模型的糙率比尺随各个河段水力半径比尺 λ_R 的变化而变化。

对于宽浅河槽，令 $\lambda_R=\lambda_h$，可得：

$$\lambda_n=\frac{\lambda_h^{2/3}}{\lambda_l^{1/2}} \tag{4-12}$$

由上式可以看出，变态模型的糙率不仅与平面比尺 λ_l 有关，还与变态率 η 的选择有关系。

3. 变态模型的适用范围和条件

我们知道，变态模型水流内部的动态相似性和动力相似性会发生一定程度的偏离，如果偏离程度较大则不能采用；如果偏离程度较小，对所研究的问题影响不大，则可以采用。

变态模型可近似模拟水流，但只能保证水流平均特征的相似，即只能作为一个整体的水流的相似，所以可以用来解决一维整体水流的问题，即利用变态模型来研究水位和断面平均流速相似的问题。对于河道的二维水流问题，有研究表明：只要满足上述的几个相似条件，就能保证平面水流的运动相似，即不但水位和平均流速相似，且垂线平均流速沿河宽的分布和水面横比降也能达到相似。因此，变态模型也可应用于研究地形较平缓顺直、河床较宽浅的平原河流，了解水利枢纽上游的回水长度、平原河流的洪水演进过程等问题。

因为变态模型的流速场和动力场与原型有一定的偏离，特别是沿垂线方向的偏离，因此变态模型用于解决三维水流问题时，有很大的局限性。对Ⅰ级及以上重要水工建筑物或一些重大的工程，如主要研究其水流结构局部变化、泥沙冲淤对整体工程影响时，河工模型适合采用正态模型。当受其他条件限制不能用正态模型时，也可用变态模型，但变率不应大于2，且水流结构应另用正态模型研究。

4.2 动床河工模型

一般来说，凡是能引起河床变形的河道治理问题，都需要进行动床模型试验。天然河流一般都是挟沙水流，由于水流与河床的相互作用，两者之间不断发生泥沙交换，即泥沙运动。泥沙运动的结果是河床不断发生变形，其过程非常复杂。在航道整治和其他治河工程中，常常需要解决泥沙运动和河床变形的问题。由于泥沙运动的理论尚不十分成熟，因此很难用纯数学计算去求解，故求助于实体物理模型，即动床河工模型试验。

由于动床模型中除水流在运动外，还有泥沙的运动和河床边界的变动。因此，模型水流采用浑水水流，河床有时采用松散颗粒材料铺成，从而模拟其在水流作用下的变形。在设计动床模型时，不仅要考虑水流运动相似条件，还须考虑泥沙运动和河床变形的相似。所以，动床河工模型定律，除了需要满足水流运动的相似，还要满足泥沙运动以及河床变形的相似。

要进行模型试验，首先必须掌握模型的相似律，然后根据这些规律来设计模型，使之与原体水流达到相似，因此对动床模型律的探讨是动床模型试验中最重要的环节。动床河工模型也有正态和变态之分。在下面的讨论中，将垂直比尺 λ_h 和水平比尺 λ_l 加以区别表示，是为了使相似比尺的关系式既适用于变态模型，又适用于正态模型。对于正态模型，只要将 λ_h 换成 λ_l 即可。

4.2.1 动床河工模型的相似条件

1. 水流运动的相似

动床模型水流运动的相似与定床模型一致。对于宽浅河流，水力半径可用水深 h 近似替代，则水流相似条件可概括如下：

(1) 满足边界条件相似、几何相似和流态相似，模型水流应有较大的雷诺数，并尽可能使模型流态与原型流态同属阻力平方区。

(2) 满足重力相似条件：

$$\lambda_v = \lambda_h^{0.5}$$

(3) 满足紊流阻力相似条件：

$$\lambda_n = \frac{\lambda_h^{2/3}}{\lambda_l^{1/2}}$$

(4) 满足水流连续性相似条件：

$$\lambda_t = \frac{\lambda_l}{\lambda_v} = \frac{\lambda_l}{\lambda_h^{0.5}}$$

应该指出，由于河床可动，这里的阻力是指动床阻力，与前面的定床阻力不同。由于模型的糙率与床面形态和模型沙的选用有关，所以阻力相似还应结合模型沙性能进行综合考虑。

2. 泥沙运动的相似

动床泥沙模型试验的最终目的是对河床的泥沙冲淤变化进行预报，这就要求模型与原型河床冲淤变形的相似，而河床冲淤变形是泥沙运动的综合体现，因此必须首先达到各种泥沙运动的相似。泥沙运动的相似，包括推移质运动的相似、悬移质运动的相似和河床冲淤变形的相似，有时还要求异重流运动的相似。

(1) 推移质运动的相似。

1) 泥沙起动相似条件。泥沙的起动一般采用起动流速表示。推移质多为散粒体，其颗粒起动流速公式的基本形式可写为：

$$v_c = k\left(\frac{h}{d}\right)^y \sqrt{\frac{\gamma_s - \gamma}{\gamma} g d} \tag{4-13}$$

式中 v_c——泥沙起动流速；

k——系数；

y——指数，取值$\frac{1}{7}$～$\frac{1}{5}$，一般取$\frac{1}{6}$；

γ_s——泥沙容重；

γ——水的容重；

d——泥沙粒径。

其他符号意义同前。

为了达到起动相似即意味着冲刷条件的相似，按理论应该有：

$$\lambda_{v_c} = \lambda_v$$

由于 $\lambda_g=1$，并令 $\lambda_k=1$，于是可得起动流速比尺关系式：

$$\lambda_{v_c}=\lambda_v=\left(\frac{\lambda_h}{\lambda_d}\right)^y\lambda_{(\gamma_s-\gamma)/\gamma}^{1/2}\lambda_d^{1/2} \tag{4-14}$$

泥沙起动相似即意味着冲刷条件的相似，即原型在某一水流条件下床沙中某种粒径颗粒开始起动，则模型在相应水流条件下相应粒径颗粒也恰好起动。式（4-13）表明，一定的水深条件下起动流速 v_c 完全取决于床沙本身的物理性质，因而模型沙类型和粒径大小的选择，不仅涉及起动流速的问题，而且还与糙率问题和模型变态问题有关。因此，动床模型设计中，模型沙的选择至关重要。

由式子（4-14）可知，当水深一定时，影响起动流速比尺的主要因素有泥沙的容重 γ_s、粒径 d 和几何比尺。如果采用天然沙作为模型沙，则 $\lambda_{(\gamma_s-\gamma)/\gamma}=1$，同时又要满足 $\lambda_v=\lambda_h^{0.5}$，因此有：

$$\lambda_h^{1/2}=\left(\frac{\lambda_h}{\lambda_d}\right)^y\lambda_d^{1/2} \tag{4-15}$$

这就要求 $\lambda_d=\lambda_h$，这种模型只有在原型沙为粒径较大的卵石的情况下才有可能。若原型沙的粒径较小，或垂直比尺较大，则模型沙的粒径将要求很小，而当粒径小到一定程度时，黏滞力就起主导作用，就不会获得起动的相似。

若取 $y=\frac{1}{6}$，则由上式（4-15）和重力相似条件 $\lambda_v=\lambda_h^{0.5}$ 可得粒径比尺的表达式：

$$\lambda_d=\frac{\lambda_h}{\lambda_{(\gamma_s-\gamma)/\gamma}^{3/2}} \tag{4-16}$$

引入变态率 $\eta=\frac{\lambda_l}{\lambda_h}$，可得到模型沙粒径的表达式：

$$d_m=\frac{d_p}{\lambda_l}\eta\lambda_{(\gamma_s-\gamma)/\gamma}^{3/2} \tag{4-17}$$

由式（4-15）可以看出，在平面比尺 λ_l 选定后，增大 $\lambda_{(\gamma_s-\gamma)/\gamma}$ 和 η，均能增大模型沙的粒径 d。所以，解决上述模型沙粒径过细造成起动不能相似的问题就有两种方法：一是选用容重 γ_s 比天然沙小的模型沙，通常称为轻质沙，此时 $\lambda_d<\lambda_h$，d_m 可得到增大；二是采用变态模型，即在水平比尺 λ_l 一定的情况下，选用较小的垂直比尺 λ_h。目前这两种方法在动床河工模型设计中往往采用其中一种或同时采用。

由以上分析我们看到，泥沙模型完全做成正态模型（不但 $\lambda_l=\lambda_h$，还要 $\lambda_d=\lambda_h$）反而是占少数的，只有在原型沙粒径 d 较大，水平比尺 λ_l 选择得适当时，才能做到采用正态模型的同时又能满足粒径 d_m 要求。更多的情况是由于原型沙粒径较小，或由于试验场地的限制，不得不采用较大的水平比尺，而采用上述两种方法之一或两者并用来增大模型沙粒径，以确保泥沙运动的相似。当然，只有在模型变态带来的流态相似问题在试验河段并不是非常严重，或者对所研究问题无重大影响时才可以采用。

2）推移质输沙条件相似。模型若与原型相似，则在一定的水流泥沙条件下推移质输沙率应该相似。由河流动力学可知，计算推移质输沙率的公式很多，结构形式不一，因此可以导出很多形式不同的输沙率相似条件。下面以窦国仁提出的输沙率公式为例，导出其输沙率的相似条件。其公式为：

$$g_b=\frac{k_0}{C_0^2}\frac{\gamma_s}{\frac{\gamma_s-\gamma}{\gamma}}(v-v_c')\frac{v^3}{gv_c} \tag{4-18}$$

式中　g_b——单宽推移质输沙率；

k_0——综合系数，对于全部底沙，k_0 取 0.1；

v_c'——止动流速，一般取 $v_c'=v_c/1.2$；

v_c——泥沙沉速；

C_0——无量纲谢才系数。

由谢才系数可得：

$$\lambda_{C_0}=\left(\frac{\lambda_l}{\lambda_h}\right)^{1/2}$$

由式（4-18）可得输沙率比尺：

$$\lambda_{g_b}=\frac{\lambda_{\gamma_s}}{\lambda_{(\gamma_s-\gamma)/\gamma}}\frac{\lambda_v^4}{\lambda_{C_0^2}\lambda_w} \tag{4-19}$$

窦国仁认为由于沙质底沙有可能处于半悬浮状态，最好还能满足沿程落淤部位的相似。泥沙沉速比尺 λ_w 可用下式表示：

$$\lambda_w=\lambda_v\frac{\lambda_h}{\lambda_l}$$

对于粗沙，可由泥沙沉速公式 $w=K\sqrt{\frac{\gamma_s-\gamma}{\gamma}gd}$ 得到沉速比尺为：

$$\lambda_w=\lambda_{(\gamma_s-\gamma)/\gamma}^{1/2}\lambda_d^{1/2}$$

将上述相关表达式代入式（4-19），得到输沙率比尺为：

$$\lambda_{g_b}=\frac{\lambda_{\gamma_s}}{\lambda_{(\gamma_s-\gamma)/\gamma}}\lambda_h^{3/2} \tag{4-20}$$

由式（4-20）可以看出，如果选用天然沙作为模型沙，即 $\lambda_{\gamma_s}=1$ 和 $\lambda_{(\gamma_s-\gamma)/\gamma}=1$，无论采用正态模型还是变态模型，因为 $\lambda_h/\eta>1$，所以模型的输沙率 g_{bm} 总是小于原型的输沙率 g_{bp}；如果选用轻质沙，则由于 $\frac{\lambda_{\gamma_s}}{\lambda_{(\gamma_s-\gamma)/\gamma}}$ 是一个远小于 1 的数值，所选轻质沙的容重越小，λ_{g_b} 值会越减小很多，即模型的输沙率比采用天然沙时增大。所以，选用轻质沙不仅能增大模型的粒径，同时也增大了模型的输沙率。

必须指出，由于现阶段推移质输沙率的计算公式还难以充分反映天然河流的实际情况，因而按上述公式或由其他公式导出的输沙率相似比尺，还需要经过冲淤地形验证试验的论证，才能够最后确定。

（2）悬移质运动的相似。悬移质运动的相似主要是要求悬移质运动过程中泥沙悬移、沉降和水流挟沙能力的相似。

1）泥沙悬移和沉降的相似条件。根据紊动扩散理论，三元恒定均匀水流中不平衡输沙状态下的泥沙扩散方程为：

$$\frac{\partial S}{\partial t}=-v\frac{\partial S}{\partial x}+\frac{\partial}{\partial x}\left(\varepsilon_x\frac{\partial S}{\partial x}\right)+\frac{\partial}{\partial y}\left(\varepsilon_y\frac{\partial S}{\partial y}\right)+\frac{\partial}{\partial z}\left(\varepsilon_z\frac{\partial S}{\partial z}\right)+w\frac{\partial S}{\partial z} \tag{4-21}$$

式中　S——含沙量；

v——沿流向的水流速度；

ε_x、ε_y、ε_z——纵向、横向和垂向三个坐标方向的泥沙紊动扩散系数；

w——泥沙沉速；

t——时间。

方程式（4-21）中，等号右边第一项为对流项，第二、三、四项为扩散项，第五项为沉降项。

对于二元（X、Z 平面）水流、恒定输沙的情况下，$\frac{\partial S}{\partial t}=0$，$\frac{\partial}{\partial y}\left(\varepsilon_y \frac{\partial S}{\partial y}\right)=0$，又假定泥沙 X 向扩散远小于 Z 向扩散，则方程可简化为：

$$v\frac{\partial S}{\partial x}=\frac{\partial}{\partial z}\left(\varepsilon_z \frac{\partial S}{\partial z}\right)+w\frac{\partial S}{\partial z} \tag{4-22}$$

式（4-22）可用来近似描述恒定渐变流的悬移质泥沙运动过程。由此可导出悬移质输沙率模型试验中达到悬移质和沉降相似需满足的两个相似条件：

$$\frac{\lambda_{\varepsilon_z}}{\lambda_h\lambda_w}=1 \tag{4-23}$$

$$\frac{\lambda_v\lambda_h}{\lambda_w\lambda_l}=1 \tag{4-24}$$

式（4-23）是泥沙悬移相似条件，它表示了含沙量沿水深分布的相似条件。对于公式中的泥沙垂向紊动扩散系数 ε_z，一般假定其等于水流动量交换系数 ε_m，由紊流半经验公式理论和对数流速分布公式可导得：

$$\varepsilon_z=\varepsilon_m=\rho v_*\kappa z \tag{4-25}$$

式中 v_*——摩阻流速；

κ——卡门常数。

由式（4-25）可导出：

$$\lambda_{\varepsilon_z}=\lambda_\rho\lambda_{v_*}\lambda_\kappa\lambda_z \tag{4-26}$$

联立式（4-26）和式（4-23），取 $\lambda_\rho=1$、$\lambda_\kappa=1$，可得：

$$\frac{\lambda_w}{\lambda_{v_*}}=1$$

又因 $v_*=\sqrt{ghJ}$，所以上式还可写为：

$$\lambda_w=\lambda_{v_*}=\lambda_h^{0.5}=\lambda_J^{0.5}=\lambda_v\left(\frac{\lambda_h}{\lambda_l}\right)^{0.5}=\frac{\lambda_v}{\eta^{0.5}} \tag{4-27}$$

式（4-24）是悬移质运动过程中沿程沉降的相似条件。该式还可改写为：

$$\lambda_w=\frac{\lambda_v\lambda_h}{\lambda_l}=\frac{\lambda_v}{\eta} \tag{4-28}$$

比较式（4-27）和式（4-28），两者要求并不一致，只有当模型为正态或者变态率很小时，两者才一致或偏离较小。

悬移质模型的模型沙对沉降、扬动及阻力相似都有影响。要选择一种同时满足这么多项相似条件的模型沙是十分困难的。必须根据所研究问题的具体情况对相似条件有所取舍。

2）水流挟沙能力相似条件。河流动力学中常用河流不冲不淤、水流处于饱和状态时的临界状态的含沙量 S_* 来表示水流挟沙能力。若实际含沙量大于 S_*，则河流处于超饱和状态，将沿程发生淤积；反之，则河流沿程发生冲刷。水流挟沙能力相似，则保证了模型与原型水流含沙量饱和与否相似。

不同样式的水流挟沙能力公式，会导致不同的相似条件。

以水流挟沙能力公式 $S_* = k\dfrac{\gamma_s\gamma}{\gamma_s-\gamma}\cdot\dfrac{v^3}{ghw}$ 为例（式中 k 为系数，$\dfrac{v^3}{ghw}$为无量纲数），可导出水流挟沙能力比尺关系式为：

$$\lambda_{S_*} = \frac{\lambda_{\gamma_s}}{\lambda_{(\gamma_s-\gamma)/\gamma}} \tag{4-29}$$

在模型试验具体工作中，我们还需知道含沙量的比尺 λ_S，以控制模型进口加沙量。由恒定流悬移质不平衡输沙方程式为：

$$\frac{\partial}{\partial x}(QS) = \alpha w S_* B - \alpha w SB \tag{4-30}$$

式中 S——水流实际含沙量；

α——系数；

Q——断面总流量；

B——河床水面宽度；

其他符号意义同前。

由于 $\lambda_\alpha=1$、$\lambda_Q=\lambda_v\lambda_l\lambda_h$，可导得：

$$\lambda_S = \lambda_{S_*}$$

因此，求得水流挟沙能力比尺就可确定含沙量比尺。应该指出的是，限于当前的理论水平，目前挟沙能力公式多是根据特定的实测资料建立的经验公式，有一定局限性。所以，上述计算值只能作为参考，模型的实际含沙量还需要通过验证试验进行反复观测和调整。

(3) 异重流运动的相似。异重流是挟沙水流的一种特殊运动形式，通常出现在水库、河渠挖入式港池及船闸引航道等处。当进行这类模型试验时，需要考虑异重流运动的相似条件。

1）异重流发生的相似条件。对于浑水异重流的发生条件，可用异重流弗劳德数 Fr' 判别：

$$Fr' = \frac{v}{\sqrt{\dfrac{\gamma'-\gamma}{\gamma}gH}}$$

式中 γ'——浑水容重，$\gamma' = \gamma + \left(\dfrac{\gamma_s-\gamma}{\gamma}\right)S$；

S——异重流含沙量；

H——异重流厚度。

要异重流的发生条件相似，应有 $\lambda_{Fr'}=1$，即模型与原型的异重流弗劳德数 Fr'保持为同量，由此可导出异重流发生的相似条件，即

$$\lambda_S = \frac{1}{\lambda_{(\gamma_s-\gamma)/\gamma_s\gamma}} = \frac{\lambda_{\gamma_s}}{\lambda_{(\gamma_s-\gamma)/\gamma}} \tag{4-31}$$

2）异重流阻力的相似条件。

异重流的运动速度 v'为：

$$v' = C_0'\sqrt{\frac{\gamma'-\gamma}{\gamma}gHJ'} = C_0'\sqrt{\frac{\gamma_s-\gamma}{\gamma_s\gamma}SgHJ'} \tag{4-32}$$

式中 C_0'——异重流谢才系数；

J'——异重流坡降。

$$C_0' = \frac{v'}{\sqrt{\frac{\gamma_s - \gamma}{\gamma_s \gamma} SgHJ'}} \tag{4-33}$$

从式（4-32）和式（4-33），且 $\lambda_{v'} = \lambda_v = \lambda_h^{0.5}$，可导得异重流阻力的相似条件为：

$$\lambda_{C_0'} = \frac{1}{\lambda_{J'}^{1/2}} = \left(\frac{\lambda_l}{\lambda_h}\right)^{1/2} = \eta^{1/2} \tag{4-34}$$

有关试验资料和野外测验资料的分析表明，在发生异重流的情况下，其异重流谢才系数均基本上为一常数，即 $\lambda_{C_0'} = 1$，所以只有在正态模型中，才能够获得异重流运动的相似。

3）异重流输沙量沿程变化的相似条件。异重流输沙量的沿程变化方程为：

$$\frac{\partial}{\partial x}(v'HS) = v_s S$$

由此可得异重流输沙量沿程变化的相似条件为：

$$\lambda_w = \frac{\lambda_v \lambda_h}{\lambda_l} = \frac{\lambda_v}{\eta} \tag{4-35}$$

3. 河床冲淤变形的相似

不管是推移质模型试验或是悬移质模型试验，都必须保证河床冲淤变化相似，就是说不但冲淤变形结果相似，过程也要相似。因此，模型设计不仅要有正确的输沙率比尺来控制加沙量，还必须有正确的冲淤时间比尺以控制模型放水时间。冲淤时间比尺可由泥沙连续方程和推移质、悬移质输沙率公式推导得到。

（1）推移质动床模型的河床变形相似条件。引用泥沙连续方程：

$$\frac{\partial G}{\partial x} + \gamma_s' B \frac{\partial z_0}{\partial t_1} = 0$$

式中 G——断面输沙率，对推移质，$G = Bg_b$；

z_0——河床高程；

B——河宽；

t_1——冲淤变形时间；

γ_s'——泥沙干容重。

由此可导出冲淤变形时间比尺：

$$\lambda_{t_1} = \frac{\lambda_l \lambda_h \lambda_{\gamma_s'}}{\lambda_{g_b}} \tag{4-36}$$

（2）悬移质动床模型的河床变形相似条件。同样引用上述泥沙连续方程，只是对于悬移质，断面输沙率 $G = QS = bhvS$，可导得冲淤变形时间比尺为：

$$\lambda_{t_2} = \frac{\lambda_l \lambda_{\gamma_s'}}{\lambda_v \lambda_S} \tag{4-37}$$

（3）异重流动床模型的河床变形相似条件。异重流输沙的平衡方程式可表示为：

$$\frac{1}{\gamma_s'} \frac{\partial (v'HS)}{\partial x} + \frac{\partial z_0}{\partial t_s} = 0$$

从而可得异重流冲淤变形相似时间比尺：

$$\lambda_{t_s} = \frac{\lambda_{\gamma_s'} \lambda_l}{\lambda_S \lambda_h^{1/2}} = \frac{\lambda_{\gamma_s'}}{\lambda_S} \lambda_l^{1/2} \eta^{1/2} \tag{4-38}$$

冲淤变形时间比尺 λ_{t_1}、λ_{t_2}、λ_{t_s} 用来控制模型放水时间，以确保泥沙冲淤体积，即河床变形的相似。

我们发现在介绍动床模型水流相似条件中，也有一个时间比尺：

$$\lambda_t = \frac{\lambda_l}{\lambda_h^{1/2}}$$

这一时间比尺反映了水流连续性的相似，但没有反映泥沙连续性的相似，即没有反映出河床冲淤变形相似所需时间的长短。而动床模型首先要保证的是河床变形相似，因此设计时应首先满足变形时间比尺的要求，而允许水流时间比尺有所偏离，即“时间变态”问题。以推移质冲淤时间比尺为例，若要 $\lambda_{t_1}=\lambda_t$，只有在模型沙采用天然沙，即 $\lambda_{\gamma_s}=1$，$\lambda_{\gamma}=1$ 时要求 $\lambda_d=\lambda_h$ 才能办到，但这种模型只有在原型沙为粒径较大的卵石时才有可能，正如在本节“起动相似条件”中所述的，当原型沙为小粒径时，则模型沙粒径更小，将改变其运动特性，造成试验失败，因此这种情况下一般采用 d_m 较大而 γ_s 较小的人工轻质沙，此时 $\lambda_d \ll \lambda_h$，使得 $\lambda_{t_1} \gg \lambda_t$，而且所选的轻质沙 γ_s 越小，模型变态率 η 越大，越能缩短模型冲淤变形所需时间。实际设计和试验中一般放弃 λ_t，以缩短放水时间，保证冲淤变形的相似。但由此带来了模型水流运动比泥沙运动滞后的矛盾，不仅对水流运动相似产生影响，而且还会影响到河床冲淤变形的相似，因此模型设计中应该慎重选择模型沙的容重和几何变态率。此外，还可以通过在试验过程中提前调整模型进口流量、及时调整试验河段出口水位等办法加以解决。

4.2.2 模型沙的选择及其特性测定

在动床模型试验中，模型沙的选配是一个比较重要的问题。对于悬沙和床沙相同的泥沙模型来说，模型沙一方面要满足水流运动相似要求的床面糙率相似，另一方面要满足泥沙运动相似要求的悬移相似，涉及模型比尺、场地条件和模型材料等条件。在模型设计过程中，常需要进行选沙试验，测定模型沙物理性能，甚至化学性能，以便确定模型各项比尺。

1. 常用模型沙

（1）木屑。木屑即锯末粉，是由天然木材加工而成。来源广泛、容重轻、起动流速小、价格便宜。由于木屑轻，易动扬，可用于河势变化迅速，淤滩刷槽剧烈的动床模型中，能迅速地反映河床演变过程，因此主要用于悬沙模型。其主要缺点是易吸水、腐烂，使用时须进行处理。

（2）天然沙。天然沙即自然界的泥沙，它包括所有河流中的悬沙和床沙以及陆地的风沙。其物理性能较为稳定、造价较低、颗粒不是很细的情况下板结不严重。适用于山区河流和粗泥沙河流动床模型试验。

（3）煤屑和煤粉。煤屑和煤粉可用普通的工业用煤或家用煤的碎屑制成。煤屑容重小、性能稳定、起动流速小、造价不高适合做底沙，用来做推移质模型试验较为合适。其缺点是：质地较脆，试验过程中会逐渐磨碎使得粒径变化，级配不能保持稳定；煤粉由于颗粒较细，易出现絮凝现象，该模型沙的稳定性和重复利用性均较理想。

（4）滑石粉。滑石粉的颗粒细，沉速小，密度为 2650～2800kg/m^3，与天然沙接近，冲淤变形时间比尺与水流运动时间比尺也相差不多。需要注意，如果在模型中淤积时间较长，容易产生板结现象。

（5）各种高分子材料。高分子材料又被称为塑料沙，在我国动床模型试验中有广泛的应用，由聚酯乙烯树脂等各种高分子材料制成，物理化学性能稳定，亲水性能好，粒径范围大，基本的水力学参数具有良好的规律性。主要用于要求起动流速极小的泥沙模型中，是一种较理想的模型沙。

2. 模型沙的选择

选择模型沙是指综合考虑问题性质、原型与已知条件、模型几何比尺，以满足模型与原型的泥沙运动相似为目的，选定模型沙的材料、容重和颗粒级配等。模型沙的选择应同时满足水流运动及泥沙运动相似。一般来说，推移质动床模型的模型沙可选用天然沙或轻质沙，悬移质动床模型的模型沙应采用轻质沙。

当原型沙不能用一种模型沙全部模拟时，也可用两种模型沙模拟不同部分的原型沙；选用的模型沙，其颗粒形状级配及力学性能应保持稳定。

3. 模型沙特性测定

（1）容重测定。粒径大于等于 5mm 的颗粒采用浮秤法测定容重；粒径小于 5mm 的颗粒宜用比重瓶法测定容重。

先将容积为 V 的比重瓶注满清水，称得清水净重 G_w。取烘干的模型沙 G 克用少许清水和匀后倒入比重瓶，并加清水注满，此时称出浑水净重 G_s。则

$$\gamma_s = \frac{GG_w}{(G+G_w-G_s)V} \tag{4-39}$$

淤积干容重一般用量筒测量。将烘干的模型沙 G 克倒入量筒，加清水并搅拌均匀。待全部落淤后测出淤积体积 V_0。则

$$\gamma'_s = \frac{G}{V_0}$$

比重瓶法测试时，由于环境温度控制精度问题导致测量结果可能会存在偏差；用量筒法测得的结果虽然是近似值，但对一般的模型试验研究已有足够的精度。

（2）颗粒级配分析。对于粒径范围很宽的沙样，可用几种不同方法分析：

1）筛析法。适用于粒径范闱 $d=0.075\sim60$mm 的沙样。

2）移液管法。当粒径小于 0.075mm 的质量大于试样总质量的 10%时，应按移液管法测定小于 0.075mm 的颗粒组成。测定方法见《土工试验方法标准》（GB/T 50123—2019）。

筛析法用筛析粒径表示粒径大小，移液管法用沉降粒径表示，沉降粒径与筛析粒径用以下关系换算：

$$d_c = 0.94d_s \tag{4-40}$$

式中 d_c——沉降粒径；

d_s——筛析粒径。

（3）静水沉速测定。

1）单颗沉速测定采用的玻璃沉降筒长 1～2m，管内径 $D=5\sim12$cm。将筛分后的沙样，取出单颗放入沉降筒中央，浸入水中，让其自由下沉。试验段从水面以下 25cm 左右算起，长度应大于 25cm，记录颗粒下落距离和相应的时间，求出单颗沉速。

2）当测定粒径小于 0.075mm 沙样的沉速时，应采用群体沉速法，沉速值用沉降历时线法计算。每组沙样沉速测定不少于 10 次，求平均沉降速度。在测定时应记录测量温度，温度绝对误差不超过±0.5℃。

（4）起动流速测定。模型沙起动流速的确定通常情况下是利用水槽试验，利用窦国仁公

式判别标准来判定模型沙起动流速，主要是参考散颗粒泥沙的起动公式，利用水槽观测的资料进行拟合，以此来确定公式中系数。

起动流速测定应在活动变坡玻璃水槽内进行，试验时，调整水流，测定测验段的水面比降，使水槽内水流运动基本上处于均匀流。当模型沙颗粒起动时，在测速断面测量各垂线流速分布，并记录测时水温。测速断面应设在测验段中间，垂线流速分布应接近一致求得断面平均流速。泥沙起动是一个渐进的过程，应详细记录泥沙起动过程各状态发生时的流量 Q 和水深。模型沙的起动流速一般可采用泥沙少量起动时相应的平均流速。

(5) 模型沙糙率测定。在足够长的水槽底部均匀铺设模型沙，沿程设置水位测针量测水面坡降 J。由所施放的稳定流量和水深，可计算出水槽的总糙率 n_0，再根据河底与河岸阻力划分原则，求得槽底即模型沙的糙率 n_b：

$$n_b=\sqrt{\frac{n_0^2\chi_0-n_w^2\chi_0\chi_w}{B}} \tag{4-41}$$

式中 B——槽宽；

χ_0——总湿周，$\chi_0=B+2h$；

χ_w——边壁湿周；$\chi_w=2h$；

n_w——边壁糙率，对玻璃可取为 0.010。

4. 模型沙的配制与处理

研究泥沙问题的动床模型试验中，当选定了模型沙的种类后，模型沙的配置则是模型试验的重要技术问题。要使动床模型试验中的冲淤现象尽可能与原型相似，不仅要求模型的平均沉速、平均起动流速等与原型相似，还要考虑模型沙的级配与原型相似，以模型沙级配曲线与原型沙级配曲线达到基本平行为标准。实际中现有的模型沙的级配不可能恰好满足模型设计的要求，因此选配模型沙时还应对模型沙进行加工处理。

有的模型沙组成不合适时，须在使用之前进行分选，模型沙太粗时，要加工磨细。模型沙分选一般是利用筛子或借助风力作用等把不符合模型设计要求的模型沙分选掉；分选出的粗颗粒模型沙可以采用机械的办法磨细后再用。

在大型动床模型试验中，每次试验所耗费的模型沙数量巨大，通常要做几次重复性试验或多种方案的试验进行比较。使用过的模型沙可以经过处理后观察其是否能够重复利用，以节约材料和提高利用率。

4.3 悬移质动床模型设计

多沙河流中的泥沙输运大部分是以悬移运动的形式进行的。悬移运动的泥沙颗粒具有较细的粒径，可以跟随水流的紊动在水体中随机运动。

悬沙动床模型设计的主导思想是原型与模型同时满足推移质运动相似，即满足泥沙起动条件相似（即起动流速相似）和推移质输沙条件相似。在 4.2 章节中有详细介绍。

4.3.1 模型设计步骤

(1) 由试验限制条件和糙率比尺初步确定水平比尺 λ_l 和垂直比尺 λ_h。

(2) 通过模型沙预备试验或通过已有公式得到原型沙和模型沙的沉速和起动流速等，求得不同模型沙的沉速比尺 λ_w 和起动流速比尺 λ_{v_c}。如果该模型沙的 λ_w 和 λ_{v_c} 满足相似条件，同时河床糙率基本满足要求，则选沙完成。由于影响模型沙的因素特别多，要想同时满足各种相似条件是很困难的，因此一般根据具体试验情况舍弃某些相对次要的相似条件。

4.3.2 模型沙的选择

模型沙可以依据沉降相似条件，兼顾悬移相似和沉降相似条件，按起动相似条件来进行选择，下面逐个进行介绍。

1. 按沉降相似条件来选择模型沙

对于变态模型，当河床变形以淤积为主时，可不考虑起动相似，重点保证含沙量沿水深分布的相似，即满足沉降相似条件 $\lambda_w=\frac{\lambda_v\lambda_h}{\lambda_l}$，并同时满足阻力相似，而允许悬移相似（即含沙量沿程变化相似）有所偏离，这种情况下可制作成定床加沙模型。由于泥沙的沉降状态与沙粒雷诺数 $Re_*=\frac{wd}{\nu}$ 有关，当原型沙和模型沙的 $Re_*<0.2$ 时，即处于层流状态时，相应的泥沙沉降公式为：

$$w=k\frac{\gamma_s-\gamma}{\gamma}g\frac{d^2}{v} \tag{4-42}$$

由于 $\lambda_v=1$，$\lambda_g=1$，可导出沉速比尺：

$$\lambda_w=\lambda_{(\gamma_s-\gamma)/\gamma}\lambda_d^2 \tag{4-43}$$

引入沉降相似条件式（4-28），可得到粒径比尺：

$$\lambda_d=\sqrt{\frac{\lambda_v\lambda_h}{\lambda_{(\gamma_s-\gamma)/\gamma}\lambda_l}} \tag{4-44}$$

当原型沙和模型沙的 $Re_*>1000$，即处于紊流状态时，相应的沉速公式为：

$$w=K\sqrt{\frac{\gamma_s-\gamma}{\gamma}gd} \tag{4-45}$$

同样可导出相应的沉速比尺和粒径比尺为：

$$\left.\begin{aligned}\lambda_w&=\lambda_{(\gamma_s-\gamma)/\gamma}^{0.5}\lambda_d^{0.5}\\ \lambda_d&=\frac{\lambda_v^2\lambda_h^2}{\lambda_{(\gamma_s-\gamma)/\gamma}\lambda_l^2}\end{aligned}\right\} \tag{4-46}$$

式（4-44）及式（4-46）即为模型沙材料及粒径大小选择的依据。但如果实际试验中原型沙和模型沙的沉降状态没有处在同一流区，可以通过水槽预备试验，测定已确定的几何比尺和流速比尺条件下原型沙和模型沙的 w 值，获得满足条件的模型沙材料和级配。

2. 按兼顾悬移相似和沉降相似条件来选择模型沙

当采用变态模型时，若悬移相似和沉降相似条件不能同时满足，允许两者中有一个偏离。但当含沙量的沿程变化的相似和沿水深分布的相似同等重要时，可以采取尽量减小模型变态率的方法；或者采取选沙时使 γ_w 值介于条件式（4-27）和式（4-28）之间，一般可取 $\lambda_w=\frac{\lambda_v}{\eta^{0.75}}$ 作为兼顾悬移相似和沉降相似的条件式，然后与式（4-43）或式（4-46）联合求解，即可得到相应的粒径比尺。

3. 按起动（或扬动）相似条件来选择模型沙

当模型存在冲淤现象时，不仅应该满足沉降相似，还应满足起动相似条件。

有研究者认为应该采用扬动流速 v_f 而非起动流速作为泥沙悬浮的控制条件，此时引用沙玉清的扬动流速公式：

$$v_f = 16.73\left(\frac{\gamma_s-\gamma}{\gamma}gd\right)^{2/5} w^{1/5}h^{1/5} \tag{4-47}$$

得到扬动流速比尺 λ_{u_f} 及相应的粒径比尺：

$$\left.\begin{aligned} \lambda_{v_f} &= \lambda_v = \lambda_{(\gamma_s-\gamma)/\gamma}^{2/5}\lambda_d^{2/5}\lambda_w^{1/5}\lambda_h^{1/5} \\ \lambda_d &= \frac{\lambda_v^{5/2}}{\lambda_{(\gamma_s-\gamma)/\gamma}}\lambda_w^{-1/2}\lambda_h^{-1/2} \end{aligned}\right\} \tag{4-48}$$

需要指出的是，虽然扬动流速是泥沙从静止进入悬移的控制条件，但实际情况中，模型沙由于其材料特性，很容易扬动，一旦起动即进入悬浮状态，因此通常情况下把起动相似作为控制条件是可行的。当原型沙或模型沙的情况不适于引用已有扬动流速公式时，可通过选沙试验来寻找满足起动（或扬动）相似条件的模型沙材料及粒径级配。

按上述悬移质运动相似条件选出模型沙后，原则上可引用相应公式求得满足阻力相似的粒径比尺 λ_d、含沙量比尺 λ_s 和冲淤变形时间比尺 λ_{t_2}。但由于限制条件过多，不可能满足所有的相似条件，因此这些比尺的最终确定，通常通过验证试验解决。具体的做法是：选定模型沙后，先设定某一含沙量比尺 λ_s（决定验证试验的加沙浓度），由冲淤变形相似条件式得到冲淤变形时间比尺 λ_{t_2}（决定验证试验的放水时间），根据原型中某已知的流量冲淤过程，在模型中以相应流量进行重演，然后观测模型河床的冲淤演变，若与原型不符，则针对不符合的原因进行模型糙率的校正或调整 λ_s 等参数再重新验证，直至观测结果符合要求。

4.4 推移质动床模型设计

推移质泥沙即指在床面滚动、滑动即跃离床面后在短距离内又落回床面的运动颗粒，在水流强度特别大时，床面颗粒成层运动状态也属于推移质的范畴。对于任何一颗推移质泥沙来说，它的运动是间歇的，而不是连续的。推移质泥沙运动的模拟一般都采用动床河工模型来进行，下面简要介绍推移质动床模型的设计。

模型设计步骤及比尺的确定为：

(1) 根据试验场地的限制条件，初步选定水平比尺 λ_l。

(2) 根据糙率比尺和可能的供水量及变率，初步选定垂直比尺 λ_h。

(3) 进行选沙计算：先假设选用不同容重的模型沙，采用不同的起动流速公式和不同的输沙率公式（窦国仁公式等），计算起动相似所要求的粒径比尺 λ_d、推移质输沙相似所要求的输沙比尺 λ_{g_b}、推移质冲淤变形相似所要求的时间比尺 λ_{t_1}，绘制 $\gamma_s \sim \lambda_d$，$\gamma_s \sim \lambda_{g_b}$ 和 $\gamma_s \sim \lambda_{t_1}$ 关系曲线。初步确定可能选用的模型沙的容重范围，再经过对各种模型沙性能的综合考虑，最后确定可作为推移质模型沙的种类和粒径。

(4) 对初步选定的模型沙进行水槽预备试验，针对不符合的原因进行模型糙率的校正。水槽试验主要是测定起动流速和糙率；通过起动流速试验，进一步确定该模型沙起动流速随水深的变化规律，选择并检验相应的起动流速公式。通过糙率 n_m 测定试验，确定它能否满足阻力相似，如不能满足，则应重新选择模型沙直至符合要求。需要注意的是，由于这里的阻力是动床阻力，因此其阻力相似条件只是近似的表达，最终动床阻力的相似还需要模型试验进行验证。

对于模型沙粒径 d_m 的初步选定，一般是就其平均粒径或中值粒径 d_{50} 而言的。但泥沙运动相似还应要求模型沙的级配曲线与原型沙相似，所以当泥沙粒径比尺 λ_d 确定之后，就要按照这一比尺将原型沙的级配曲线换算为模型沙的级配曲线，然后按此曲线配制模型沙。

（5）模型沙以及 λ_d、λ_s、λ_γ 等相关比尺确定后，由输沙相似和河床冲淤变形相似条件，求得推移质单宽输沙率比尺 λ_{g_b} 和变形时间比尺 λ_{t_1}，确定模型进口加沙量及控制试验放水时间。同样，还要通过验证试验对 λ_{g_b} 或 λ_{t_1} 进行反复调整，直至冲淤变化获得相似。

5 水工结构模型试验

水工结构模型试验，就是遵照一定的相似准则，将原型的几何形态、材料特性、受力条件等在模型上反映，通过各种测试手段，记录模型试验过程中出现的物理现象，得到相应的物理量值，并进行分析研究。模型试验主要研究对象为重力坝和拱坝等建筑物，在工程设计和科学研究中具有十分重要的地位，是数值分析成果的重要补充与验证。

水工结构模型试验的目的和意义：

（1）研究水工建筑物在正常工作状态下的结构形态，也就是研究建筑物及基础在设计荷载作用下的应力和变形状态。

（2）研究水工建筑物结构本身的极限承载能力或安全系数，以及在外荷载作用下结构的变形破坏机理及其演变过程，以确定结构的薄弱环节，从而对结构进行改进，使其各部分材料都能最大限度地发挥作用，或者对结构加固方案进行验证与优选。

（3）研究建筑物在设计荷载或超载条件下，基础变形对上部建筑物应力与变位的影响。

（4）验证实际工程结构的设计强度及安全度等，预测建筑物的衰变及破坏过程，研究结构的破坏机理，评价水工建筑物的抵御事故的能力和运行寿命。

5.1 结构模型试验的相似判据

为了使模型在试验过程中产生的物理现象与原型相似，模型试验得到的结果能反映原型的特性，模型的几何相似、材料特性、作用荷载、环境条件以及加载方式、施工程序等必须遵循相似原理。水工结构模型试验种类很多，下面主要介绍结构线弹性模型试验和结构模型破坏试验。

水工结构模型试验遵循的基本原理是相似原理，相似原理的数学表达式称为相似判据。

5.1.1 线弹性静力学模型的相似判据

结构的线弹性应力模型试验简称为线弹性模型试验，目的是研究水工混凝土建筑物在正常或非破坏工作条件下的结构形态，即研究在正常或特殊设计荷载作用下，建筑物的应力和变形状态。

为使模型与原型保持相似，几个物理量比尺之间需满足相似判据。为方便叙述，定义如下物理量比尺：λ_l 为几何比尺，λ_σ 为应力比尺，λ_ε 为应变比尺，λ_τ 为剪应力比尺，λ_γ 为容重比尺，λ_δ 为位移比尺，λ_μ 为泊松比比尺，$\lambda_{\bar{\sigma}}$ 为边界应力比尺，λ_X 为体积力比尺，λ_ρ 为密度比尺。

由弹性力学可知，模型内各点应满足平衡方程，即

$$\left.\begin{aligned}\frac{\partial(\sigma_x)_{\mathrm{m}}}{\partial x_{\mathrm{m}}}+\frac{\partial(\tau_{xy})_{\mathrm{m}}}{\partial y_{\mathrm{m}}}+\frac{\partial(\tau_{xz})_{\mathrm{m}}}{\partial z_{\mathrm{m}}}+X_{\mathrm{m}}=0\\ \frac{\partial(\tau_{yx})_{\mathrm{m}}}{\partial x_{\mathrm{m}}}+\frac{\partial(\sigma_y)_{\mathrm{m}}}{\partial y_{\mathrm{m}}}+\frac{\partial(\tau_{yz})_{\mathrm{m}}}{\partial z_{\mathrm{m}}}+Y_{\mathrm{m}}=0\\ \frac{\partial(\tau_{zx})_{\mathrm{m}}}{\partial x_{\mathrm{m}}}+\frac{\partial(\tau_{zy})_{\mathrm{m}}}{\partial y_{\mathrm{m}}}+\frac{\partial(\sigma_z)_{\mathrm{m}}}{\partial z_{\mathrm{m}}}+Z_{\mathrm{m}}=0\end{aligned}\right\}\tag{5-1}$$

满足相容方程，即

$$\left.\begin{aligned}
&\frac{\partial^2(\varepsilon_x)_m}{\partial y_m^2}+\frac{\partial^2(\varepsilon_y)_m}{\partial x_m^2}=\frac{\partial^2(\gamma_{xy})_m}{\partial x_m\partial y_m}\\
&\frac{\partial^2(\varepsilon_y)_m}{\partial z_m^2}+\frac{\partial^2(\varepsilon_z)_m}{\partial y_m^2}=\frac{\partial^2(\gamma_{yz})_m}{\partial y_m\partial z_m}\\
&\frac{\partial^2(\varepsilon_z)_m}{\partial x_m^2}+\frac{\partial^2(\varepsilon_x)_m}{\partial z_m^2}=\frac{\partial^2(\gamma_{zx})_m}{\partial z_m\partial x_m}\\
&\frac{\partial}{\partial z_m}\left(\frac{\partial(\gamma_{yz})_m}{\partial x_m}+\frac{\partial(\gamma_{zx})_m}{\partial y_m}-\frac{\partial(\gamma_{xy})_m}{\partial z_m}\right)=2\frac{\partial^2(\varepsilon_z)_m}{\partial x_m\partial y_m}\\
&\frac{\partial}{\partial x_m}\left(\frac{\partial(\gamma_{zx})_m}{\partial y_m}+\frac{\partial(\gamma_{xy})_m}{\partial z_m}-\frac{\partial(\gamma_{yz})_m}{\partial x_m}\right)=2\frac{\partial^2(\varepsilon_x)_m}{\partial y_m\partial z_m}\\
&\frac{\partial}{\partial y_m}\left(\frac{\partial(\gamma_{xy})_m}{\partial z_m}+\frac{\partial(\gamma_{yz})_m}{\partial x_m}-\frac{\partial(\gamma_{zx})_m}{\partial y_m}\right)=2\frac{\partial^2(\varepsilon_y)_m}{\partial x_m\partial z_m}
\end{aligned}\right\}\tag{5-2}$$

满足几何方程得

$$\left.\begin{aligned}
&(\varepsilon_x)_m=\frac{\partial u_m}{\partial x_m} && (\varepsilon_y)_m=\frac{\partial v_m}{\partial y_m}\\
&(\varepsilon_z)_m=\frac{\partial w_m}{\partial z_m} && (\gamma_{xy})_m=\frac{\partial v_m}{\partial x_m}+\frac{\partial u_m}{\partial y_m}\\
&(\gamma_{yz})_m=\frac{\partial w_m}{\partial y_m}+\frac{\partial v_m}{\partial z_m} && (\gamma_{zx})_m=\frac{\partial u_m}{\partial z_m}+\frac{\partial w_m}{\partial x_m}
\end{aligned}\right\}\tag{5-3}$$

模型表面各点还应满足边界条件：

$$\left.\begin{aligned}
(\bar{\sigma}_x)_m&=(\sigma_x)_m\cos(x_m,n_m)+(\tau_{xy})_m\cos(y_m,n_m)+(\tau_{xz})_m\cos(z_m,n_m)\\
(\bar{\sigma}_y)_m&=(\sigma_{yx})_m\cos(x_m,n_m)+(\sigma_y)_m\cos(y_m,n_m)+(\tau_{yz})_m\cos(z_m,n_m)\\
(\bar{\sigma}_z)_m&=(\tau_{zx})_m\cos(x_m,n_m)+(\tau_{zy})_m\cos(y_m,n_m)+(\sigma_z)_m\cos(z_m,n_m)
\end{aligned}\right\}\tag{5-4}$$

式中 n——边界的法线。

由于是线弹性静力学模型试验，因此模型材料还应满足胡克定律，即

$$\left.\begin{aligned}
(\varepsilon_x)_m&=\frac{1}{E_m}\{(\sigma_x)_m-\mu_m[(\sigma_y)_m+(\sigma_z)_m]\}\\
(\varepsilon_y)_m&=\frac{1}{E_m}\{(\sigma_y)_m-\mu_m[(\sigma_x)_m+(\sigma_z)_m]\}\\
(\varepsilon_z)_m&=\frac{1}{E_m}\{(\sigma_z)_m-\mu_m[(\sigma_y)_m+(\sigma_x)_m]\}\\
(\gamma_{xy})_m&=\frac{1}{G_m}(\tau_{xy})_m\\
(\gamma_{yz})_m&=\frac{1}{G_m}(\tau_{yz})_m\\
(\gamma_{zx})_m&=\frac{1}{G_m}(\tau_{zx})_m
\end{aligned}\right\}\tag{5-5}$$

其中

$$\frac{1}{G_m}=\frac{E_m}{2(1+\mu_m)}\tag{5-6}$$

式中 E_m、μ_m 和 G_m——模型材料的弹性模量、泊松比和剪切模量。

将各比尺代入式（5-1）～式（5-5），当比尺满足下列关系式时，原型与模型的平衡方程、相容方程、几何方程、边界条件及物理条件均恒等。

$$\frac{\lambda_\sigma}{\lambda_l \lambda_X} = 1 \tag{5-7}$$

$$\frac{\lambda_\varepsilon \lambda_l}{\lambda_\delta} = 1 \tag{5-8}$$

$$\lambda_\mu = 1 \tag{5-9}$$

$$\frac{\lambda_\varepsilon \lambda_E}{\lambda_\sigma} = 1 \tag{5-10}$$

$$\frac{\lambda_{\bar{\sigma}}}{\lambda_\sigma} = 1 \tag{5-11}$$

式（5-7）～式（5-11）即为线弹性模型的相似判据。其中，式（5-7）和式（5-8）是满足平衡方程、相容方程和几何方程的相似判据。式（5-9）和式（5-11）是满足物理方程的相似判据，式（5-11）是满足边界条件的相似判据。

对于混凝土坝，承受的主要荷载是上下游坝面的静水压力和自重。静水压力是面力，可表示为：

$$\bar{\sigma}_m = \gamma_m h_m, \quad \bar{\sigma}_p = \gamma_p h_p \tag{5-12}$$

式中 h——水头；

γ——水的容重。

自重是体积力，可表示为：

$$X_m = \rho_m g, \quad X_p = \rho_p g \tag{5-13}$$

式中 g——重力加速度；

ρ——混凝土的密度。

利用式（5-7）～式（5-11），并将式（5-9）乘以式（5-7），同时考虑式（5-12）和式（5-13），可得到考虑自重及水压力作用时，混凝土坝线弹性结构模型试验还应满足以下相似判据：

$$\lambda_\gamma = \lambda_\rho \tag{5-14}$$

$$\lambda_\sigma = \lambda_l \lambda_\gamma \tag{5-15}$$

$$\lambda_\varepsilon = \frac{\lambda_l \lambda_\gamma}{\lambda_E} \tag{5-16}$$

$$\lambda_\delta = \frac{\lambda_l^2 \lambda_\gamma}{\lambda_E} \tag{5-17}$$

对于小变形结构，模型试验不严格要求变形后的模型与变形后的原型几何形状相似。

若表征物理现象的物理量之间的因数关系未知，但已知影响该物理现象的物理量时，可以用量纲分析法模拟该物理现象。量纲分析的优点是可根据经验公式进行模型设计，但量纲分析法只适用于几何相似的结构模型。

5.1.2 破坏模型的相似判据

进行模型破坏试验时，不仅要求在弹性阶段模型的应力和变形状态应与原型相似，而且要求在进入塑性阶段并直至破坏阶段，模型的应力和变形状态也应与原型相似。

对于破坏模型试验，同样应遵循平衡方程、相容方程、几何方程和边界条件方程，同时，模型材料的物理方程和强度条件也应与原型相似。除上述比尺外，增加如下比尺：

塑性应变比尺：$$\lambda_{\varepsilon_p}=\frac{(\varepsilon_p)_p}{(\varepsilon_p)_m}$$

抗拉强度比尺：$$\lambda_{R_t}=\frac{(R_t)_p}{(R_t)_m}$$

抗压强度比尺：$$\lambda_{R_c}=\frac{(R_c)_p}{(R_c)_m}$$

极限拉应变比尺：$$\lambda_{\varepsilon_c}=\frac{(\varepsilon_c)_p}{(\varepsilon_c)_m}$$

凝聚力比尺：$$\lambda_c=\frac{c_p}{c_m}$$

内摩擦系数比尺：$$\lambda_f=\frac{f_p}{f_m}$$

时间比尺：$$\lambda_t=\frac{t_p}{t_m}$$

简单加载时模型的物理方程为：

$$\left.\begin{aligned}(\sigma_x)_m-(\sigma_m)_m&=2G'_m[(\varepsilon_x)_m-(\varepsilon_v)_m]\\(\sigma_y)_m-(\sigma_m)_m&=2G'_m[(\varepsilon_y)_m-(\varepsilon_v)_m]\\(\sigma_z)_m-(\sigma_m)_m&=2G'_m[(\varepsilon_z)_m-(\varepsilon_v)_m]\\(\tau_{yz})_m&=G'_m(\gamma_{yz})_m\\(\tau_{zx})_m&=G'_m(\gamma_{zx})_m\\(\tau_{xy})_m&=G'_m(\gamma_{xy})_m\end{aligned}\right\}\tag{5-18}$$

式中　σ_m——静水压力；

ε_v——体积应变；

G'——剪切模量，采用幂次强化模型作为混凝土超出弹性极限的应力应变关系，则

$$G'=\frac{E[1-f(\varepsilon)]}{2(1+\mu)}\tag{5-19}$$

式中　$f(\varepsilon)$——应变 ε 的函数。

将相应的相似常数代入后，得到补充的破坏模型相似判据；

$$\lambda_\varepsilon=1\tag{5-20}$$

超出弹性阶段后，结构受到的荷载作用已非单调，此时还应满足塑性应变相等的条件，即 $(\varepsilon_p)_m=(\varepsilon_p)_p$，$\varepsilon_p$ 为塑性应变。塑性应变中若考虑时间因素，则需考虑时间相似常数 λ_t，但目前模型试验很难做到。

归纳以上所述，弹塑性材料的相似判据为：

$$\frac{\lambda_\sigma}{\lambda_X\lambda_l}=1\tag{5-21}$$

$$\lambda_\mu=1\tag{5-22}$$

$$\lambda_\varepsilon=1\tag{5-23}$$

$$\frac{\lambda_E}{\lambda_\sigma}=1\tag{5-24}$$

$$\frac{\lambda_\delta}{\lambda_l}=1\tag{5-25}$$

$$\frac{\lambda_{\bar{\sigma}}}{\lambda_{\sigma}} = 1 \tag{5-26}$$

$$\lambda_{\delta_p} = 1 \tag{5-27}$$

由式（5-22）和式（5-27）可知，弹塑性模型的应力应变关系曲线满足如下关系：

$$\left.\begin{aligned} \varepsilon_m &= \varepsilon_p \\ \sigma_m &= \frac{E_m}{E_p}\varepsilon_p \end{aligned}\right\} \tag{5-28}$$

式中　下标 m、p——表示模型和原型。

大量混凝土强度试验证明，在多轴应力作用下，混凝土强度基本服从库仑-摩尔强度理论或格里菲斯强度理论。格里菲斯强度理论把材料内部随机分布的缺陷视为椭圆形裂缝，并且认为一旦裂缝上某点的最大拉应力达到理论强度值，材料即从该点开始发生脆性断裂，其理论公式为：

$$(\tau_{xy}^2)_m - 4(R_t)_m[(\sigma_y)_m + (R_t)_m] = 0 \tag{5-29}$$

式中　$(R_t)_m$——模型材料的抗拉强度。

当 $(\sigma_y)_m=0$ 时，式（4-36）变为 $(\tau_{xy}^2)_m-4$ $(R_t^2)_m=0$，$(\tau_{xy})_m$ 相当于模型材料的凝聚力 c_m。

根据修正的格里菲斯强度理论，可求出抗压强度和抗拉强度的关系如下：

$$\frac{(R_c)_m}{(R_t)_m} = \frac{4}{\sqrt{1+f_m^2}-f_m} \tag{5-30}$$

式中　$(R_c)_m$——模型材料的抗压强度；

$(R_t)_m$——模型材料的抗拉强度。

将各相似常数代入式（5-29）和式（5-30）后，可得到破坏模型试验应满足的强度相似判据，即

$$\frac{\lambda_{\sigma}}{\lambda_{R_t}} = 1 \tag{5-31}$$

$$\frac{\lambda_{\tau}}{\lambda_{R_t}} = 1 \tag{5-32}$$

$$\frac{\lambda_{R_c}}{\lambda_{R_t}} = 1 \tag{5-33}$$

$$\lambda_f = 1 \tag{5-34}$$

破坏模型试验应还满足材料变形相似判据，即

$$\lambda_{\varepsilon_t} = 1 \tag{5-35}$$

$$\lambda_{\varepsilon_c} = 1 \tag{5-36}$$

式中　ε_t、ε_c——材料的单轴极限拉应变和单轴极限压应变。

完全满足上述 7 个弹塑性材料相似判据式（5-21）～式（5-27）、4 个强度相似判据式（5-31）～式（5-34）和 2 个变形相似判据式（5-35）和式（5-36）的模型称为完全相似模型。在实际模型试验中，要得到完全相似的模型材料通常是不可能的，主要原因是模型材料的 γ_m、ρ_m、E_m、μ_m、$(R_c)_m$、$(R_t)_m$、f_m、C_m、$(\varepsilon_c)_m$、$(R_t)_m$ 等都是独立的物理量，当满足了某个或某几个相似判据后，就不一定能满足其他的相似判据。因此，实际模型破坏试验只能满足主要的相似判据，这样的模型称为基本相似模型。

5.2 结构模型的设计

模型设计之前要明确试验的目的。根据试验目的分清主次，忽略或简化次要的，从而制订出模拟的简化方案，然后判断模拟材料的性质，因为不同材料的各种性质不同，其破坏机理也不相同。

围绕试验任务收集有关资料，开展模型设计工作。在模型设计前，需要做好一些准备工作。一是实验室是否具有试验操作必需的条件和硬件设施并检验是否满足试验需求等；二是收集相关资料，如地形地质条件、荷载及其组合方式、建筑材料的物理力学特性、与试验有关的设计图纸等。

5.2.1 模型设计的主要内容

模型设计主要解决以下问题：

(1) 根据原型工程的设计资料和设计要求，拟定出可能采用的综合试验方案。

(2) 选定合适的模型范围，确定模型的比尺。

(3) 合理简化模型地基的地形、地质条件和建筑物的轮廓尺寸。

(4) 选择模型材料和尺寸，确定相似比尺。

(5) 制订模型制作方案。

(6) 确定模型加载、量测的程序和方法等。

5.2.2 模型试验方案的拟定

模型试验方案设计时，应尽可能考虑通过一个模型获得多种试验成果，即尽量采取综合试验方案。同时，合理安排好试验程序，达到利用一个模型做多次试验，一个模型多次使用的效果。

有时为了进行试验成果的对比分析，试验中需进行一些辅助性的模型试验，这样更有利于揭示工程实际问题，探求其应力和变形分布的规律性。

5.2.3 确定模拟范围及模型比尺

1. 模拟范围的确定

根据建筑物和试验要求制作模型时，需要有合适的模拟范围。一般来说有如下要求：

(1) 对重力坝剖面模型试验，建议模型边界范围参数为：上游坝基长度不小于 $0.8H$，下游坝基长度不小于 $1.5H$，基础深度不小于 $0.8H$（H 为最大坝高，以下同）。

(2) 对拱坝模型试验，其模型模拟边界范围可参考：上游坝基长度不小于 $0.8H$，下游坝基长度不小于 $1.5H$，两岸山体厚度不小于该高程拱端（或重力墩）厚度的 3～5 倍，基础深度不小于 $0.8H$。

(3) 对需做破坏试验的模型，其模拟范围应加大，必须包括地基内主要地质构造及其可能滑动面在内。

需要指出的是，以上要求是根据试验经验总结出的，在面对实际工程时，应该具体分析对待，不断修正和完善。

2. 模型比尺的选择

当模拟范围确定以后，模型比尺的选择应根据原型工程特点及试验任务要求，结合试验场地大小及试验精度要求等综合分析。从相似关系式可知，容重比尺常通过自重相似或施加外力满足容重相似使其等于1，其余三项中，只要定出其中一项，便可以从相似判据中得出其余两项。因此，几何比尺的确定将决定选择材料各项性能指标。

如模型比尺选择偏大时，虽然模型体积较小，制作工作量小，但其模型材料的强度和变形模量较低，且模型的加工精度及位移量测精度要求过高；而当模型比尺偏小时，模型加工较为方便，模型材料的强度及变形模量均较易满足，量测精度也能满足要求，但模型尺寸较大，材料用量较多，模型成本较高。

5.2.4 简化模型地基的地形、地质条件和建筑物的轮廓尺寸

选定模型模拟范围后，在不影响试验成果准确度的前提下，还应对该范围内的地形、地质条件进行必要的简化，方便试验进行。

对地质条件的模拟要求与地形相类似，在靠近坝基附近范围的模拟要求较高，稍远部位的要求可降低一些。对一般应力模型而言，地质条件的模拟主要反映在基岩的弹性模量上，对具有多种弹性模量组成的复杂地基，按相似条件要求，应使原型和模型各对应部位的弹模比例都保持相同。

但对基岩中的软弱破碎带、断层等，其弹性模量 E 值较小，不易精确测定，而且断层破碎带往往是非均质的。若要求模型按夹层内部分层的具体情况进行模拟，则不可能做到也没有必要，一般按夹层的综合弹性模量进行模拟即可。若模型除了进行线弹性阶段的试验外，还需进行破坏试验时，地基内软弱带的模拟还应考虑破坏阶段的特性。因为岩体中的断层、破碎带等不连续结构面的变形特性和抗剪断强度对坝体的承载能力影响较大，在模型中应尽可能反映这些结构面的性状。

对地形、地质条件的简化，一定要满足一定条件且保证合理，绝对不能臆想从事，否则将导致试验成果与事实相差太远。对建筑物轮廓尺寸复杂的部分，在不影响总体应力分布状态的情况下，允许做必要的简化以利于模型制作。

5.2.5 模型比尺的确定

根据静力模型的相似条件关系式可知，共包括7个比尺 λ_l、λ_E、λ_X、λ_σ、$\lambda_{\bar{\sigma}}$、λ_p、λ_δ，其中只要 λ_l、λ_E、λ_X 确定后，便可由相似条件式求其余相似常数。因为同量纲量的比尺相同，所以只要 λ_E 确定，λ_σ 也就确定了。由此可知，λ_l、λ_E、λ_X 三者是基本的比尺，而且 λ_l、λ_E 是独立的，λ_X 可由 λ_l、λ_E 导出。前面已经介绍了 λ_l 的选择，这里主要介绍弹性模量比尺（简称弹模比）λ_E 的选择。

先根据模型试验任务选取模型材料，并由材料试验所得的物理力学指标，结合选定的 λ_l 综合比较，便可初步选定弹模比 λ_E。再根据原型的弹性模量 E_{p} 和 λ_E，求得模型相应的弹性模量 E_{m}。倘若地基是由多种不同弹性模量组成的，还应要求原型和模型各对应部位的弹模比 λ_E 相等。由初步选定的 λ_E，便可根据原型弹性模量的变化范围，求得模型相应的弹性模量值。然后考虑定出的弹性模量 E_{m} 大小是否便于选材。若发现有的数值太低，材料配制困难，则可适当减小 λ_E，相应增大 E_{m}。因为材料的弹性模量 E_{m} 太低的话，材料的力学性能不稳定。根据有关试验经验，石膏的弹性模量最低不得小于300MPa，通常以不小于500MPa为宜。

可以说，选择 λ_l 与 λ_E 时，二者是相互联系、相互影响的，必须综合各种影响因素分析选定，但是 λ_l 与 λ_E 往往各自有不同的要求。由式 $\lambda_\sigma=\lambda_p\lambda_l=\lambda_E$ 可知，如调整模型的加载密度 ρ_{m}，λ_l 与 λ_E 就可按各自的要求进行确定，即先选定 λ_l 与 λ_E，然后再确定 λ_p。

在相似常数 λ_l、λ_E 和 λ_p 选定后，还需进行必要的校核。对于应力模型，主要是估计模型在设计外荷载作用下，其内部的应力是否处在模型材料的应力-应变关系曲线的弹性限度内。检验的方法是根据原型结构物的应力计算结果，找出最大应力值，按原型和模型的相似关系得出模型结构内的最大应力，再与模型材料的应力-应变关系曲线对比，判定最大应力值是否在弹性范围内。若超过弹性限度，则需要调整直至使模型的最大应力小于弹性限度为止。

5.3 结构模型试验的材料

5.3.1 结构模型试验材料的要求

1. 结构模型试验材料的基本要求

模型试验在各试验阶段由于结构受力情况存在差异，研究弹性范围内线弹性应力模型，与研究超出弹性范围直至破坏的弹塑性模型试验，对模型的相似要求、试验研究目的有着不同的材料要求。整体上，结构模型材料须满足以下要求：

（1）模型材料物理力学性能稳定，不易随环境条件和时间有明显变化。

（2）模型材料满足各向同性和连续性，与原型材料的物理、力学性能相似，且在正常荷载下无明显残余变形。

（3）模型材料对环境条件例如温度、湿度等的影响不敏感，有利于试验成果的重复。

（4）模型材料的物理力学指标有较大的变动幅度，并满足强度和承载能力的要求。

（5）模型材料具有较好的和易性，易于成型及加工制作，而且成型过程中干缩变形小，有利于控制模型精度。

（6）材料要无毒、经济，而且货源充足。

2. 结构应力模型对材料的特殊要求

结构应力模型试验研究的对象多为混凝土坝或浆砌石坝，在设计荷载作用下，原型大坝中的混凝土或浆砌石基本处于弹性阶段，可以认为原型材料服从弹性力学中的假设和定律，因此，模型材料除必须满足上述基本要求外，还需满足以下要求：

（1）混凝土和石膏等模型材料在较小应力范围内存在非弹性残余应变，需重复多次加载、卸荷，其应力、应变关系才趋于线性。模型材料弹性模量大于 2.0×10^3 MPa 时，其非弹性变形影响微小，可以忽略不计；当弹性模量小于 2.0×10^3 MPa 时，可以通过模型测试前的反复多次预压降低其影响。

（2）泊松比对应力、应变影响较大，而结构应力模型主要是量测应力、应变数据，对泊松比的相似性要求则更高。混凝土结构的泊松比约为 0.17，因此模型材料的泊松比值应尽量接近 0.17。

3. 破坏模型对材料的特殊要求

结构模型破坏试验，特别是研究碾压混凝土坝诱导缝方案时，因为要实现开裂破坏过程相似，除对材料有上述基本要求外，必须满足模型材料和原型材料在弹性阶段和非弹性阶段的应力-应变关系曲线完全相似，尤其是非弹性变形也应满足相似。

5.3.2 结构模型试验常用材料

进行结构模型试验，首先要研究和选择合适的模型材料。常采用的模型材料有石膏、石膏硅藻土、石膏重晶石粉、轻石浆等。其中石膏材料，主要指纯石膏和石膏硅藻土，由于其可塑性和均匀性好，制作简易，且可通过改变水膏比以达到试验所需的物理力学参数，在结构模型试验中被广泛应用。

1. 纯石膏材料

石膏的性质和混凝土、岩体较为接近，属于脆性材料。石膏的抗压强度大于抗拉强度，泊松比约为0.2，通过调节配合比可以得到不同弹性模量的模型材料。石膏材料成型方便，易于加工，性能稳定，取材容易，价格较低，非常适合于制作线弹性应力模型。

石膏材料系天然石膏矿石（主要成分为二水硫酸钙 $CaSO_4 \cdot 2H_2O$，俗称生石膏），经煅烧、脱水并磨细而成，由于煅烧温度、时间和条件的不同，所得石膏的组成与结构也就不同。结构模型常用的是β型半水石膏（$CaSO_4 \cdot 1/2H_2O$，俗称熟石膏或普通建筑石膏）属于气硬性胶凝材料。制作模型时，β型半水石膏在加水后重新水化成生石膏，并很快凝结硬化实现模型的浇制，并形成胶体微粒状的晶体。生石膏的结晶体再互相联结形成粗大的晶体，便构成了硬化的石膏。通过在石膏浆中掺入适量的缓凝剂可以延缓石膏初凝时间。必须注意的是，对于石膏及其掺和料，其材料性质亦各有差异。在多次混合不同批号的材料之后，其材料性质并不一定能保持不变。因此，对每批浇制的石膏原料，应选用同厂家生产的同批石膏；并且对每批浇制的模型材料，随着拌和水量的增多，材料的强度、弹性模量及容重等物理力学参数亦随之降低。石膏之所以广泛应用于弹性范围内的模型材料，也正是利用了它的这种特性。

模型材料常用水膏比为1.0～2.0，水膏比小于1.0时，材料性质不容易控制，而水膏比大于2.0时，浇模时水的离析现象会比较严重，使材料硬化后呈现不均匀性，上下层弹性模量相差太大。

需要注意，水膏具有易吸湿、用量敏感等特性，因此应做好防潮处理。

2. 石膏硅藻土材料

硅藻土是由硅藻类水生物的介壳形成的，成分以无定形的二氧化硅为主。硅藻土作为惰性材料掺入石膏浆中可以吸收多余的水分，减少析水性。当水膏比较大时，掺入硅藻土可以改善材料的均质性。

石膏硅藻土材料是具有较好线弹性的模型材料。在水膏比不变的情况下，随着硅藻土掺入量的增大，材料的极限强度、弹性模量及容重等随之增大，其应力—应变关系曲线和纯石膏材料相似。这种材料由于容重比石膏高，并且可以根据要求配置出不同容重，因此适应性较广，但其线弹性性能不及纯石膏，且其材料配置较纯石膏材料相对复杂。当采用纯石膏材料，不能通过施加外荷载模拟重力时，可采用石膏硅藻土，通过材料自身重量来满足容重相似的要求。

3. 水泥混合材料

水泥混合材料是以水泥为基本胶凝材料，加入浮石、炉渣混合料或水泥砂浆等配合而成。其中，水泥浮石混合料应用较为广泛。

水泥浮石混合料是一种轻质混凝土，主要由水泥不同粒径的浮石颗粒以及石灰石粉、膨润土、硅藻土等材料组成。水泥浮石混合料既可用于弹性模型试验，也可用于破坏模型试验。水泥浮石混合料在干燥的情况下，易失去水分产生裂缝，且材料的性质稳定性较差，目前我国已很少使用这种材料进行水工模型试验。

5.4 模型的制作

模型的制作分为模型槽制作、坝基砌筑、坝体浇制及拼接等部分，其中模型槽制作和坝体浇制需在前期完成，坝基砌筑和坝体拼接则依次有序进行。

5.4.1 模型槽制作

模型槽即为模型的模拟边界，在选择模型的几何比尺和模拟范围之后，模型的边界也就确定了。模型槽的主要作用是承担坝基的边界约束和布置加载系统时承受千斤顶的反推力，同时，在模型槽内布置若干辅助线，将有助于模型砌筑和拼接时的放样和定位。模型槽一般建立在牢固的基础上，受外界干扰和气候影响要小。当结构模型为整体模型时，模型尺寸一般较大，常用混凝土制作模型槽，并在模型槽上布置传压系统；当结构模型为局部模型时，模型相对较小，可用钢化玻璃配合钢结构制作模型槽。

5.4.2 坝基砌筑

模型槽制作完之后，便开始进行坝基砌筑。当地基为均质岩体时，模型中常采用石膏块体；当地基地质条件复杂时，常采用石膏掺重晶石粉等材料压制成的各种大、小块体，来分别模拟各种地质构造（如断层、蚀变带等），以及节理裂隙。需要指出，模型试验对地基未做特殊要求时，可以对地基的模拟进行适当简化，只重点模拟对坝体应力、应变影响相对较大的因素。

模型坝基的加工视具体情况而异。当坝体与坝基为同一均质材料时，对于小模型，坝体与坝基可一次浇成并雕刻成型；对于大模型，则可将坝体与坝基分别加工成型。当坝体与坝基不是相同的均质材料时，坝体部分单独加工成型，并采用相应坝基模型弹性模量的材料预制成块，根据模型模拟的坝基范围，以及简化的地形图及地质构造资料，分层、分块砌筑成坝基模型。

5.4.3 坝体浇制及拼接

坝体浇制一般分 4 个步骤进行。

(1) 模坯的制作。坝体模坯常采用石膏材料制作。浇制前应对所使用的石膏粉做准备试验，测定其物理力学指标，达到规定标准后才能选用。

浇制坝体模坯时，先按水膏比分别称好石膏粉和水的重量，将水逐步倒入盛石膏粉的容器中，边倒边搅拌，且搅拌要均匀及时，在石膏浆初凝前 1.5～2.0min 时倒入预先装配好的木制模具中凝固即可，这时应特别注意防止漏浆。浇制过程中既要注意搅匀，又要掌握好入模的时间。入模时间过早，石膏可能发生离析现象，造成质量不均匀；入模时间过晚，部分石膏浆已经发生初凝。此外还要控制好石膏浆的注浆高度，倒入石膏浆过高将会带入更多空气，如气泡不能及时排出则会形成气孔，也会影响块体质量或产生过大的各向异性。当浇制拱坝坝体时，由于模坯较大，石膏浆较多，在条件可能的情况下，一次拌浆入模较为理想，同时注意排气，尽量减少气泡量。因为拱坝模型常是倒置浇筑的，坝坯出口较小则气泡不易排出。一般用一个下部接有大直径橡皮管的漏斗，先将石膏浆倒入漏斗，再进入坝体木模，以减少注浆高度。

浇筑模坯所用的木模一般由干燥、坚硬、变形小的木料制成，特别是拱坝木模宜采用柏木或其他硬杂木，不宜采用松杉木。制作的坝体木模应比模型实际尺寸大，使浇出的坝体模坯的厚度有一定的富余量，不宜将木模尺寸制成和坝体一样。因为浇制出来的模坯表面往往是一层硬壳并附有油污，其力学性能不稳定，而且模坯干燥过程中可能产生变形或局部损坏，加之制作木模的精度也难以准确等，这些势必影响坝体几何尺寸。另外，为了雕刻坝体的需要和防止坝底损坏，木模应比模型坝体的高度适当高些，整个坝体弧长也应适当做长些，因为制作模坯时产生的不少气孔往往会出现在拱弧端面附近，这些富余量在坝体雕刻成型时再按要求去除。

(2) 模坯的干燥。模坯预制好后，等待其硬化即可脱模。由于坝体模坯受潮后会降低电阻应变片的绝缘电阻，为了防止受潮影响，除做好应变片的表面防潮外，更重要的是要求模型材料必须干燥，并达到一定的绝缘度，否则会降低应变片的绝缘电阻，使其灵敏度降低，形成量测误差，甚至无法量测。因此，模型材料的干燥是保证量测质量的重要环节之一。只有模型材料达到一定的干燥程度后，其物理力学性能才稳定，所测得的数据才可靠。

但因为石膏极易吸潮，石膏或石膏硅藻土材料浇制的模坯不易干燥。若试验进程允许，宜在每年的夏季浇筑，经 6～8 月份的高温天气自然干燥，效果甚好，且模坯受热均匀。当然也可用人工加热的方法进行干燥，例如可设烘房，用电炉或远红外板、远红外灯加热灯管等进行烘烤。必须注意，应严格控制模坯的受热均匀。否则温度过高，会出现脱水现象，致使模坯表面呈粉状，材料强度和弹性模量明显降低，这是不允许的。因此，烘烤时可在模坯表面悬挂温度计监测，以便及时调整烘烤温度。

模坯烘干后，其体型初始阶段会有所缩小，因此模坯尺寸应根据情况比实际模型稍大，但也不能过大，造成不必要的材料浪费和模坯搬运难度的增大。如果坝体较大或坝体较重，则搬运时容易损坏，故常将坝体分成几部分制作。此外，浇筑时建议同时准备两个模坯，其中一个作为备用，以防止模坯损坏而影响进度。模坯干燥后一般还要检查坝体的干燥程度和均匀性，可采用超声波仪检验其内部质量的均匀性，以便选择质量合格的块体制作模型。

(3) 模坯的雕刻与加工。由于模坯比实际坝体尺寸要大，在拼接前后要对模坯进行多次修整。模坯加工可选择人工加工与机械加工。对于复杂的模型如拱坝坝体的雕刻加工，为保证加工精度，一般采用雕刻机进行加工，最后用人工精加工成型。对平面模型试验的模坯，亦可用机械刨平拼装，可大大缩短模型制作周期。

模型雕刻加工质量必须严格控制。当采用人工加工模坯时，更应该严格控制几何形状和尺寸，反复用预先制作好的样板校正，而且宜由专人负责加工，以保证质量控制标准一致。

(4) 坝体黏结与拼装。当地基砌筑到一定程度时，就应该把坝体黏结在基础上。若坝体分块，则坝的黏结也分步进行。黏结时必须保证坝体不能发生偏移，且不能对地基产生较大的附加应力和变形。

对模型进行黏结，首先须选用合适的黏结剂。在石膏应力模型试验中，对黏结剂的要求是：具有一定的黏结强度，弹性模量与被黏结的模型块体相近，固化后在室温下性能稳定。常用的黏结剂包括以环氧树脂为主要成分的黏结剂、淀粉-石膏黏结剂、桃胶石膏黏结剂等。此外，酵母石膏主要起缓凝的作用，可用于拱坝整体模型地基岩体的黏结。

黏结剂选定后，即对模型进行黏结，为了预防黏结液渗入块体而影响黏结质量和强度，可在黏结面上涂 2～3 次防潮清漆。黏结时，应在两个黏结面上均匀涂抹上一层黏结剂，涂抹量不可太少，应以黏结时在模型块上加压后缝面四周能挤出少量黏结剂为宜。还应注意将气泡排净，以保证全断面黏合均匀。每黏结一层，都要有控制定位的措施，以防错位。

5.5 荷载的模拟

在结构模型试验中，采用多种工况的荷载组合，测得各种工况下坝体的应力分布及位移分布。水工结构模型试验研究的主要对象是重力坝和拱坝，因此以这两种坝体进行说明。重力坝或拱坝承受的荷载主要为自重和水沙荷载，重力坝还要考虑扬压力，拱坝还需考虑对应力、应变影响较大的温度荷载。两种坝型的加载方式存在一些差异，如图 5-1 所示。

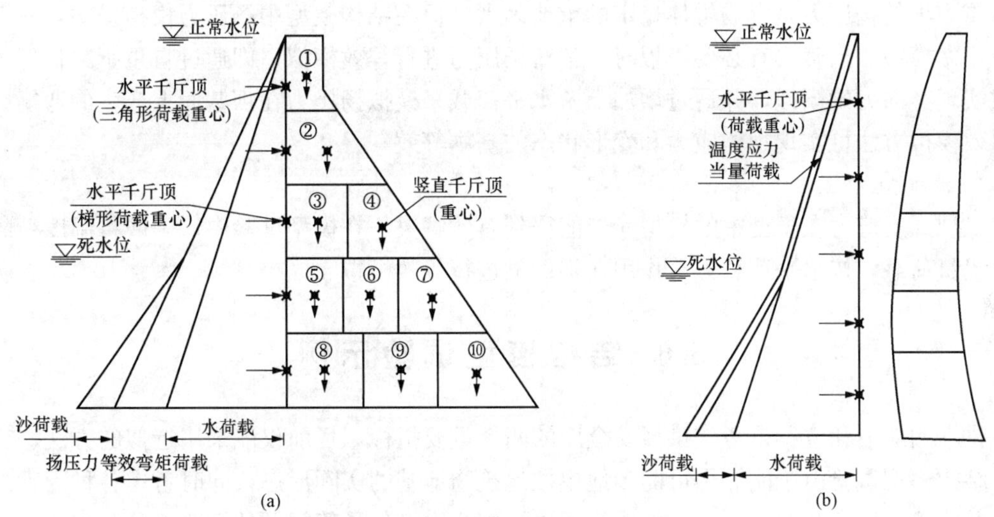

图 5-1　重力坝和拱坝坝体荷载分布及加载布置图

(a) 重力坝荷载分布；(b) 拱坝荷载分布

1. 竖向荷载模拟

由于重力坝或支墩坝靠自身重力维持稳定，其体型较大，重力是影响应力和变形的主要荷载因素，因此在重力坝模型中需进行模拟。在模拟独立坝段的重力时，由于纯石膏材料较轻，不能满足容重相似，需要施加外力来实现重力荷载相似。常用的方法是在各坝段重心处采用拉杆挂砝码的方法来弥补重力荷载的不足。这种方法的缺点是重心以上部位不受荷载，但下部荷载基本相似。当试验精度要求较高时，可将坝段沿高度方向分成若干层，计算出每层的重力差值，在各自重心施加自重，这样可以有效地模拟重力坝的重力分布情况，详见图 5-1 (a)。

拱坝由于其应力分布情况相当复杂，研究拱坝的应力分布和变形情况对坝型的优化和材料的最佳利用意义重大。而拱坝特别是双曲拱坝在重力的模拟上，施加外荷载受模型条件限制，如在双曲拱坝模型上采用千斤顶施加重力荷载则可能产生不等效弯矩。因此，在模拟拱坝的重力时，常采用容重相似的方法，用石膏硅藻土或在石膏材料中添加其他高容重材料（如重晶石粉、铁粉等）来增加模型材料的容重，使模型与原型材料容重相等。

对拱坝平面应力模型试验，由于拱圈以上重力不便施加且拱圈自重亦不便模拟，试验中，或采取面力替代体力，即在拱圈上部施加相当于竖向力差值大小的面力；或不模拟重力，而通过结合有限元计算进行修正。

2. 水平荷载模拟

在施加水平荷载时，重力坝和拱坝可以采用分层、分块的方法施行，也就是将各坝段所受水平荷载分成若干层，计算出每层三角形或梯形水平荷载的大小，在每层荷载的重心处布置千斤顶施加荷载。千斤顶出力的选择应根据分块承受的荷载决定，并通过传压板的扩散作用将荷载有效地传递到坝面。坝面与传压板之间还需采取减摩措施克服边界摩阻效应。这种加载方法使得坝面荷载的分布情况与实际情况基本相似。

3. 扬压力模拟

重力坝的扬压力是影响坝体稳定的重要因素，但在结构模型中扬压力模拟受限，一般情况下不做模拟。当确实有必要模拟时，常对扬压力进行等效模拟，即通过自重折减扬压力的方式实现竖向力的模拟，并通过增加上游水平荷载来模拟扬压力在坝基面上产生的弯矩。这种等效模拟方法可实现坝体应力和变形状态的基本等效。

4. 温度应力

拱坝温度应力在模型中的模拟尚未能得到有效解决，在模型试验中，一般将温度荷载简化为当量荷载，按水平荷载方式作用在坝面上进行等效模拟。

5.6 结构模型试验示例

拱坝的应力和位移是考核拱坝安全度的两个重要指标，目前仅能采用近似的方法进行计算。结构模型试验由于能够尽可能多地模拟建筑物地基的实际形态，同时考虑各种因素的影响，并能给人以直观的概念，因而成为解决拱坝应力、位移等问题的重要途径之一。

1. 试验目的及要求

(1) 通过拱坝结构模型试验，掌握结构模型试验的理论及方法。

(2) 了解模型试验常用的加荷方法，并根据相似原理计算模型上应施加的荷载。

(3) 量测拱坝各测点应变，根据相似原理计算出原型相应点的应力值。

(4) 绘制拱坝应力分布图，并对大坝的应力状态进行分析，做出评价。

(5) 学会安装使用位移计，量测拱坝位移，并计算相应于原型的位移。

(6) 了解电阻应变仪原理，并能正确使用。

2. 试验原理

拱坝结构模型试验就是将原型拱坝上作用的各种力学现象，缩小到模型上，在拱坝模型上模拟出与原型相似的力学现象，并量测应变、位移，再通过相似关系推算出原型拱坝相应点的应力和位移。

根据相似三定理及相关性质，可以推导出拱坝模型试验必须遵守的相似准则，即

$$\frac{\lambda_\rho \lambda_l}{\lambda_\sigma} = 1 \tag{5-37}$$

$$\frac{\lambda_\varepsilon \lambda_E}{\lambda_\sigma} = 1 \tag{5-38}$$

$$\gamma_\gamma = \lambda_\rho \tag{5-39}$$

$$\lambda_\mu = 1 \tag{5-40}$$

当保持原型和模型完全相似时，则 $\lambda_\varepsilon=1$，代入式 (5-38) 中则有 $\lambda_E=1$。

根据上面的相似准则进行模型设计和制作，则由模型上量测出的应变和位移，就可以计算出原型上的应力及位移。

由上面各式可知

$$\lambda_\sigma = \frac{\lambda_p}{\lambda_m} \tag{5-41}$$

$$\sigma_p = \lambda_\sigma \cdot \sigma_m \tag{5-42}$$

$$\lambda_\sigma = \lambda_E = \lambda_p \cdot \lambda_l = \lambda_\gamma \cdot \lambda_l \tag{5-43}$$

根据弹性力学的有关公式可以推导出：

$$\left.\begin{aligned} \sigma_{mx} &= \frac{E_m}{1-\mu_m{}^2}(\varepsilon_{mx}+\mu_m\varepsilon_{my}) \\ \sigma_{my} &= \frac{E_m}{1-\mu^2}(\varepsilon_{my}+\mu_m\varepsilon_{mx}) \\ \tau_{mxy} &= \frac{E_m}{2(1+\mu_m)}[2\varepsilon_{m45^\circ}-(\sigma_{mx}+\sigma_{my})] \end{aligned}\right\} \tag{5-44}$$

式中　E_m、μ_m、ε_{mx}、ε_{m45°、ε_{my}、σ_{mx}、σ_{my}、τ_{mxy}——模型材料的弹性模量、泊松比、应变（三个方向）、正应力（两个方向）和剪应力。

由式（5-41）～式（5-43）可以求出原型拱坝对应点的正应力及剪应力

$$\left.\begin{aligned} \sigma_{px} &= \lambda_\gamma\lambda_l\sigma_{mx} \\ \sigma_{py} &= \lambda_\gamma\lambda_l\sigma_{my} \\ \tau_{pxy} &= \lambda_\gamma\lambda_l\tau_{mxy} \end{aligned}\right\} \tag{5-45}$$

计算出原型正应力及剪应力后，即可求出原型拱坝的主应力及最大剪应力。

$$\left.\begin{aligned} \sigma_{p1.2} &= \frac{\sigma_{px}+\sigma_{py}}{2} \pm \frac{1}{2}\sqrt{(\sigma_{px}-\sigma_{py})^2+4\tau_{mxy}^2} \\ \tan 2\alpha &= \frac{2\tau_{pxy}}{\sigma_{px}-\sigma_{py}} \\ \tau_{pmax} &= \frac{\sigma_{p1}-\sigma_{p2}}{2} \end{aligned}\right\} \tag{5-46}$$

由模型上量测出位移后，同样可以推求出原型对应的位移

$$\delta_p = \delta_m\lambda_l^2\lambda_\gamma\frac{1}{\lambda_E} \tag{5-47}$$

3. 模型设计

模型设计包括坝基模拟范围的确定及各个相似常数的选择。

对于拱坝断面模型，根据一般经验，模型上游坝基长度应不小于 1.5 倍的坝底宽度或 1 倍的坝高，下游坝基长度应不小于 2 倍的坝底宽度或 1 倍的坝高，坝基深度不小于 2 倍的坝底宽度或 1 倍的坝高。

原型与模型相似常数的确定主要包括几何比尺 λ_l，应力比尺 λ_σ，弹性模量比尺 λ_E 及侧压力比尺 λ_γ，由式（5-43）可以知道，$\lambda_\sigma=\lambda_E=\lambda_l\lambda_\gamma$，因此只要确定出 λ_l、λ_E 或 λ_γ 则其余比尺随之确定。根据国内外结构模型试验的经验，λ_l 一般为 80～250，可根据工程设计要求及经费情况，在此范围内选取。模型的侧压力如果用水银模拟则 $\lambda_\gamma=1/13.6$，如果用气压或油压千斤顶模拟，可依据千斤顶出力及气压加荷能力选取。λ_l 及 λ_γ 确定后，λ_E 则随

之而定。

本试验模拟的对象为拉西瓦水电站的双曲拱坝。

拉西瓦水电站位于青海省贵德县与贵南县交界的黄河干流上，是黄河上游龙羊峡至青铜峡河段规划的大中型水电站的第二个梯级电站，也是黄河流域规模最大、电量最多、经济效益良好的水电站。

水库总库容 10.79 亿 m^3，正常蓄水位为 2452.0m，淤沙高程为 2260.0m，为日调节水库，调节库容 1.5 亿 m^3，电站装机容量 4200MW，保证出力 990MW，多年平均发电量 102.23 亿 kW·h。

枢纽工程由大坝、坝身泄洪表孔、深孔、坝后消力塘和右岸地下引水发电系统组成。

大坝为对数螺旋线型双曲拱坝，最大坝高 250m，建基面高程 2210.0m，坝顶高程 2460.0m，坝顶中心线弧长 459.63m；坝顶厚度 10m，拱冠底部最大厚度 49m，厚高比 0.196，拱端最大厚度 54.991m，两岸拱座采用半径向布置。

根据试验目的及实验室的设备状况，采用整体结构模型，取几何相似常数 $\lambda_l=250$，侧压力相似常数 $\lambda_\gamma=1/20$，用纯石膏材料制成模型，坝基模拟范围分别为上游坝基长度、下游坝基长度、坝基深度均取 1 倍的坝高。模型材料的弹性模量 $E_m=1.0\times10^3$ MPa，泊松比 $\mu=0.2$。

4. 测点的布置

拱坝试验的目的是通过在拱坝模型表面粘贴电阻应变片，量测在荷载作用下拱坝某点的应变，然后计算出相应原型的应力值。本试验分别在拱坝横断面布置有 25 个测点，每个测点布置三个方向的应变片，应变片采用 3×5mm 的胶基电阻应变花，为了消除室温产生的应变片温度变形，在放置于拱坝附近的石膏试块上粘贴温度补偿片，具体布置如图 5-2 所示。

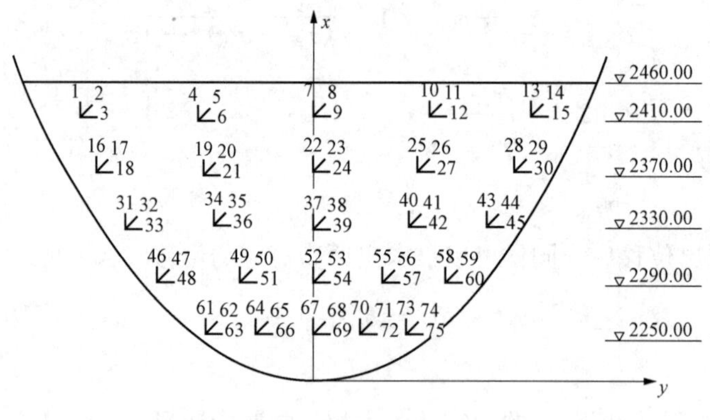

图 5-2　应变片布置图

5. 荷载施加

拱坝模型试验中模拟静水压力的方法通常有三种，即水银加荷、千斤顶加荷和气压加荷，三种加荷方法各有优缺点。本试验采用油压千斤顶加荷，加荷装置如图 5-3 所示。油压千斤顶加压系统由下列各部分组成：高压油泵、分油器、油压千斤顶及传压设备等。油压通过分油器传至千斤顶，再由千斤顶的活塞，通过传压设备传至模型表面。由于千斤顶是一种集中力，因此为了模拟坝面水压力，这就需要在千斤顶的顶头与模型坝面间，用一定厚度的钢板黏结高强度石膏块，再垫一层薄橡皮与坝面接触，作为千斤顶顶头传力到坝面的扩散垫层，以达到由集中力变成分布力的目的。

6. 模型数据量测

应变量测采用DH3816静态应变测试系统，该系统由数据采集仪、电子计算机及支持软件组成，其工作原理如图5-4所示。

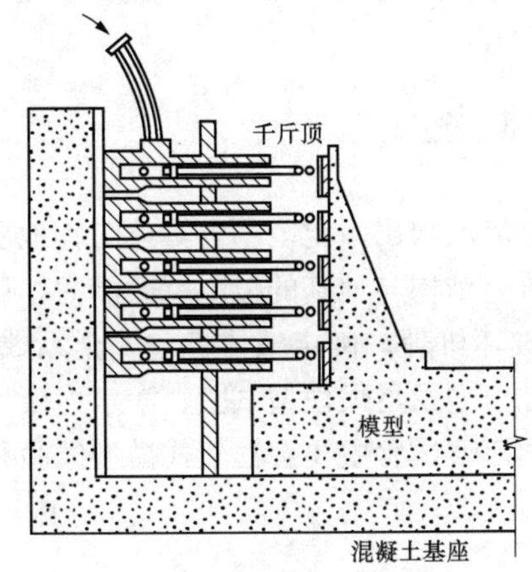

图5-3 千斤顶加荷系统示意图

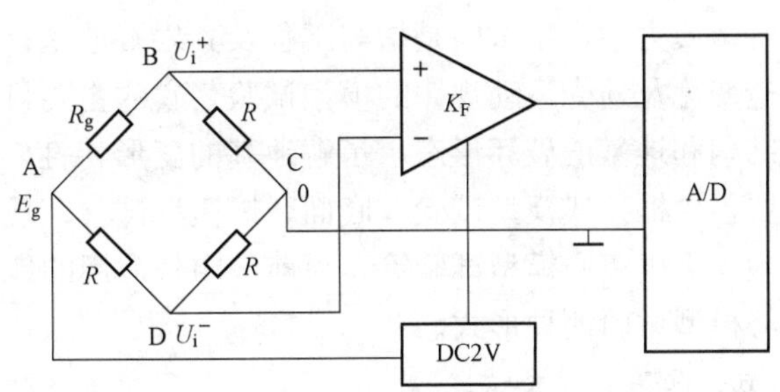

图5-4 测量原理图

图5-4中，R_g 为测量片电阻，R 为固定电阻，K_F 为低漂差动放大器增益，因 $V_i=0.25E_gK\varepsilon$，即 $V_0=K_FV_i=0.25E_FE_gK\varepsilon$ 所以

$$\varepsilon=\frac{4V_0}{E_gKE_F}$$

式中 V_i——直流电桥的输出电压；

E_g——桥压，V；

K——应变计灵敏度系数；

E——输入应变量，$\mu\varepsilon$；

V_0——低漂移仪表放大器的输出电压，μV；

E_F——放大器的增益。

7. 试验步骤

（1）将应变片接入DH3816测试系统，并打开机箱电源。

（2）启动计算机，双击“DH3816”图标，进入数据采集系统。

（3）点击工具栏“望远镜”图标或点击“采样”下拉菜单“查找机箱”一栏，查找机箱。

（4）点击“十字架”图标或点击“采样”上拉菜单中的“平衡操作”调平测试系统。

（5）重复第4步的操作，以获得荷载作用下拱坝各测点的应变值。

（6）打印测试成果。

所量测的应用值代入式（5-42）、式（5-43）计算出原型相应点的应力，再将应力值代入式（5-46）中求出主应力及最大剪应力，将所测位移代入式（5-47）中求出原型的位移，根据计算结果绘制正应力及主应力分布图。

8. 评价及建议

对测试成果进行分析及评价并提出拱坝优化建议。

6 地质力学模型试验

6.1 地质力学模型概述

地质力学模型试验是指与工程及其岩石地基有关并且能反映出一定范围内具体工程地质构造变化及地壳运动规律的模型试验，它的主要目的是研究结构与地基的极限承载能力，反映结构和地基的破坏形态，了解地基的变形特性，揭示破坏机理，确定整体稳定安全系数。主要包含框架式模型试验、底面摩擦模型试验、现场三维模型及足尺模型试验、渗水力模型试验、土工离心模型试验等，目前国内外常用的地质力学模型试验主要有框架式模型试验和离心模型试验两种形式。

1. 框架式模型试验

框架式模型试验是指通过在框架模型槽内采用满足相似判据的相似材料制作模型，并在模型满足边界条件相似情况下测量其变形、应力等因素，进而揭示原型滑坡的形成机制。国内外众多学者在该领域开展了试验研究，西北水利科学研究所于 1984 年开展了龙羊峡水电站 2480m 高程平面地质力学模型试验，并制作了一台可倾斜 0°～15°模拟地震力效应的 5m×7m 大型钢架模型台，开展了黄河上游李家峡水电站三圆心拱坝（高 165m）的工程地质力学问题研究；刘光代在贵昆线大海哨 2 号滑坡治理研究中采用灌铅铁丝混凝土作为滑体，油泥作为滑带研究岩质滑坡滑带土的破坏模式等。

2. 底面摩擦模型试验

20 世纪 70 年代，英国帝国工学院的学者发表了一篇论文，首先提出了底面摩擦模型试验的基本思想。它的原理是用作用在模型底部的拖力来代替重力，主要用来模拟二维物理模型，应用到边坡主要方法如下：边坡模型平置于无缝皮带上，皮带以一个速度向前运动，借助于摩擦力，皮带拖动模型以同样的速度运动，由于皮带上方挡板的阻挡，模型又不能运动，这时皮带给模型一个拖力 F，挡板给模型一个反力 F，在皮带拖力作用下模型发生变形和破坏。但该方法无法定量研究滑坡的应力应变及位移特性。

3. 现场三维模型及足尺模型试验

现场三维模型试验是目前滑坡研究领域新的发展方向，中科院武汉岩土所陈善雄等在湖北襄荆高速公路膨胀土堑坡试验段开展了人工降雨诱发滑坡试验，用数码相机记录了降雨诱发土坡浅层滑动的过程。胡明鉴等在研究云南东川蒋家沟滑坡泥石流形成机制时进行了现场砾质土斜坡人工降雨试验，发现试验条件下有明显的滑坡与泥石流共生现象。实验室足尺模型试验与现场三维模型试验具有共同的特征，即均为大比尺三维模型试验。该方法虽具有试验结果准确的优势，但人力物力耗资巨大影响其广泛应用。

4. 渗水力模型试验

渗水力模型试验的原理是用水在土中向下的渗透力模拟重力，从而使模型尺寸缩小 n 倍，但土中应力应变与原型一致。但该方法因其设备为静态而对 ng 条件下的沉桩等试验研究比较方便，且其只能开展饱和土体试验，土渗透系数过大或过小都会影响试验精度。

5. 土工离心模型试验

土工离心模型试验作为一种可再现原型特性的试验方法，正越来越受到岩土工程界的关注。其主要根据离心力场和重力场等价的原理，并考虑到土工材料的非线性和自重应力对土工结构物的影响，把经过 $1/n$ 缩尺的原型结构物置于 n 倍 g 的离心力场中，使模型和原型相应点的应力应变达到相同、变形相似、破坏机制相同，从而再现原型特性，为理论和数值分析方法提供真实可靠的参考依据。土工离心模型试验是法国人菲利普在 1869 年首先提出来的，发展迄今，已逾百年，从初始提出时期的默默无闻，到今天世界各国竞相发展土工离心模型试验，并使之逐渐成为岩土力学学科研究的重要组成部分。离心机数量的急剧增加及大型化、专业化的发展趋势，使得数个专门的离心模型试验中心逐渐成立，并形成了各自的特色，对挡土墙、土或者土与结构物间相互作用、岩土高边坡、堤坝路基等填土工程、地下结构和基坑开挖、浅基础、桩基础和深基础等问题的研究有独特效果。最近，利用土工离心机模拟地震、爆破等动力问题得到极大重视和发展，许多离心机都装置了振动台用以研究岩土工程的地震反应。

6. 地质力学磁力模型试验

地质力学磁力模型试验首先由罗先启提出，综合了目前所采用的常规框架式地质力学模型试验和土工离心模型试验的优缺点，是一种全新的地质力学试验方法。磁力模型试验利用电磁场模拟重力场的原理研究地质力学工程问题。在模型中，相似材料里加入铁磁材料，将相似材料置于特定的磁场中，铁磁材料将受到磁力的作用，在几何尺度 l 缩小 n 倍的情况下，模型所受体力扩大 n 倍，材料的其他力学参数的相似比均为 1，由此降低了模型试验的难度。磁力模型试验方法及其设备不仅可以应用于岩土力学模型试验，同时也将作为一种新的试验方法和手段，在水利工程、土木工程、交通工程、海洋工程等领域的结构应力变形及其稳定性研究方面具有广阔的应用前景。

6.2 地质力学模型的设计原则及相似判据

6.2.1 设计原则

在实践中所遇到的岩体是一些各向异性和非连续性介质，有断层、裂隙、破碎带、软弱夹层等不连续构造。在进行地质力学模型设计中应能反映出岩体的非均匀性、非弹性及非连续性、多裂隙体等岩石特征。同时，模型的几何尺寸、边界条件及作用荷载、模拟岩体的模型材料容重、强度及变形均应满足相似理论的要求。

地质力学模型的设计原则归结起来有以下几点：

(1) 由于模型试验不可能也没必要将所有的地质构造复制下来，因此地质力学模型应着重模拟不连续构造，至于那些次要的不连续面，如节理、裂隙等，除非它们形成明显的各向异性，需单独考虑外，一般应在岩体性质中加以综合考虑。

(2) 连续和非连续介质的复合体。从整体看，岩体是非连续介质，因为它被许多不连续结构面划分为若干不同力学性质的不规则块体。但是从每个不规则块体来说，又是连续、均匀的，如果应力不超过弹性极限，也认为是弹性的。总之，地质力学模型以弹性力学为理论基础，同时又考虑不连续面的客观存在。

(3) 块体的不规则性。由于断层、破碎带等的几何多样性，因此模拟的块体也是各向异性的。

(4) 考虑最不利因素的原则。由于岩体本身的复杂性，要了解岩体所有的力学性质资料是不太现实的。即使现场原型观测，也由于岩体本身的材料性质不稳定，受外界条件的影响，试验数据有很大的变化。因此在模型模拟时的条件绝不能比原型更为有利，而只能代表最不利情况。

6.2.2 相似判据

地质力学模型试验是破坏模型试验的一种，因此，要求模型材料与原型材料之间在整个弹塑性阶段以及发生破坏的全过程相似，即地质力学模型试验应满足破坏模型试验的相似判据。

水工建筑物地质力学模型试验的特点是将水工建筑物与基础岩体作为整体结构进行模型试验，考虑建筑物与基础岩体的联合作用。因此，必须既满足建筑物模型与原型的相似性，同时也要满足岩体模型与原型的相似性。

自然界的岩体历经无数次地壳运动，断层、节理、裂隙等各类软弱结构面纵横交错，这些软弱结构面削弱了岩体的强度和完整性，使岩体具有非均质性和各向异性。鉴于岩体的复杂性，对岩体完全真实的模拟是做不到的，模型试验应依据研究内容及工程要求，对岩体的主要结构特征进行模拟，使模型合理、可靠和接近真实。岩体模拟包括岩体的几何结构模拟、地质构造模拟、初始应力场模拟、物理力学特性模拟以及受力条件模拟等。

在地质力学模型试验中，岩体自重起着重要的作用，进行地质力学模型试验时，需模拟材料的自重，这是地质力学模型试验最重要的特点，因此模型材料应满足的基本相似判据为 $\lambda_E=\lambda_\gamma\lambda_l$，通常取 $\lambda_\gamma=1$，即 $\lambda_E=\lambda_l$，同时要求 $\lambda_E=\lambda_R$，λ_R 为强度比尺。

显然，模型的几何比尺越大，要求模型材料的弹性（变形）模量越低。高容重、低弹模、低强度材料的研究是地质力学模型试验和材料科学研究的重要课题。

6.3 地质力学模型相似材料

相似材料是地质力学模型试验研究的一个难点，它要求模型材料要具有低弹模、高容重、低黏聚力、较低的内摩擦角、较低的渗透系数，而且这些参数还需和目标参数之间满足一定的相似比。目前，岩石类与土质类滑坡相似材料满足弹性范围内的静力学问题研究成果较多，而既考虑应力场相似，又考虑渗流场相似的研究很少。要对这样一种相似材料进行研究，具有较大的难度，试验工作量也相当大，必须采用适当的试验设计和数据处理理论以及合理的结果评价方法进行相似材料试验。下面具体介绍一些模型所用相似材料。

6.3.1 常用的相似材料

意大利等国家的科研单位采用的地质力学模型材料主要有两类：一类是采用铅氧化物（PbO 或 Pb_3O_3）和石膏的混合物为主料，以砂子或小圆石作为辅助材料；另一类模型材料主要以环氧树脂、重晶石粉和甘油为组分，其强度和弹性模量均高于第一类模型材料，但是需要高温固化，其固化过程中散发的有毒气体也会危害人体的健康。我国许多科研机构和大学也开展了这方面的研究工作。目前，国内正在使用的地质力学模型材料主要有以下几种：采用重晶石粉作为主要材料，以石膏或液状石蜡作为胶结剂，其他材料如石英砂、氧化锌粉、铁粉、膨润土粉等作为调节容重和弹性模量的辅助材料；采用砂、石膏作为主要材料，其余材料为添加剂；由加膜铁粉和重晶石粉为骨料，以松香为胶结剂并且使用模具压制而成；采用铜粉作主要材料。

1. 纯石膏材料

石膏属于气硬性矿物胶结料，这种胶结料通过水化作用的化学反应实现硬化。它的主要特性与石膏粉的磨细度、掺水量、初凝时间和终凝时间等因素有关。所有这些都对相似材料的性质具有本质的影响。比如，增大磨细度就会提高相似材料的强度；增大水与石膏的比例就会减慢石膏的凝固，降低相似材料的强度和密实度；缩短初凝和终凝时间就会降低强度，而增大这些指标就会延长相似材料的硬化时间。石膏作为结构模型材料已有 60 多年历史。它的性质和混凝土比较接近，均属于脆性材料。它的抗压强度大于抗拉强度，泊松比为 0.2 左右，通过配比调节比较容易得到 $E=1\times10^3\sim5\times10^3$ MPa 的相似材料。该材料具有成型方便、加工容易、性能稳定的特点，最适宜作线弹性应力模型。此外，石膏材料还具有取材容易、价格低的优点。在我国、俄罗斯、日本和葡萄牙等国，这种材料广泛用于各种水坝及其他混凝土结构模型试验。但是石膏在天然环境中易吸湿，导致其材料强度降低；并且相似材料强度对石膏用量敏感，在小比例模型中模拟低强度材料时，石膏用量不易控制。

在制作模型或进行试验时，有时需要用缓凝剂或速凝剂来调节石膏凝结的时间。常用的缓凝剂有硼砂、柠檬酸、酒精、动物骨胶等。常用的速凝剂有氯化钠、水玻璃和硫酸盐等。外加剂的用量必须由试验确定，否则会导致材料强度的下降。

纯石膏材料主要用来模拟岩石或混凝土结构的线弹性阶段的性状。

2. 石膏混合材料

由于纯石膏材料的弹性模量调节范围不大，压拉强度比过小，仅为 4～7，而一般岩石的压拉强度比为 5～15，混凝土为 10～13，因而其应用受到一定限制。

近年来，通过在石膏中加入其他原料并改变各种成分相互比例的方法，可使石膏混合材料的弹性模量达到 $(0.05\sim10)\times10^3$ MPa，泊松比达到 0.15～0.25，压拉强度比达到 5～12。从而大大改善了材料的力学和变形模拟性，扩大了它的使用范围。应用最多的石膏混合材料是在纯石膏中加入砂（如石英砂、标准砂）而配制的砂-石膏材料。砂-石膏材料的物理力学特性通常要经过 14 个昼夜才能稳定。该材料的特点是强度比相当大，其抗压强度与抗弯强度之比为 3～4。抗压强度与抗拉强度之比为 5～8，而强度本身的大小对这些比例关系的影响不大。湿度的增大会导致强度的显著下降。根据不同的试验目的和要求，可采用不同的外加材料。如要提高材料的容重，可加入重晶石粉、铁粉等；要降低材料的容重，则可考虑加入云母、木屑等；要扩大弹性模量和强度的模拟范围，可加入不同比例的砂、粉煤灰等；而要降低砂-石膏材料的弹性模量，则可在材料中加入磨好的石灰岩和橡胶碎粒。其他常用的外加材料包括碳酸钙、石灰、水泥、硅藻土、乳胶、橡皮屑、可赛银（一种化工涂料）等。

应该指出，一种理想的相似材料通常要用多种原料配制而成。石膏混合材料由于有较好的模拟性而广泛用于各种结构模型试验。

3. 以石蜡为黏结剂的相似材料

这类材料的外加料有重晶石粉、细石英砂、云母、黏土等。该类材料的物理力学性质在很大程度上与沉积岩相似，可模拟 $\lambda_l=1/150\sim1/100$ 的岩体。

以石蜡为黏结剂的相似材料有如下优点：各向同性；由于在受热状态下具有较大塑性，制模时便于各层压（碾）实；模型在最后一层压（碾）实后 2～3h 即可进行试验；材料性能不受湿度影响；模型加工制作方便；试验后材料可重复使用；材料力学性质稳定。

该材料的缺点如下：压、剪和压、拉强度之间的相关性不太好；有时与要求的相似指标相比弹性模量过低；塑性较大；液状石蜡价格较高。

4. 以机油为黏结剂的相似材料

以机油为黏结剂的相似材料的强度时间效应比较明显。试件成型的初期，材料一般表现出较低的强度，由于机油有挥发性，随着机油的挥发，材料强度将会显著提高。同时，材料强度随时间的增长呈明显的非线性，因此较难预期其在某一时段内的强度。

6.3.2 国内外几种用于地质力学模型试验的相似材料

1. MIB材料

MIB材料是原武汉水利电力学院韩伯鲤等研制的一种大容重、低弹性模量的地质力学相似材料。该材料由骨料、黏结剂、调和剂和柔性附加剂组成，其中骨料包括红丹粉（Minium）、重晶石粉（Barite powder）、铁粉（Iron powder），黏结剂包括石蜡和松香，酒精为调和剂，柔性附加剂指氯丁胶黏结剂，采用压力成型。

MIB材料的主要优点是：容重高于37kN/m^3，弹性模量小于100MPa，单轴抗压强度约等于0.55MPa，基本满足高容重、低弹性模量、低强度相似材料的要求；抗剪强度特性接近天然岩石；通过在铁粉外包裹柔性胶膜可有效降低材料弹性模量；用液状石蜡和松香作黏结剂可调整材料的σ和σ—ε曲线的形式；可由成型压力控制材料孔隙率和内摩擦角；压模成型后3～4d即可试验；材料可重复使用。

但MIB材料成本较高，制作工艺复杂。

2. NIOS地质力学模型材料

NIOS相似材料是一种新型的地质力学模型相似材料，是由清华大学水利水电工程系研制的，成分包括主料——磁铁矿精矿粉、河砂，黏结剂——石膏或水泥，拌和用水及添加剂等。其中，“N”表示天然的（Natural），“IO”表示磁铁矿精矿粉（Iron Ore），“S”表示河砂（Sand）。试验结果表明，NIOS地质力学模型材料的弹性模量可在较大的范围内调整。当采用石膏作为胶凝材料时，通过改变石膏的含量，可以使模型材料的弹性模量在80～300MPa范围内变化，单轴抗压强度在0.45～3MPa范围内变化。当采用水泥作为胶凝材料时，模型材料的弹性模量则可以在750～3000MPa之间进行调整，其单轴抗压强度的变化范围为2～55MPa，并且模型材料表现出更明显的脆性特征。

3. 硅橡胶重晶石粉相似材料

该材料将重晶石粉及重硅粉混合粉末倒入乳胶溶液制成硅橡胶重晶石粉，然后置于压力机上压制成型。所谓重硅粉由硅橡胶、重晶石粉、正硅酸乙酯、有机锡和汽油配制而成。

4. 其他种类相似材料

古德曼建议，可用面粉、食油和砂的混合物作相似材料模拟不连续岩体。

有学者指出，在非弹性阶段用来模拟岩石的材料包括：水泥、砂和云母；砂和黏土；石膏与砂、黏土、云母、重晶石粉、铅氧化物、硅藻土、木屑及石灰的混合物。

中科院地理所吴玉庚提出，模拟断层、破碎带、软弱夹层的相似材料包括：黏土和凡士林，黏土和液状石蜡；黏土和滑石粉；砂和凡士林；砂、黏土、凡士林和石膏；石膏、黏土、凡士林和液状石蜡；黏土和水；砂、黏土、液状石蜡和石膏；砂、石膏和凡士林；黏土、凡士林和滑石粉；黏土和甘油等。

6.4 地质力学模型的试验方法

从整体稳定性分析的角度来看，地质力学模型试验研究方法目前主要有三种：超载法、强度储备法和综合法。

1. 超载法试验

超载法试验假定坝基（坝肩）岩体的力学参数不变，逐步增加上游水荷载，直到基础破坏失稳，用这种方法得到的安全系数叫超载法安全系数 K_{sp}。在工程上的实际意义可以理解为突发洪水等对坝基（坝肩）稳定安全度的影响。这种试验方法是当前国内外常用的方法，便于在模型试验中实现，试验安全系数的确定又可以参考刚体极限平衡法的安全评价体系，长期以来为人们所接受和引用。

进行超载法破坏试验，可以采用增大坝上游的水容重 γ_m（称为三角形超载），也可以采用抬高水位（称为梯形超载）的办法来增大上游水平荷载。但在实际工程中水荷载是不可能随意增大的，因为汛期洪水中夹砂量增大或因暴雨出现超标洪水翻坝等因素影响都是有限的，虽然历史上瓦依昂拱坝曾出现过超标水位达1倍的情况，但对绝大多数工程而言，水压超标一般不超过20%。目前大多数破坏试验采用三角形超载法。超载法试验主要是增大水平推力而忽略其他因素影响，是一种单因素方法。

2. 强度储备法试验

强度储备法考虑坝基（坝肩）岩体本身具有一定的强度储备能力，试验可以通过逐步降低岩体的力学参数直到基础破坏失稳，以此来求得它的强度储备能力有多大，用这种方法求得的安全系数叫强度储备安全系数 K_{ss}。在工程的长期运行中，坝基（坝肩）岩体和软弱结构面，由于受到库水的浸泡或渗漏的影响，其力学参数会逐步降低。因此，设计计算中通常要进行敏感性分析，以探讨力学参数降低一定幅度后，对稳定安全度的影响。在模型上则是在保持坝体及坝基岩体自重和设计正常荷载组合作用值不变的条件下，不断降低坝基、坝肩岩体的力学参数，直到破坏失稳为止。强度储备法考虑了坝体在正常水荷载的作用下材料强度降低这一不可忽略的因素。

强度储备法的关键技术是降低材料的强度，这是国内外研究的一个重要课题。一般试验方法是一种参数做一个模型，这需做多个模型才能得出强度储备安全系数 K_{ss}。但这种方法工作量大、投资大、周期长，不同模型不能保持同等精度，难以满足试验研究的要求，因此一般采用这种方法的较少。为了能实现在同一模型中采用强度储备法，可采用一种等价的原则来进行试验，保持外荷载不变，逐步降低材料强度，直至达到材料强度极限的试验过程。为保持模型材料强度不变，同比例增大荷载与坝体自重，直至材料达到极限强度，由模型破坏时的强度与模型设计荷载之比得到强度储备安全系数 K_{ss}，即

$$K_{ss} = R_m/R'_m = \sigma'_m/\sigma_m = P'_m/P_m \tag{6-1}$$

式中 R_m——材料的设计强度；

R'_m——破坏时的实际强度；

σ'_m——材料极限强度；

σ_m——材料在设计荷载下的应力；

P'_m——模型破坏时的荷载；

P_m——模型设计荷载。

据文献记载，已有些试验采用拉杆挂砝码、离心机加荷等方法来实现模型材料容重的增加。采用拉杆挂砝码来增重的方法在模型试验中应用有一定难度，特别是在三维模型试验中应用较困难。用离心机作为加荷工具可以同比例增大荷载与坝体自重，但离心机设备昂贵，要求的模型尺寸比较小，对地质结构比较复杂的大型模型来说无法实现，并且在试验中也不便于观测破坏过程。

3. 综合法试验

综合法是超载法和强度储备法的结合，它既考虑到工程上可能遇到的突发洪水，又考虑到工程长期运行中岩体及软弱结构面力学参数逐步降低的可能，将两种因素结合起来进行试验得到的安全系数叫综合法安全系数 K_{sc}。这种试验方法曾先后应用于普定拱坝、沙牌拱坝、铜头拱坝、溪洛渡拱坝等坝肩稳定研究，以及百色重力坝、武都重力坝坝基稳定等地质力学模型试验中。

上述三种试验方法中，超载法主要考虑超标洪水对工程安全的影响，是一种单因素方法；强度储备法主要考虑工程中岩体与结构面在水的作用下强度的降低，也是一种单因素法；综合法考虑了超载和岩体强度降低的双重可能性，是一种多因素方法。

超载法是一种常用的试验方法，通过逐步增大上游水平荷载来进行试验，在模型中容易实现。而要在一个模型中实现强度储备法和综合法试验，其关键技术是需要研制出一种能可控制性地降低材料力学参数的新型模型材料。

四川大学水电学院水工结构研究室经过多年来的不断探索，在模型材料上有所突破，研制出了一种新型地质力学模型材料——变温相似材料。用这种材料来制作模型就可以在一个模型上实现强度储备法试验，如与超载法相结合则可在一个模型上实现综合法试验。这种新材料、新试验方法扩大了地质力学模型试验的研究领域，具有广阔的应用前景，并成功地应用于多个大中型工程的稳定性研究中。

6.5 地质力学模型试验荷载施加

目前，我国进行的地质力学模型试验在加载方法上大多采用油压千斤顶系统加载或液压囊加载，加载程序上常有超载、降强及综合法三种，其中综合法能够全面模拟工程运行后超载、降强等工作条件的改变。

地质力学模型试验中的荷载类型及加荷设备虽然与结构模型试验有相似之处，但它又有自身的特点。地质力学模型的荷载模拟是把作用在原型上的各种荷载，按一定比例尺换算成相当的模型荷载，施加在模型上。施加的荷载值按试验相似要求进行换算而得。

6.5.1 自重的模拟

地质力学模型试验研究的问题主要是岩体的变形和稳定问题，因此岩体自身重量的模拟就成为加荷的一个重点。在地质力学模型试验中可以实现自重荷载的较精确模拟。如上所述，地质力学模型中通常是靠提高模型材料的容重来实现对原型岩体自重的模拟的，这样才能精确地模拟出自重作为一种体积力的特性，满足相似性要求。这是地质力学模型材料的一个重要特点。目前，地质力学模型材料采用的容重大多为 1.9～3.6g/cm^3。而 λ_γ 为 0.7～1.3，在模型初步设计时，如还没有材料容重的试验资料，通常可预先设 $\lambda_\gamma=1$。

有的地质力学模型试验中会采用集中力施加于模型内部或表面的方式，来模拟岩体自重，但是这种做法很难满足模型与原型的自重体积力的相似关系，会造成一定的约束，导致应力集中，更增加了问题的复杂性。因此在一般情况下不宜采用此种方法。

6.5.2　荷载设计与加载系统

在地质力学模型试验中除了自重的模拟靠材料自身容重相等来满足，其余与结构模型试验相类似。

温度荷载的模拟方法，是将温度荷载换算成当量水荷载，再与水沙荷载叠加。而对于水的渗压模拟和地震动荷载的模拟，目前在地质力学模型试验中还处于不断研究和探索阶段，现阶段较少有行之有效的方法对其进行模拟。

这里需要补充说明的是，在结构模型试验中，可以考虑多种工况的荷载组合，从而测得各种工况下坝体的应力分布和变形分布。而地质力学模型试验属于破坏试验，所以一般只考虑一种荷载组合进行试验，即考虑对稳定最不利的荷载组合。

此外，地质力学模型试验需要研究岩体的超载失稳过程及破坏机理，这就要求模型中的加荷系统具有足够的超载能力，对荷载的持荷稳定性有较高要求。

为了实现模型加荷，需要将坝体上游面的荷载按照一定的要求设计分块，如图 6-1 和图 6-2 所示，然后按照分块荷载的大小计算加载油压及加载作用点，最后依照设计成果布设加载千斤顶及传压系统，如图 6-3 和图 6-4 所示。

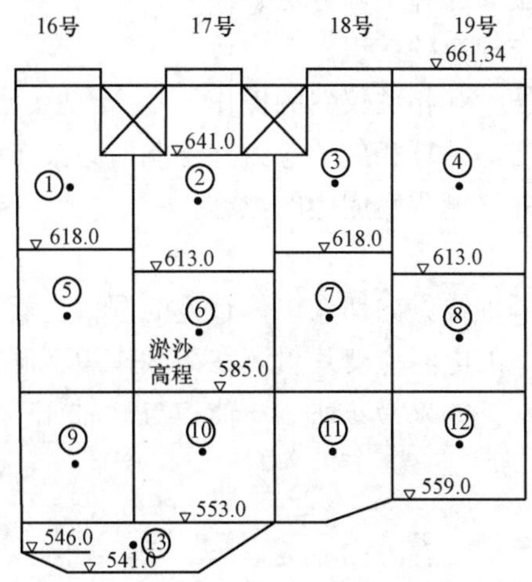

图 6-1　重力坝上游坝面的荷载分块图

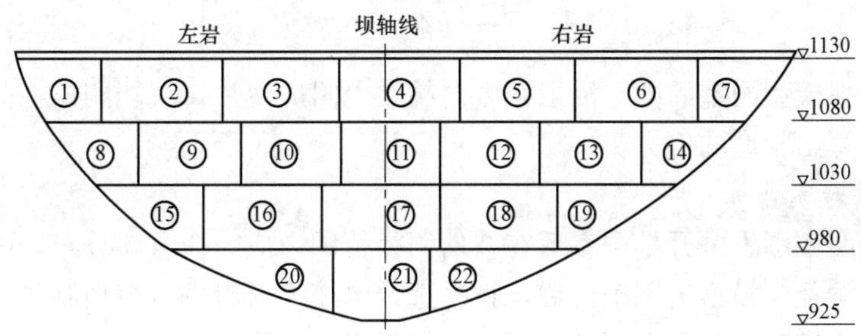

图 6-2　拱坝上游坝面的荷载分布图

图 6-3　重力坝模型上游加载千斤顶及传压系统

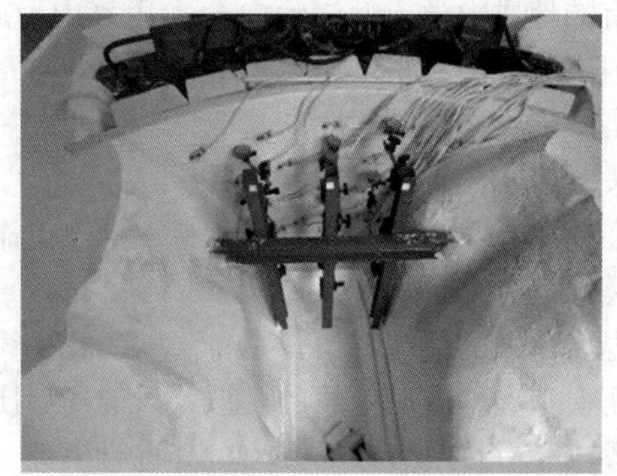

图 6-4　拱坝模型上游加载千斤顶及传压系统

6.6　地下洞室模型示例

地下洞室模型试验的主要任务是研究洞室围岩及支护衬砌的应力应变状态及其在外荷载作用下洞室的破坏机理和过程，为洞室的支护和衬砌设计提供依据。

1. 试验的目的和要求

(1) 了解地质力学模型试验的理论和方法。

(2) 加深对围岩应力分布规律的认识。

(3) 学习洞室模型试验技术和相关仪器的操作。

(4) 量测洞室周围的应变，计算相应的应力并绘制应力分布图。

(5) 学习千分表使用，并量测洞室周边的位移。

2. 试验原理

洞室结构模型试验是沿洞轴线方向切取单位长度的洞室，然后模拟出洞室周壁上作用的全部荷载，通过粘贴在模型上的电阻应变片量测在荷载作用下洞室周围的应力分布。

根据弹性力学的有关公式，如果沿 x 轴、y 轴和与 x 轴 45°方向粘贴电阻应变片后，其应力可按下列公式计算：

$$\sigma_x = \frac{E}{1-\mu^2}(\varepsilon_x + \mu\varepsilon_y) \tag{6-2}$$

$$\sigma_y = \frac{E}{1-\mu^2}(\varepsilon_y + \mu\varepsilon_x) \tag{6-3}$$

$$\sigma_{xy} = \frac{E}{2(1+\mu^2)}[2\varepsilon_{45°} - (\varepsilon_x + \varepsilon_y)] \tag{6-4}$$

因此，只要在模型洞室周围，沿三个方向粘贴电阻应变片，就能测出在荷载作用下洞室周围的应变，计算出相应的应力。

3. 模型设计与制作

大量试验表明，围岩中开挖洞室后在 3 倍洞径范围内应力会重新分布，因此模型模拟范围应不小于 3 倍洞径。模型范围确定后，根据选定的模型材料进行模型制作。

地下洞室结构模型通常采用石膏或石膏砂材料模拟岩体，以石膏为主的模型材料，一般采用浇筑法成型，其具体做法是：

(1) 先确定模型每层的捣实厚度，计算出每层的体积，再按试件的容重算出每层的总重量。

(2) 按选定的配比拌匀干料，称出重量，将柠檬酸用温水化开，倒入干料内迅速拌和，碾成小团，均匀平铺在模型框架内，捣实至预定的厚度。

(3) 如此自上而下的将模型捣实成型。

(4) 脱去模具，送入烘房内烘干。

对于浇筑式模型块，为了测定岩体内部的应力，采用在内部贴电阻应变片，模型由两块模型块拼成，然后用石膏或环氧树脂将两块模型块黏结为一个整体。

4. 测点布置

测点布置的位置取决于所研究的问题和试验目的，一般而言，应沿洞室径向布置测点，且距洞壁越近测点应越多。测点上应粘贴电阻应变片，以感应该点应变，获得测点应力值。

电阻应变片是用来测量测点应变的重要传感器，因此不仅要粘贴位置准确，而且要求粘贴牢固。在粘贴应变前对模型表面要进行处理，对于石膏等脆性材料，用特细号砂纸轻轻地磨平，除去粘尘用稀释过的胶水涂一薄层，等到干燥后，划线定位，粘上电阻应变片，用细铜线焊接应变片的出线端从模型内引出。

本试验测点布置如图 6-5 所示。

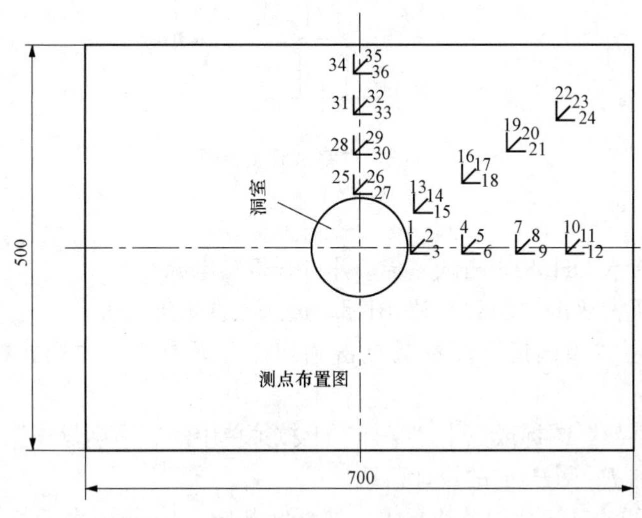

图 6-5 测点布置示意图

5. 试验仪器

试验仪器包括地质力学加荷台架、应变测试系统及地下洞室模型。

地质力学加荷台架由 89002 部队研制，该台架由刚性框架和 8 个千斤顶组成，其中 4 个 50t 千斤顶用来控制洞轴方向的变形，另外 4 个 100t 的千斤顶分别安装在模型的四个侧面，通过传力板同步施加垂直荷载 P_V 及水平荷载 P_H（见图 6-6）。模型平放在加荷台架的基座上，在模型的 6 个受力面与传力板之间用两层聚四氟乙烯和橡皮包住模型，以减小因摩擦而引起的荷载衰减现象。轴向变形的控制方法是在试件内部埋没四个平行于洞轴的应变片，其位置与四个千斤顶安装位置一致。在增加水平荷载和垂直荷载的过程中，试件某一部位产生沿轴向的变形时立即提高该部位千斤顶的压力，使该处的应变数为零，以保证轴向无变形，符合平面应变条件。

应变量测采用DH3816应变测试系统，该仪器具有量测精度高，可实现与计算机联网，并能自动调零等优点，是目前比较先进的应变测试仪器。

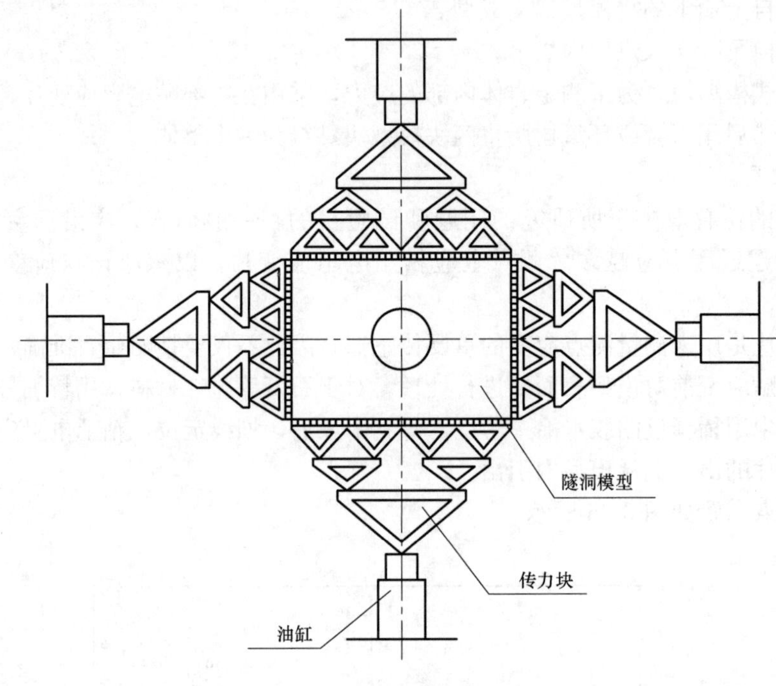

图 6-6　洞室试验装置图

6. 试验步骤

（1）将应变片接入DH3816测试系统，并打开机箱电源。

（2）启动计算机，双击“DH3816”图标，进入数据采集系统。

（3）点击工具栏“望远镜”图标或点击“采样”下拉菜单“查找机箱”一栏，查找机箱。

（4）点击“十字架”图标或点击“采样”上拉菜单中的“平衡操作”调平测试系统。

（5）给模型施加P_H及P_V向的设计荷载。

P_V向加载：打开油泵卸荷阀及油泵体上连杆卸载阀、P_V低压表开关，开始加荷载时调整卸荷阀及连杆卸载阀，使油泵压力指示在大于预加载一定值上，之后慢慢打开垂直控制阀，观察垂直低压表，待加至预定值关闭垂直控制阀保持所需压力。

P_H向加荷：打开截止阀，关闭回油阀，待P_H向泵压指示压力表达到大于预定加荷压力时慢慢开启侧向控制网施加预定压力，荷载指示可用低压表。施加P_V及P_H要做到成比例同步。

（6）量测应变及位移并记入相应表格。

（7）增大荷载，重复1～6过程，量测相应应变及位移。

7. 数据整理

本试验采用的模型几何比尺$\lambda_l=100$，荷载比尺$\lambda_\alpha=0.1$，$\lambda_\mu=1$，模型材料的弹性模量

$E_m = 2 \times 10^3$ MPa，泊松比 $\mu_m = 0.2$。

将上述数据及所测的应变代入公式中计算洞室周围的正应力、剪应力、主应力并绘制正应力分布图和主应力分布图。

8. 评价与建议

根据试验成果，对洞室周围应力情况进行分析评价。

7 模型设计制作与验证

模型试验成果的准确性和真实性以及试验成果实际应用的成败，在很大程度上取决于模型设计的合理性和科学性，整体制作及每个环节的精确性和相似性，甚至每个细节都对试验成果具有较大影响。所以，水工及河工模型除遵循严格的相似条件外，还需要在制作工艺上严格遵循标准，以达到模型所要求的精确度和光滑度。试验过程中模型的边界条件不得随意改变，其控制条件需符合实际。随着我国水利工程建设和科学研究的迅速发展，模型试验的技术如模型材料、制造安装方法、量测仪器和手段等方面的水平也在不断地提高，现仅就模型规划设计、制作和验证等内容加以说明。

7.1 模型的规划设计

7.1.1 模型试验的主要步骤

水工与河工模型试验一般用于基础性理论研究，来补充只靠纯理论无法解决的问题或者用来为验证理论的正确性提供基础资料；然而更多的情况下是对实际某个水利工程的某些方面进行具体研究，其从目标项目到实际成果，通常经过以下步骤：

(1) 了解研究任务。详细了解项目的研究内容，认清委托单位委托的研究任务，分析研究的重点，有时委托单位对模型试验不了解则需对研究内容进行必要的建议。

(2) 收集资料。针对研究任务，全面收集地质地形、水文泥沙、设计方案结构细部构造等模型设计、模型试验需要的基础性资料。

(3) 模型设计。确定主要相似准则，判定动床、定床或者正态、变态等模型类型，拟定模型比尺，划定试验范围，选择模型沙等。

(4) 模型制作。包括河道模型的平面、断面控制及安装，河道地形的塑造，水工建筑物及桥梁等其他特殊建筑物的精细加工和安装。

(5) 设备安装和准备。包括量水、尾水等控制设备的建造和安装，水位流速波浪压力等量测仪器的检验和准备。

(6) 模型验证试验。依据原型实测资料，检验几何、重力、阻力等模型相似性的试验，验证模型的流速分布局部流态、水面线河床变形等与原型的符合程度，必要时需做模型沙的起动流速、沉速等预备性试验。

(7) 试验方案、工况的制定。以研究任务、研究内容为基础，考虑制定水文条件、工程方案的全面性和代表性，组合多种工况的符合实际又切实可行的试验方案，为试验有条不紊的进行及按期完成打好基础。

(8) 模型正式试验。针对制定好的试验工况，进行放水试验，详细施测各水力、变形等要素，获取系统的试验数据、图像等资料。

(9) 成果分析和总结。依据试验成果资料进行分析、总结和提炼，绘制相关图表，提出结论性成果，编写试验报告。

（10）试验改进与建议。依据试验报告，对试验内容进行全方位评价，并结合实际给予改进的建议。

7.1.2 模型试验需要搜集的资料

针对不同的研究任务、不同的模型类型，需要收集的具体资料有一定差异，但总体上主要有以下资料。

1. 河道制模资料

河道地形图是制作河道模型的主要资料。一般选用最近施测的河道地形图，为了保证制模精度，比例不宜过小，常在1：5000～1：1000范围内，如河床变化剧烈、形态复杂的测图比例可大些，河床变化平缓、形态简单的测图比例则可小些，有时需要1：500的测图以便准确模拟局部地形。地形测图的平面范围需满足试验要求，高程范围需保证试验最高水位不溢出。模型试验河段如已建有跨河桥梁、过江管道、沿江公路、港口码头等整治建筑物、取水口等，还需要收集其详细构造图和施工图，必要时需现场踏勘和施测。

2. 河床演变分析资料

河床演变分析的主要资料是历史河道地形图。我国的大江大河通常测有近数十年来地形图，有些河段还有近数百年的河道概图。通过历史河道地形图的套绘等分析手段，可获得试验河段在此时期内的岸线变迁、洲滩演变、主流摆动、河床冲淤、弯道演化等情况，为枢纽的电站、泄水建筑物、通航建筑物等的布置提供依据。在地形图的拼接和套绘时需注意，由于测图时间间隔较长，各测图的坐标系统、高程系统可能不一致，需要进行测量系统的一致性换算。此外，还需要收集年内不同时期的河道地形，例如年内枯水、洪水期各施测一次地形，通过等高线、深泓线、横断面等比较，分析河道年内演变规律、冲淤部位，为取水口、引水渠等的布置提供参考，同时也为动床模型河床变形验证提供资料。

3. 模型验证资料

模型相似性验证通常需要收集瞬时水面线、断面及垂向流速分布、表面浮标流速流向等资料，对于动床模型，还需要收集至少一套除初始制模地形外的地形图。

瞬时水面线需收集洪、中、枯三级流量的资料。测量时，在试验河段内左、右岸成对布设水尺，平面坐标、高程基点、水尺零点等控制量测完成后，待适当来流量时各水尺同步观读，同时收集控制水文站同步流量和水位。水尺布置密度可根据试验任务和要求而定，密者间隔200～400m布置一对，稀者间隔600～1000m甚至更长布置一对，通常在试验河段内布置不少于5对水尺为宜。

断面及垂向流速分布也需要收集洪、中、枯三级流量的资料。测流断面通常与水尺断面布置在同一个断面，可随时观读测流断面的水位变化，同时也可减少平面控制测量的工作量。每个断面测流垂线密度根据具体情况而定，通常不宜少于3～5条，采用3点法或5点法实施垂线流速分布。

表面浮标流速流向测量通常采用浮筒等作为浮标。从试验河段上游施放浮标，采用交会法或GPS等定位设备，每隔10s或20s测读浮标位置，最后连接成为流迹线。浮标流速流向图标有各浮标点的位置及其表面流速，回流横流等流态及其范围可明显看出。浮标流向资料仍需要洪、中、枯三级流量的资料。

河床变形验证主要需要的是河床地形图。初始制模地形常采用枯水期测图，而验证地形通常选用同年或后几年的洪水地形，因为有较多河流、河段年内冲淤基本平衡，仅是同年内洪枯地形有一定冲淤变化。如验证地形选用同水期地形，即使相隔多年，有时差异也不大，难以体现真正的演变规律。

4. 来流来沙控制资料

来流来沙资料的来源主要是试验河段附近的水文站，主要包括多年流量变化过程、含沙量变化过程及其级配推移质输沙量及推移质级配等。水文站常有数十年来日平均流量、水位、含沙量资料，重要的水文站还有典型时期的悬移质级配、推移质输沙量和级配等资料，这些都是动床模型必不可少的基础性资料。通过这些资料，可获得各频率流量、各保证率流量、平均流量等数据，为试验水流条件和工况的拟定提供依据。当收集多年资料有困难时，可根据研究目的收集几个典型水文年的相关资料，然后循环组合成一个水文系列。

5. 尾水控制资料

模型出口的水位过程是模型的下游边界条件，试验过程中需要与上游来流条件一一对应。通常是在试验研究河段下游，水流条件不受工程建设影响的河段，设置固定水尺（尾水水尺），每天次连续观读多个水文年的水位，从而建立与水文站流量之间的关系，以供试验过程中随时查用。对于上游建有水电站等形成的不稳定流，在建立尾水水位与水文站流量关系时需注意不稳定流的传播特性，应分析其相位差，从而准确确定二者的同步性。不论是尾水水尺还是瞬时水位观测水尺，宜布置在河道相对顺直无特殊流态的河段。

6. 水工建筑物制模资料

水工建筑物的精细制作不仅需要各方案（推荐、比较方案等）的平面布置图、断面剖面图、立面图等，还需要各细部的构造图，如闸门槽大小及形状、底缘形态、止水方式、方圆渐变过渡形式、进水口体型、廊道连接方式、阀门结构、通气孔平压管位置、取水口形式、掺气装置的构造图等，因为这些细部如模拟不准确，会影响到局部水位损失和局部流态，从而影响到泄流能力、压力、水面线的准确性等。还有一个重要的资料是水工建筑物的建筑或衬砌材料和过水面的粗糙度，目的是收集原型糙率，这为模型确定几何比尺、达到阻力相似的设计提供依据。

7. 其他相关资料

对于截流模型，需要收集进占、合龙等截流材料的几何特性、重力特性以及截流方案、围堰布置等资料。对于溃坝模型，需要收集坝体材料的几何、重力、力学、渗流特性和抗冲能力，下游的城镇情况及规模等资料。对于有些需要数学模型提供边界条件的模型，还需要收集相关边界资料。有防洪要求的需要收集上下游防洪标准、淹没损失等资料。对于取水口模型需要收集取水流量、取水保证率、取水水质要求等资料。对于泄洪、消能等模型，需要了解下游河床、两岸的抗冲要求。对于水库枢纽模型等，需要收集水库调度方案、闸门开启方式等资料。还需收集多种模型沙资料，为模型沙设计提供选择。

由于试验时间有限，以上资料如要全部收集较为困难。在保证模型制作、验证方案试验的基本资料基础上应尽量多收集资料，以提高试验成果的可靠性和可信度。对于收集困难的资料，可针对模型研究的重点，对某些资料进行适当舍弃。例如以研究防洪、淹没为主要任务的模型可放弃对枯水甚至中水的验证；以浅滩整治为主要研究任务的可放弃对洪水的验证等。

7.1.3 模型设计

模型设计的关键是确定合理的相似比尺，步骤主要包括模型类型的选择、模型范围的拟定和相似比尺的确定。

1. 模型类型的选择

选用定床模型还是动床模型，选用正态模型还是变态模型，如确定动床模型后是选用推移质模型或悬移质模型还是全沙模型，是做整体动床模型还是做局部动床模型，主要根据具体的研究任务、重点研究内容、河道地质条件以及工程本身的要求等确定。

对于泄水建物泄流能力、体型优化、压力分布、消能工水力特性等常规试验，河床演变对其影响不大，可做定床模型。对于截流模型，如河床覆盖层较厚，需做动床模型；覆盖层较薄，截流过程中河床变形对水流条件影响较小，则可做定床模型。河床较为稳定、年内冲淤变化较小的试验河段，或河床有一定变形，但对工程影响较小，或者工程规模不大，对河床变形影响较小等情况下，可做定床模型。可根据河道主要造床质确定是做推移质模型或悬移质模型还是全沙模型。研究水库的淤积过程问题，大多需做全沙模型。一般情况下，水工建筑物不得采用变态模型。河工变态模型的变率也不宜过大，常在 2～5 范围内，宽深比小的河道取小值，大的河段取大值；对于河床窄深、地形复杂、水流湍急、流态紊乱等以及宽深比 $B/H<6$ 的河段宜做正态模型。

2. 模型范围的拟定

模型研究的范围短则几公里，长则达数百公里，主要根据研究的各方面具体情况而定。模型范围常规确定方法是：模型范围＝进口段＋试验段＋出口段。进口段和出口段可标为非试验段，该段内无试验规测任务，其主要目的是将水流平顺导入或引出试验段，相似性要求可适当低于试验段。

确定试验段河道长度的原则总体上是包含工程建成后可能影响到水流条件的整个范围，如桥墩引起水位壅高、流速变化的范围，排、泄水建筑物引起主流改变、流场流态变化的范围，水库模型则需包含初期及后期回水影响到的范围等。一般在试验前不知道工程的具体影响范围，可根据已建工程或实践经验进行估计，并留有余地。

确定进出口段长度的原则为需保证其水流条件平顺过渡，并且在调整到试验段时达到相关相似要求。进口段长度通常需要 8～12m，出口段长度需要 6～10m，当进口段为弯道时，模型应延长至弯道以上。如有重要的支流汇入，则需包括 10～15m 的河道地形。

3. 相似比尺的确定

确定模型相似比尺的主要步骤如下：

(1) 初步确定平面比尺。对照模型研究范围和试验场地大小初步确定平面比尺 λ_l，在场地和经费允许的情况下尽量选择小的比尺，这样其他相似条件容易满足，精度也可提高。

(2) 初步确定垂向比尺。根据原型河道断面最小平均水深和过流建筑物最小水深，按照表面张力的限制条件（一般要求河道模型最小水深不小于 1.5cm，过流建筑物模型最小水深不小于 3cm）初步确定垂向比尺 λ_h，再验算模型流态是否进入紊流区或阻力平方区，判断模型变率是否满足相关规范的要求。如 $\lambda_h>\lambda_l$，则可采用几何比尺为 λ_l 的正态模型；如 $\lambda_h<\lambda_l$，可做变态模型，变率常取 2～5 之间的整数。

(3) 计算水流运动相似比尺。依据重力、阻力相似条件计算流速、流量、水流时间、糙率等比尺。

(4) 验算供水能力能否满足。根据试验需要的最大流量、量测仪器的量测范围等，按照拟定的比尺验算供水条件是否能达到，量测仪器测量范围是否满足。如不满足，在保证各项限制条件下可做适当调整，否则需增设供水设备和量测仪器。

(5) 验算糙率能否达到相似。通常情况下，天然河道糙率不会太小，通过加糙容易达到糙率相似；而水工建筑物材料常为混凝土，且过流面光滑，表面糙率均较小，模型缩小后可能采用最光滑的有机玻璃也难以达到，所以在满足其他条件下宜尽可能选择满足糙率相似的几何比尺。如实在难以全面顾及，则需采用糙率校正措施。

(6) 模型沙选配及确定泥沙运动相似比尺。收集多种模型沙资料，全面分析模型沙特性，选配适当的模型沙。如有可能，尽量利用已有的模型沙，这样不仅可节约经费，还可省去模型沙起动沉降等准备性试验，减少堆放场地，节约时间，减小环境污染。模型沙选配后，依据泥沙运动相似条件，计算出推移质或悬移质的粒径比尺、输沙率比尺、河床变形时间比尺等。

由于目前还没有一个能准确计算各种河流的输沙率公式，所以输沙率比尺不能完全准确反映原型与模型输沙率的实际相似比尺，此处确定的输沙率、河床变形时间等比尺还不是最终相似比尺，还需通过河床变形验证试验反复校正。

(7) 计算其他相关比尺。对于截流溃坝等典型水工模型，需要计算坝体、截流材料等的粒径比尺、冲刷率比尺；对于水流空化及掺气减蚀模型，需要计算空化数等。

通过以上七个步骤的反复调整，设计出最恰当的相似比尺。同时模型类型与比尺的选择也应满足以下基本要求：

1) 研究枢纽布置与各建筑物的相互关系，宜采用整体模型，几何比尺不宜小于1∶120。

2) 研究枢纽中单一建筑物的水力特性，宜采用单体模型，几何比尺不宜小于1∶80。

3) 研究枢纽中特定部位的水力特性，可采用局部模型，几何比尺不宜小于1∶50。

4) 研究具有二元水力特征的泄水建筑物水力特性时，可采用断面模型，几何比尺不宜小于1∶50。

5) 研究枢纽建筑物上下游的局部冲淤，宜采用局部动床模型，几何比尺不宜小于1∶120。

7.2 模型制作与安装

模型的规划设计任务完成后，模型试验就进入了模型制作与安装阶段，其制作必须按照模型比尺进行精确的缩小。这一过程主要包括以下三部分：水工模型制作、河工模型制作与控制及测量设备仪器安装。

7.2.1 水工模型的制作

闸墩、隧洞、溢流坝、消能工、泄水闸、输水廊道等水工建筑物模型的制作和安装一般分两大步骤，第一步是制作整体建筑物或建筑物各组成部件的模型，第二步是将模型整体安装或各部件组装在河道模型上。

1. 水工建筑物模型的制作

(1) 制作材料。选择模型材料主要应根据试验要求、材料性能、采购途径、价格经济及加工难易等条件综合考虑。常用材料有木料、砖、水泥、砂砾、有机玻璃、硬质聚氯乙烯、石蜡、金属材料等。现将几种主要材料的性能简略说明如下。

1）木料。水工模型中木料的用途甚广，它的优点在于价格便宜，制作及安装方便。适合于制作模型的木料有松、柏、红木、白果木等。当选用木材作为模型的主要材料时，应注意其变形问题。

2）水泥砂浆。水泥砂浆仍为目前水工模型中应用广泛的制模材料之一。由于水泥砂浆在初凝前和易性很高，可制作各种模型的扭曲面和模型表面，凝固以后受水和温度影响的变化很小，强度极高。

3）有机玻璃。是水工建筑物模型制作的常用材料，其具有表面光滑、糙率小、便于观测、可塑性好、便于造型等优点，且常温情况下有一定刚度，不会随意变形。由于它的透明度高，耐老化性能好，在水工模型中得到了广泛的应用。

4）硬质聚氯乙烯板材和管材是耐酸、耐碱性能优良的化工结构材料及建筑材料，可用于制作水工模型的底板、闸室边墙、模型小构件及不要求透明的管道等。聚氯乙烯板材、管材一般都为有色，不透明。

5）白蜡。用于抛光模型表面及制作灰蜡模的白蜡即为普通工业用石蜡，其为不透明、脆弱而易于浇塑的材料，不受水的影响，造型方便，但不能抵抗温度变化，凝固收缩率大，强度和硬度也常显不足。

6）金属材料。模型中常用的金属材料有铜、铁、铝、型钢、白铁皮等，通常用于制作模型精度要求较高的部件。金属材料的最大优点是加工精确，但较费工。

(2) 制作方式。如何将板状的有机玻璃塑造为各种体型的水工建筑物，目前主要有两种方式。一种是直拼法，就是按模型各部件的尺寸制作，如矩形引水渠的两侧边墙、底板等，然后将各部件直接黏结为模型整体。直拼法一般适合于方直形建筑物模型。另一种是模具法，就是按照模型的形状、尺寸，采用木材、混凝土等制作为实体模型，然后以此模型为模具，将加热后的有机玻璃顺模具外缘面压制成模。图 7-1 展示的就是圆形隧洞、溢流堰顶部曲线段的制模示意图。该方法属于间接法，应用较广，可制作扭曲面、1/4 椭圆、圆弧、平面转弯圆弧、圆变方或方变圆、WES 堰、驼峰堰等复杂体型的水工建筑物模型。

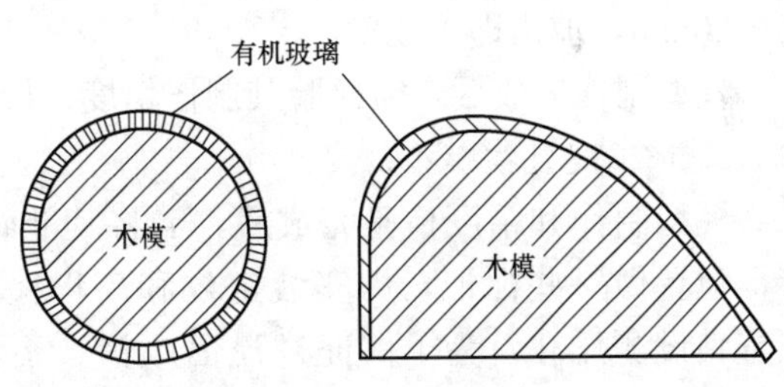

图 7-1　模具法示意图

应用模具法时，根据具体情况来确定模具是否需要预留有机玻璃的厚度。由图 7-1 可见，对于溢流堰，模型需要的是非贴模面，如需非贴模面满足模型尺寸要求，则必须将模具表面沿法向缩回个有机玻璃厚度，所以制作模具时需预留厚度；对于隧洞，模型则需要的是贴模面，模具表面尺寸就是模型需要的尺寸，所以模具不需预留厚度。

(3) 模型的制作。模具的制作材料主要是木材，有时可用混凝土。模具木材的选用一般就地取材，但其硬度、加工容易性需满足试验要求。模具表面一定要光滑，尺寸要准确。

有机玻璃可用恒温干燥箱（如容积为 60cm×60cm×75cm，鼓风机功率为 40kW 的电热鼓风恒温干燥箱）加热。在加热过程中要控制好温度，温度过高、时间过长会导致有机玻璃变色、面积缩小、厚度增加。不同厚度的有机玻璃所需加热的时间不同，通常厚度 4.5mm 的有机玻璃，持续升温时间控制在 5～10min 内。

下面就两种典型的模型制作方法进行简要说明。

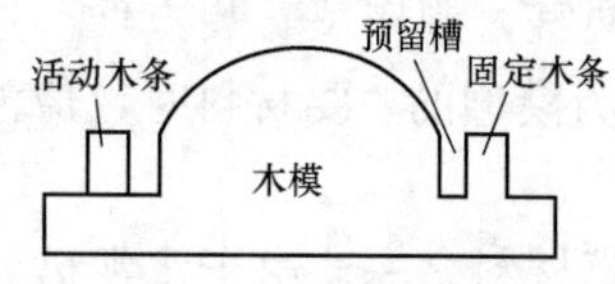

图 7-2　圆弧制作模具

1）圆弧的制作。首先根据模型的半径和圆心角，制作如图 7-2 所示的木模。固定木条、活动木条的宽高均 2～3cm，预留槽深 2～3cm，宽需满足有机玻璃能插入。如属于逐渐收缩或扩展的非棱体，长度方向的断面形式应顺势而变。

模具制作完成后，进行有机玻璃的下料。下料的尺寸与恒温干燥箱的容积、模型的大小、施工的速度有关。为避免成型之前有机玻璃冷却变硬，一般长取 28～33cm，宽取弧线长度加上 2～3cm 为宜。

将下好料的有机玻璃放入恒温干燥箱加热 5～10min，取出变软的有机玻璃，将其一端插入预留槽内，再将剩余部分沿木模形状弯曲，两人用手将有机玻璃抹平压紧，再用活动木条将有机玻璃挤紧，并用手压紧顶部，直至有机玻璃冷却。完全成型后取出，修剪掉插入预留槽中的多余部分，至此圆弧模型就制作完成了。

2）WES 堰或驼峰堰面的制作。WES 堰或驼峰堰面的制作仅用单模难以制成，需要用木模、混凝土正模和负模，主要过程如下：首先，用层板制作两个尺寸、形状完全相同的溢流堰纵剖面木模，注意预留有机玻璃的厚度；根据模型实际尺寸制作两个大小相同的正方形或长方形的无底木箱。将层板木模固定在第一个箱的两内侧，保证不变形，且两木模保持完全对称，然后将木箱置于平整的水泥地板上，用 C15 或 C20 混凝土浇筑，水泥浆抹面，按两侧木模的形状塑造溢流面，保证表面光滑。一般通过 3～7d 的养护，便制成了混凝土正模。继而将另一个木箱置于混凝土正模之上，不可滑动，用 C15 或 C20 混凝土浇筑。养护期后取下便制成了负模，用蜡进行处理表面，使其保持光滑平整。最后，将加热后的有机玻璃铺于混凝土正模上，进行适当平整后再将混凝土负模对齐置于上面，送入恒温干燥箱加热 15～20min，取出即可成型。

模型制作完成后，需检验其制作精度，尺寸精度要求为±0.2mm。

2. 水工建筑物模型的安装

模型制作和精度检验完成后，需将其准确安装在河道模型上。在安装之前，可在模型特征位置做一些标记，为安装定位和高程检验提供方便；同时根据研究的需要，在指定位置钻设测压孔，为了保证过流面顺滑，不影响水流条件，测压孔要求内径小于 2mm，孔口需垂直壁面，且与过流面齐平。水流通过测压孔、紫铜管、橡胶软管，至玻璃测压管内进行测压。测压管内径宜大于 1cm，且管径需均匀。模型有机玻璃厚度常为 5mm 左右，从 2mm 的测压孔连接到 1cm 的紫铜管有一定困难，通常采用的方法是在测压孔外绑贴一小块钻有直径 1cm 孔的有机玻璃，小孔位于大孔中央，然后再将紫铜管插入大孔并黏结固定。

模型定位仍以导线点和导线、水准点为基准，应用经纬仪、钢尺、水准仪等将模型平面位置、轴线走向、各处高程确定准确后，将模型固定。另外模型安装应满足以下要求：

（1）平面导线布置，应视模型形状和范围而定，导线方位允许偏差±0.1°；

（2）水工建筑物模型高程允许误差±0.3mm；

（3）地形高程允许误差±3mm，平面距离允许误差±10mm；

（4）水准基点和测针零点允许误差±0.3mm；

（5）模型安装完毕后应进行全面校核，并有完整记录；

（6）校核完毕后应进行试水，发现问题应及时纠正。

水工建筑物模型安装完成后，需恢复被破坏了的河道地形，并注意为河工模型制作时预留防渗层的空间。

7.2.2 河工模型制作

河工模型的制作过程实际上就是如何将原型河道按照设计的比尺塑造为几何、水流运动等相似的模型河道，水库及河道地形缩制占了很大工作量，因而选择较好的地形制作方法，对缩短制模周期有很大影响。其主要制作方法有断面板法、桩点法和等高线法，下面就常用方法和主要过程进行介绍。

1. 断面板法

（1）在工程地形图上定出模型边界及地形制作范围。实测地形测图通常是分幅绘制的，需将模型范围内的地形拼接在一起成为完整的地形图，才能进行以后的工作。

（2）在需作地形的范围内布置地形断面线并编号。断面线应考虑尽量与等高线垂直，为便于安装，习惯等间距垂直（或平行）于边墙或中心线布置。间距大小视地形复杂程度而定。定位可借助于计算或绘图得出各断面控制点与某原点的距离和夹角。

（3）在地形图上，用比例尺读出并列表记录每个地形断面等高线距控制导线的水平距离及相应高程。等高线高程间距同样应视地形复杂程度而定，一般为原型5m左右。

（4）绘制地形断面板。通常用三夹板或白铁皮。绘制好的断面板经校核后锯剪加工成地形模板。模板高度以安装方便，不产生扭曲变形且能尽量节省材料为宜。

（5）断面板安装。已加工好的断面板按编号依次置于模型相应断面位置上。安装时将模板上的导线标记对准模型中相应导线位置，用水平仪定准高程后加以固定。

（6）模型地形塑造。模板间填料可用粗砂、米砂或江砂泥，分层排铺、夯实，如用三合土作填料，则待填料高度低于模板顶面2～3cm时，薄铺黄砂一层。砂层表面用1∶5～1∶6粗砂水泥砂浆在模板间先刮一层，厚1～2cm，使模板顶下面预留出1cm左右高度，称为刮糙。待初步收干后，用1∶2.5细砂水泥砂浆粉面。粉面时必须注意按等高线原理整体刮制，刮板尽可能保持水平状态移动，如果还是顺着相同宽度的断面板移运刮尺，仿制的地形往往显得呆板，相似性会有影响。最后一道工序是用纯水泥浆将地形表面粉光，并弥补上述两道工序的收缩厚度。冬季冰冻季节施工时，可在水泥砂浆中加入适当的早强剂，促其早凝并提高抗冻能力。

实践证明，用此法制作地形比较简单，当模板完成后，安装和地形制造较快。缺点是模板用料费，且当模型保留时间过长时，三夹板的断面缝隙会产生漏水，需及时修补。

为了克服上述两项缺点，可采用厚5～6mm的玻璃板作地形断面板。将断面地形绘于玻璃板上，安装时以玻璃板顶端标高来控制。粉制地形时，先根据玻璃板上的地形高程变化线，用水泥砂浆砖砌制作断面地形，沿断面线括制锐缘刀口，供今后粉括模型表面。

2. 桩点法

桩点法是以桩点定位并确定地形高程。其地形仿制原则仍然为控制地形断面上等高线的横剖面。因而，内业测读工作与断面板法相同，但不必绘制断面板，根据测读资料依次用木桩定位，桩顶钉子高程即为等高线高程。由上可见，桩点前最好将填料初步整理成地形起伏的趋势，并尽可能采用容易密实的填料，如江砂泥，打入桩要牢固，及时固定。木桩长

20～30cm。地形粉制时，先在断面位置连成断面板，形成类似于玻璃板砂浆砖砌断面，其后工序同上。

桩点法制作地形可节省绘制地形断面板的时间及材料，特别是改用测架垂球代替水平仪后，桩点速度较快，但地形粉制由点来控制，其难度和工作量均比断面板法大，同时垂球滑绳不允许有过大伸缩，桩点精度亦应随时由水平仪校核。

3. 等高线法

等高线法是按等高线的平面形状及相应高程来仿制地形。通常用白铁皮条子围圈成等高线形状，铁皮顶端线高程即为等高线相应高程，组成地形等高线控制网。实践表明，此法只适用于地形平缓、等高线比较规则的情况。当地形稍微复杂，白铁皮条的定位精度就不易保证。

近年来还提倡用油毛毡作地形样板，用刮板控制地形高程，按等高线分层堆砌仿制模型地形。其制作过程简介如下：

先将地形图按模型比例放大在油毛毡上，放大前最好将地形图适当加以处理，把需要的等高线用色笔勾出或用描图纸描出，以求醒目。等高线间距以相当于模型高差 2～3cm 较适宜，局部地区可视具体情况加密或减稀。然后，按油毛毡上最低高程铺设填料并夯实，使砂面高程比实际高程低 1～2cm，然后沿最低等高线将油毛毡剪下，在剪下的位置附近铺一层 2cm 厚的砂浆，用刮板刮平至相应等高线高程，其余部分再填砂至相同高程，剪下的油毛毡铺在相应的地形位置上。重复上述步骤，当油毛毡随高程逐级剪下时，地形亦随之一层层堆砌起来，最后一层全部用砂浆封顶抹平。

用油毛毡绘制等高线仿制地形的方法，适用于地形复杂、高差变化大的地区，其特点可以按每根等高线形状及地势变化较为逼真地将地形拟制出来。值得注意的是油毛毡的定位，在随地形升高的整个过程中必须用同一定位标记，尤其是一些不靠边墙的油毛毡或定位切割后失去依靠成了孤立体的油毛毡，一定要事先设法选择最方便的参考点；刮板高程控制、铺砂面是否水平以及油毛毡的挠曲变形等，也是影响精度的主要因素。一般来说，注意了这些问题，精度可控制在 1～2mm。

7.2.3 控制及量测设备的安装

水工及河工模型固定式的控制及量测设备主要包括量水设备、引水槽和前池、尾门池和尾门、测针等，非固定仪器主要有流速仪、含沙量仪等。本章节主要就量测仪器的安装进行简要说明。

1. 量水设备

量水设备用得较多的是矩形、三角、复式等薄壁堰，巴歇尔（Parshall）槽则用得不多，另外部分动床模型和非恒定流模型也会采用电磁流量计、超声流量计等。试验中需要根据模型类型、适用范围、模型流量大小及其变化范围选择量水堰，一般情况下，若试验流量较小，宜选用三角堰；试验流量较大则选用矩形堰；如流量变幅较大，可选择复式堰，也可建造两个量水堰，即用三角堰控制小流量，矩形堰控制大流量。

恒定流模型对量水堰与模型之间的距离要求不高，宜尽量利用原有的量水堰，这可节约一定时间和经费。建造量水堰要注意以下事项：

（1）量水堰的关键部件是堰槽，堰槽必须保证底部水平，侧壁铅直和平顺。

（2）堰板是量水堰的另一关键部件，宜采用强度高、易打磨的铜板制作，有时也可采用较厚的塑料板或有机玻璃板。堰板顶面需制作成锐缘，锐缘厚度常为1～2mm，斜面与堰板壁面的夹角成30°。堰板必须与堰槽垂直正交，与堰槽侧墙底板均垂直，堰板顶部必须水平。

（3）堰槽必须等宽，槽两侧壁稍伸出堰板。为了避免负压，矩形堰堰下水舌（水帘）与堰板之间应设通气孔。

（4）堰不宜过高，也不宜过低。过高会减小平水塔的水头差，降低过流能力；过低易形成淹没出流，影响过流能力和流量精度。其高度一般由堰板顶部与水舌入水面之高差不小于7cm来控制，这样可保证堰流为自由出流。

（5）堰的长度需满足堰槽内水流平稳。入流不应水平射入堰内，管口应朝下，还需在堰板上游10倍最大水头处设置消浪栅。

（6）堰上水头由连通管引至堰外测针读取，连通管应设置在堰板上游6倍最大堰顶水头处。对于浑水模型，还需经常清洗堰槽和连通管。

2. 引水槽和前池

模型进口水流需要稳定、平顺，所以量水堰的水舌不应直接跌入模型，而应修筑一段引水槽，再连接到前池，最后由前池将水流平顺过渡到模型进口。前池越大、越深，水流越平稳，一般要求前池长度与模型进口河宽相同，深度可取模型最大水深的2～3倍。前池水面常抛掷木栅、木排或其他漂浮物以消浪，且在模型进口需均匀排列小树枝等或砌筑几道透水花墙使模型进口水流均匀。

3. 尾水池和尾门

尾水池的作用是接纳模型水流均匀从尾门顶部下泄。尾门的作用是控制模型出口水位（即尾水位，是模型试验中重要的下游边界）。尾水池接模型出口，位于尾门上游，其长度与模型出口河宽尾门长度相同，深度和宽度要求不高，可与模型高度一致。尾门常用的有翻板门和百叶门：翻板门水流由顶部溢出，属于堰流，通过升降顶部高程达到调节水位的目的，要求顶部水平；百叶门与百叶窗类似，通过叶片的开度来调节水位，属于孔流。相比较而言，翻板门调节方便，水面稳定。另外，常需在尾水池侧安装带阀门的排水管，称之为尾门微调，主要是对尾水位进行微小调节，可提高精度和方便性。

4. 测针

河道模型的水位测量基本都是由测针完成的，还包括量水堰的堰上水头、尾水位，其安装精确度对试验水位的真实性影响较大。测针主要由两部分组成，即测杆和测座。测杆带有针尖和精度1mm的刻度，测座带有测杆槽游标尺和用于固定的螺丝孔、微调手轮等。测杆可插入测杆槽自由上下移动。

测针的安装主要有以下步骤：

（1）选择测针量测范围。目前，测针量测范围有0～40cm和0～60cm，根据模型试验水位的最大变化范围进行选择。

（2）选择适当的位置。尽量选择与水尺较近的位置。

（3）选择恰当的安装高程。如测针安装过高，可能无法测读低水位，过低则可能不能测读高水位，其高程应保证能测读到模型最高、最低水位。

（4）架设固定基座。一般紧靠模型边墙砌筑两根砖柱，砖柱间架设刚度好不易变形的角钢或槽钢，用于固定测针。基座安装需注意其高程，且要求水平，其下放置测针筒。

（5）安装测针。将测杆套入测座，固定在角钢上，注意测杆必须保证铅直。

(6) 测量测针零点。测针零点也有人称测针常数，表示测杆的零点与测座上游标尺的零点重合时测针尖的高程。量水堰的测针零点则表示杆、座零点重合时针尖与堰板顶之间的高差。测针零点需通过高精度水准仪反复测量2～3次，每次偏差不超过±0.3mm，然后取其平均值。

(7) 连通水尺。用橡胶软管将测针筒与埋设水尺时预留在边墙外的紫铜管连通。设z_c（单位为m）为测针零点，h_c（单位为cm）为测针读数，则测出的水位z_p（单位为m）按下式计算：

$$z_p = z_c + 0.01\lambda_h h_c \tag{7 - 1}$$

将读数范围0～60cm代入式（7-1），有$z_c = z_{pmin} \sim (z_{pmax} - 0.06\lambda_h)$，$z_{pmin}$、$z_{pmax}$分别为试验的最低和最高原型水位，这说明测针零点在此范围内才能测读到所有试验水位，可供确定测针的安装高程时参考。

7.3 模型的验证

模型建立的正确性由模型验证这个环节来检验，只有获得了验证的模型，其试验成果的可靠性才能得以保证。模型建成以后，需严格地检测模型的几何形状和尺寸的准确性，应以原型试验的实测数据为依据，模拟判断所建立的试验模型是否与实际原型相符合。如有必要，可调整模型设计的有关比尺，以保证模型中能重演原型试验的变化过程。

1. 几何相似性检验

从断面的布置绘制、裁切、安装到模型河床地形、微地形的塑造，只要每个步骤均达到了精度的要求，模型的几何相似就基本能满足。另外还有一种方法，即采用围线法或其他方法测出模型地形，再将模型与原型河道地形图进行套绘比较，分析各等高线、深槽、浅滩等位置的符合程度，由此可检查模型制造的精度。

2. 流态验证

流态验证主要是采用目测、录像或施放浮标等手段，观测模型内的回流、泡漩、横流等流态，判断其出现的位置、强度范围、方向等是否与原型一致。还需要根据原型实测的浮标流向资料进行模型浮标流向施放。浮标定位可采用断面、网格等方法控制，原型、模型的浮标流迹线也需要基本一致。流态验证没有定量的精度要求，但需保证位置范围不出现大的差异。

3. 流速验证

流速验证不仅需要检验流速的大小，还需要检验其横向和垂线分布以及流向。流速的相似是模型水流运动相似的重要标志。流速分布决定了泥沙的运动特性，对于研究包含有泥沙运动的河工模型试验，水流运动的相似尤为重要。流速验证仍需进行洪、中、枯多个流量级的验证，在流量确定后，断面平均流速与水深关系密切，所以水面线也需要与原型基本一致。不过各断面原型测流难以做到同步，其水面线偏差没有水面线验证时严格。

流速验证试验时，模型流量、尾水位调整准确后，测读各水尺水位，再对测流断面进行横向及垂线流速分布测量。垂线布置除与原型相对应外，可适当加密，以免漏掉最大流速、主回流交界等特征位置。仍采用图表进行模型和原型对比分析，如果符合程度满足相关要求，则达到相似，否则需寻找原因做进一步验证试验。

流速验证精度一般要求：最大流速相对误差不超过±5%，其他部分流速相对误差不得超过±10%；流向与断面线的夹角的相对误差不宜大于15%。

4. 水面线验证

河床阻力相似是由水面线的相似性验证来体现的。天然河道的阻力通常随着水位的变化而改变，所以为了保证模型阻力的全面相似，一般需要进行洪、中、枯三级流量的水面线验证。其验证方法是根据原型实测的瞬时水面线资料，在模型中施放相应的模型流量，调整尾水位与原型相同，再测量沿程各水尺的水位。采用图表进行模型所测水位与实测水位对比，如果水面线符合程度较好，各水尺偏差满足有关精度要求，则认为达到相似，否则需寻找原因，修正后再进行验证试验，直到满足要求为止。

水面线验证时，模型、原型水位允许最大偏差：山区河流为±0.10m，平原河流为±0.05m。这里所说的偏差有正差和负差，如果所有水尺的偏差均在±0.10m或±0.05m内，但均是正差或负差，则认为没有达到相似性要求，须修正模型后重新验证。

5. 分流比验证

对于分汊河道还需要分流比的验证。总流量由量水堰控制，能达到相似，分流比通常采用流速—面积计算法，如是只分流而不汇流的情况（例如汊道较长没模拟完、支流流出、分流建筑物或分洪区等），也可采用量水堰进行准确测量。施测流速的断面宜布置在断面较为规则、地形变化缓慢的河段，并在每汊布置多个断面以相互印证，且各汊流量应进行平差以闭合总流量。流量验证一般要求主汊流量的相对误差控制在±5%以内。

6. 河床变形验证

河床变形验证是针对动床模型进行的。动床模型是否达到相似，是否能准确模拟原型水流条件和泥沙输移规律，是否能复演原型河道冲淤变化过程，都是通过河床变形验证来判断的。所以，冲淤变形是否相似是判断河工模型相似性的重要条件，也是试验研究工作成败的关键。由于动床模型河床已进行床面加糙且布置了模型沙，所以还需要进行水面线验证，以检验阻力是否相似，必要时需采取措施进行加减糙。

河床变形相似性主要由试验河段冲淤分布等值线、横断面冲淤分布图、冲淤量沿程分布、冲淤总量、泥沙颗粒级配等对比资料来体现。原型的这些资料是根据两次或多次不同时间的测图进行绘制和计算而得的，模型则是在铺设初地形的基础上，施放初地形到末地形期间内的流量过程、输沙量过程，然后根据初、末地形之差获得。

河床变形试验需要注意流量、输沙量、水位等变化过程概化的代表性和原型、模型的同步性。开始放水时需要关闭尾门，缓慢从设置在四周的进水管灌水至满，以免破坏初始地形。试验过程中调节尾门不宜剧烈；中途或结束后需要缓慢升高尾门和关闭量水堰，需放水量测地形时从设置在四周的排水管缓慢排水，如采用测深法测量地形，需封闭尾门，保持静水面，且整个测量过程水位不变。

河床变形验证首先要求模型和原型冲淤部位、冲淤量、冲淤过程等达到定性相似，即该冲的地方不应该淤，该淤的地方不应该冲，该涨水淤积则不应冲刷，该落水冲刷则不应淤积等。然后要求定量方面的相似，如冲淤的深度及其范围、涨落水期的冲淤量以及冲淤总量等，一般要求误差控制在±20%～±25%。需要注意，冲淤总量相同有可能涨落水的冲淤过程不同，常需中途测1～2次地形；冲淤总量和冲淤过程相同，但有可能冲淤部位不同，所以需要结合冲淤分布图分析。

如河床变形验证的各项内容满足要求，则认为达到相似，可结束验证试验进入正式试验，否则需调整相关比尺进行反复验证。主要是调整含沙量、输沙率和河床冲淤变形时间比尺，有时也可调整流量、输沙量概化过程，最终使模型试验符合要求。

8　模型试验测量

8.1　流速测量仪器

流速是水利工程模型试验最基本的测量要素之一，流速的测量对于研究水流的运动规律和水流泥沙的相互作用机理具有十分重要的意义。近年来，随着电子技术和传感技术的迅猛发展，国内外测量水流速度的仪器设备越来越多，如电磁流速仪、超声多普勒流速仪（Acoustic Doppler Velocimetry，ADV）、激光多普勒流速仪（Laser Doppler Velocimetry，LDV）、粒子成像测速系统（Particle Image Velocimetry，PIV）等。不同流速检测仪器的技术、原理各不相同，相应的性能和适用范围也不一样，即没有一种流速测量仪器和技术适用于任何流动、任何场合，选择和使用测速仪时，需要根据所测物系的具体条件进行选择。

流速测量方法可分为接触式和非接触式。接触式有毕托管流速仪、旋桨流速仪、热阻式流速仪、电磁流速仪和超声多普勒流速仪（ADV）等，非接触式有激光多普勒流速仪（LDV）和粒子图像测速系统（PIV）等。

1. 毕托管流速仪

毕托管流速仪是一种古典的测速仪器，适宜测量稳定流，且流速宜大于 0.15m/s。毕托管的构造如图 8-1 所示。毕托管由两根空心细管组成，一为总压管，另一为测压管。量测流速时使总压管下端出口方向正对水流流速方向，测压管下端出口方向与流速垂直。在两细管上端用橡皮管分别与压差计的两根玻璃管相连接。正对水流方向的总压管，90°转弯后将水流的动能转化为势能，玻璃管中的液体在管内上升的高度是该处的总水头：$Z+\frac{P}{\rho g}+\frac{v^2}{2g}$（式中，$Z$ 为位置水头，$\frac{P}{\rho g}$为压力水头，$\frac{v^2}{2g}$为速度水头，P 为压强），而管开口方向与水流方向垂直的测压管则只感应到水流的压力，液体在管内上升的高度是该处的测压管水头（就是相应于势能的那部分水头）：$Z+P/\rho g$，两管液面的高差就是该处的流速水头：$v^2/2g$，量出两管液面的高差 h，则$\frac{v^2}{2g}=h$，即 $v=\sqrt{2gh}$，从而间接地测出该处的流速 v。在使用时切勿露出水面，防止漏气，影响测量结果。

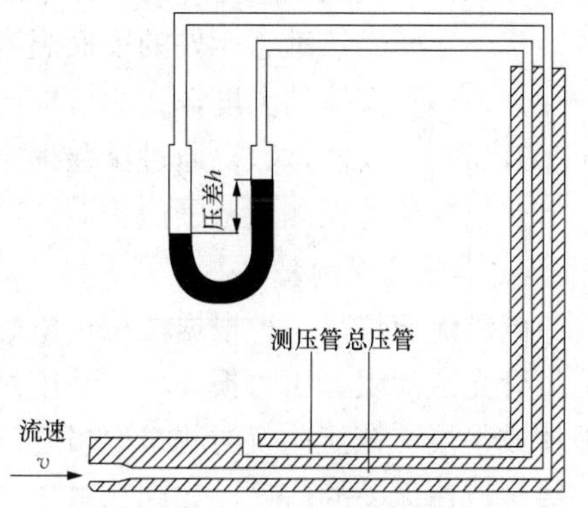

图 8-1　毕托管测流速原理示意图

2. 旋桨流速仪

目前在流速测量方面用得比较多的是旋桨流速仪。旋桨流速仪是通过一种旋桨传感器提供脉冲信号的测量仪器，是国际标准组织（ISO）认可的在水利行业最为常用的测量仪器之一。旋桨流速仪按传感器的结构分为电阻式、电感式和光电式三种，目前采用较多的是光电式。

光电式旋桨流速仪的工作原理是，将旋桨传感器放入水流测点处，在水流作用下旋桨转动，流速越大，旋桨转动越快。转换后的电脉冲信号经放大整形，由计数器计数。通过记录单位时间转动次数，换算成流速值。流速计算公式为：

$$v = \lambda_v (kN/T + C) \tag{8-1}$$

式中 v——流速，cm/s；

λ_v——流速比尺；

k——旋桨率定系数；

C——旋桨率定常数；

T——设定的采样时间，s；

N——采样时间内的传感器旋桨转数。

3. 热阻式流速仪

热阻式流速仪和热线流速仪的工作原理都是利用热电阻传感器的热损失来测量流速，是以热平衡原理为基础，在流场中由电流加热的敏感元件产生的热量应等于热耗散。发热敏感元件的热量取决于焦耳定律，而流体流动所带走的热量取决于热耗散定律。测量时将传感器置于流场中，流体使其冷却，利用传感器的瞬时热损失来测出流场的瞬时速度。由于水体流速的改变将从发热敏感元件上带走不同的热量，破坏了热平衡，使发热敏感元件的温度发生改变，并引起电阻值的改变。

热线是由电阻温度系数很高的钼、钨、铂合金等材料制成，直径 1～10μm，长约 1～2mm。当用在水流中时，在金属表面上溅射一层极薄的（0.5～2μm）石英膜绝缘保护层。金属丝通电后被加热，流体流动的强迫对流引起热损耗使之冷却，电阻发生变化，流速越大，热损耗越大，线电阻变化越大。通过检测发热敏感元件的电阻值，可以得到发热敏感元件的表面温度。同时监测水体的温度就可以得到一个温度差，这个差值随着流速的变化而变化，从而能够得出与流速有关的电信号。若以热阻式流速仪电桥输出的电压 E 为电信号，以 v 为流速，则 E 与 v 之间的关系可用著名的 King 公式表示：

$$EI = I^2 R = (t_W - t_C)(A + Bv^n) \tag{8-2}$$

式中 I——发热敏感元件的电流，mA；

R——发热敏感元件的工作电阻，Ω；

t_W——发热敏感元件的表面温度，℃；

t_C——流体的温度，℃；

A，B，n——仪器常数，通过试验确定。

热阻式流速仪测量范围般为 0.05～2m/s，响应时间不大于 30s，误差不大于±5%。

4. 其他流速测量仪

电磁流速仪是一种根据法拉第电磁感应定律，以水为导体来测量水流速度的流速仪，其测量管光滑无阻、压力损失小、精度高，应用广泛。电磁式流速仪的被测介质必须是导电的液体或浆液。该流速仪的测量电极之间的电位差很小，为 mV 级，并且除流速信号外还包括一些与流速无关的信号，如同相电压、共模电压等。为了正确地测量流速，必须消除各种干扰信号和有效放大流速信号，为此电磁流速仪的结构和线路比较复杂，成本较高，且极易受外界电磁干扰的影响。如日本钟化公司制造的 VM-801HA 型电磁流速仪、荷兰水利研究所制造的 P-EMS 电磁流速仪、美国哈希（HACH）公司生产的 FLO-MATE 2000 型电磁流速仪等。

激光流速仪是利用激光多普勒效应测量水流速度，一般由光机系统和信号处理器两部分组成。激光流速仪可以用于气体或透明液体速度的测量，测速范围最高可超过 1000m/s，最低已达 0.5mm/s 量级，并且可以测量紊动速度。激光测速仪为非接触式流速仪，不影响流速场分布，动态响应快，测量精度高，近年来得到迅速发展。但由于其造价高、结构复杂，一般用于基础性研究。

声学多普勒流速仪利用声学多普勒效应，能直接测量三维流速，对水流干扰小、测量精度高，无须率定，操作简便，流速资料后处理功能强，极具推广应用前景。其测量原理是通过发射换能器产生超声波，以一定的方式穿过流动的流体，通过接收换能器转换成电信号，并根据多普勒频移原理计算出相应的二维或三维流速分量，从而得到流速和流向。ADV 等声学多普勒流速仪现已广泛应用于水力及海洋实验室的流速测量。

8.2 流 量 测 量

流量是单位时间内流经某一过水断面的流体体积。某瞬时单位时间内流过的流体体积称为瞬时流量。某段时间内流过的流体总体积除以该段时间为该段时间内的平均流量。

在实验室中量测恒定流流量的方法可分为直接量测法与间接量测法两大类。根据流量的定义进行量测，称为直接量测法。根据量测其他水力要素如水位、压差或流速等换算得到流量的方法，称为间接量测法。

8.2.1 直接量测法

1. 体积法

设备：秒表一只，标定容积的量水器一个（量杯或水箱）。

方法：用秒表记录时间 T，同时读出标定容积的量水器上的容积读数，也就是该段时间内流入量水器内的水体体积 V，即可得平均流量的量测值为

$$Q=\frac{V}{T} \tag{8-3}$$

2. 质量法

设备：秒表一只，磅秤及水桶各一个。

方法：用秒表记录时间 T，用磅秤称出 T 时段内流入水桶中水的质量 m，根据公式 $m=\rho V$，ρ 为水的密度，可以换算出平均流量的量测值为

$$Q=\frac{V}{T}=\frac{m}{\rho T} \tag{8-4}$$

直接量测流量的方法在量测较小流量时简单且比较精确。应用此法时还应注意量测时间 T 需足够长，一般接水时间大于 10s，以保证量测精度，必要时应对流量进行多次量测取平均值。

8.2.2 间接测量法

1. 量水堰法

量水堰法是在明渠中量测流量。将量水堰置于明渠中，当水流从堰顶溢流时，水流发生收缩，并在上游形成壅水现象。此时堰上水头与过堰流量之间具有一定关系，根据实测的堰顶水头、堰的溢流宽度、堰高等数值就可由堰流公式计算出过堰流量。薄壁堰适用于小流量并有较高的精度，多用于实验室、灌溉渠道和钻井等处测定流量。河道或实际工程中也常采

用宽顶堰和实用堰来量测较大流量。

常用的薄壁堰的形式分为矩形堰与三角堰。流量公式一般可写为：

$$Q = CBH^n \tag{8-5}$$

式中　Q——流量；

B——堰宽；

H——堰顶水头；

C——流量系数，由率定试验确定；

n——指数，随堰的形式而变，矩形堰 $n=3/2$，三角堰 $n=5/2$，抛物线形堰 $n=2$ 等。

下面介绍水工及河工模型试验常用的两种量水堰。

(1) 矩形堰。当流量量程 $Q>50\text{L/s}$ 时，宜选用矩形堰。凡自行设计制造的量水堰，安装后最好先做校正试验再交付使用。若实验室缺乏校正设备，则可仿照标准量水堰的设计要求，引用雷白克（T Rehbock）堰流公式计算流量。

$$Q = \left(1.782 + 0.24\frac{h}{P}\right)BH^{3/2} \tag{8-6}$$

式中　P——堰高；

B——堰宽；

h——堰上水深；$H=h+0.0011$（m）。

(2) 三角堰。当流量量程 $Q<30\text{L/s}$ 时，宜选用堰口为 90°的三角堰。堰槽宽度应为堰顶最大水头的 3～4 倍，其他设计要求与矩形堰相同。其流量公式为：

$$Q = CBH^{5/2} \tag{8-7}$$

式中　B——堰板上游水槽宽度；

C——流量系数，其值随堰高、堰宽和水头的变化而有所不同，根据日本沼知-黑川-渊泽经验公式：

$$C = 1.354 + \frac{0.004}{H} + \left(0.14 + \frac{0.2}{\sqrt{P}}\right)\left(\frac{H}{B} - 0.09\right) \tag{8-8}$$

式（8-8）的适用范围：$P=0.01\sim0.75\text{m}$，$B=0.44\sim1.18\text{m}$，$H=0.07\sim0.25\text{m}$。

2. 流量计

从不同的角度出发，流量计有不同的分类方法。常用的分类方法有两种：一是按流量计采用的测量原理进行归纳分类，二是按流量计的结构原理进行分类。

(1) 按测量原理分类。

1) 力学原理。属于此类原理的仪表有利用伯努利定理的差压式、转子式；利用动量定理的冲量式、可动管式；利用牛顿第二定律的直接质量式；利用流体动量原理的靶式；利用角动量定理的涡轮式；利用流体振荡原理的旋涡式、涡街式；利用总静压力差的毕托管式以及容积式和堰（槽）式等。

2) 电学原理。属于此类原理的仪表有电磁式、差动电容式、电感式、应变电阻式等。

3) 声学原理。利用声学原理进行流量测量的有超声波式、声学式（冲击波式）等。

4) 热学原理。利用热学原理测量流量的有热量式、直接量热式、间接量热式等。

5) 光学原理。激光式、光电式等是属于此类原理的仪表。

6) 原子物理原理。核磁共振式核辐射式等是属于此类原理的仪表。

（2）按结构原理分类，大致上可归纳为以下几种类型。

1）容积式流量计。容积式流量计相当于一个标准容积的容器，它连续不断地对流动介质进行度量。流量越大，度量的次数越多，输出的频率越高。容积式流量计的原理比较简单，适于测量高黏度、低雷诺数的流体。

2）叶轮式流量计。叶轮式流量计的工作原理是将叶轮置于被测流体中，受流体流动的冲击而旋转，以叶轮旋转的快慢来反映流量的大小。典型的叶轮式流量计是水表和涡轮流量计，其结构可以是机械传动输出式或电脉冲输出式。

3）差压式流量计（变压降式流量计）。差压式流量计由一次装置和二次装置组成。一次装置称流量测量元件，它安装在被测流体的管道中，产生与流量（流速）成比例的压力差，供二次装置进行流量显示。二次装置称显示仪表，它接收测量元件产生的差压信号，并将其转换为相应的流量进行显示，典型代表有文丘里流量计。

4）变面积式流量计（等压降式流量计）。放在上大下小的锥形流道中的浮子受到自下而上流动的流体的作用力而移动。当此作用力与浮子的“显示重量”（浮子本身的重量减去它所受流体的浮力）相平衡时，浮子即静止。浮子静止的高度可作为流量大小的量度。

5）动量式流量计。利用测量流体的动量来反映流量大小的流量计称为动量式流量计。这种流量计的典型仪表是靶式和转动翼板式流量计。

6）冲量式流量计。利用冲量定理测量流量的流量计称冲量式流量计，其测量原理是当被测介质从一定高度 h 自由下落到有倾斜角的检测板上产生一个冲力，冲力的水平分力与质量流量成正比，故测量这个水平分力即可反映质量流量的大小。

7）电磁流量计。电磁流量计是应用导电体在磁场中运动产生感应电动势，而感应电动势又和流量大小成正比，通过测电动势来反映管道流量的原理而制成的。其测量精度和灵敏度都较高。

8）超声波流量计。超声波流量计是基于超声波在流动介质中传播的速度等于被测介质的平均流速和声波本身速度的矢量和的原理而设计的。

9）流体振荡式流量计。流体振荡式流量计是利用流体在特定流道条件下流动时将产生振荡，且振荡的频率与流速成比例这一原理设计的。

本次将重点介绍实验室中广泛采用的电磁流量计。

电磁流量计由电磁流量传感器和转换器两部分组成。传感器安装在管道上，其作用是将流进管道内的液体体积流量值线性地变换成感生电势信号，并通过传输线将此信号送到转换器。它将传感器送来的流量信号进行放大，并转换成与流量信号成正比的标准电信号输出，以进行显示、累积和调节控制。

电磁流量计是基于法拉第电磁感应定律而制成的。当液体进入管道时，在产生交变磁场的两个磁极之间，固定一段由绝缘材料制成的管道，管道上下有一对电极。当导电液体沿管道在交变磁场中与磁力线成垂直方向运动时，导电液体切割磁力线产生感应电势。在管道轴线和磁场磁力线相互垂直的管壁上安装了一对检测电极，将这个感应电势检出。感应电势 E 的大小与磁通密度 B、管道内径 d 以及被测流体在横截面上的平均流速 v 有关，可表示为：

$$E = Bdv \tag{8-9}$$

体积流量 Q 等于流体的流速 v 与管道截面积 $\pi d^2/4$ 的乘积，将式（8-9）代入，得

$$Q = \frac{\pi dE}{4B} = kE \tag{8-10}$$

式中　k——仪表常数，当仪表常数 k 确定后，感应电势 E 与流量 Q 成正比。

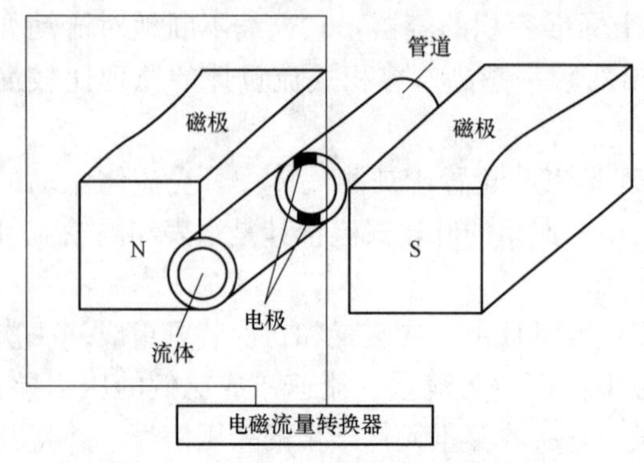

图 8-2　电磁流量计结构原理简图

理论上只要流体的参数（压源温度、密度、黏滞系数与导热系数等）不影响其导电程度，则量测仪表的读数就与流体的性质无关。电磁流量计及结构原理图如图 8-2 所示。

需要说明的是，要使式（8-10）严格成立，必须使测量条件满足下列假定：

1）磁场是均匀分布的恒定磁场；

2）被测流体的流速为轴对称分布；

3）被测液体是非磁性的；

4）被测液体的电导率均匀且各向同性。

电磁流量计结构简单，没有插入流体的探头部分，不干扰流场，且水流能量损失也很小，并且对耐高温、防腐、防毒来说也具有明显优点，尤其适用于含砂水流及浆体等流量的测定。

但是电磁流量计的缺点是易受外界电磁干扰的影响，且不能用来测量气体。

8.3　水位及波高测量

水位和波高在水利工程模型试验中是必不可少的水力要素，水位和波高的测量在要求上有些区别，水位对于测量的精度要求较高，而波高需要能敏捷可靠地反映瞬时的波浪幅度变化。波浪要素有波高、周期和波长，水利工程模型试验中可通过波高仪测量波浪水面过程线，经计算机分析处理求得。测量水位与波高的仪器设备通常有测压管、水位测针、水位仪、波高仪、水位计等。

8.3.1　测压管法

在液体容器壁上开一个小孔，将液体引到一个透明玻璃管内，按照连通管等压面的原理，玻璃管内液面与容器内的液面同高，利用测压管旁边安装的标尺可测读出容器内的水位。

测压管是根据连通原理制作的，它是由测压孔、连通管与测压管组成，如图 8-3 所示。测压管一般采用玻璃管或有机玻璃管，管子的内径大于 10mm，以免由于毛细管现象影响测量的精度。管的内径必须均匀，如用多管组成测压管组时，各管内径也要相等，否则，测压管升高将有不同。

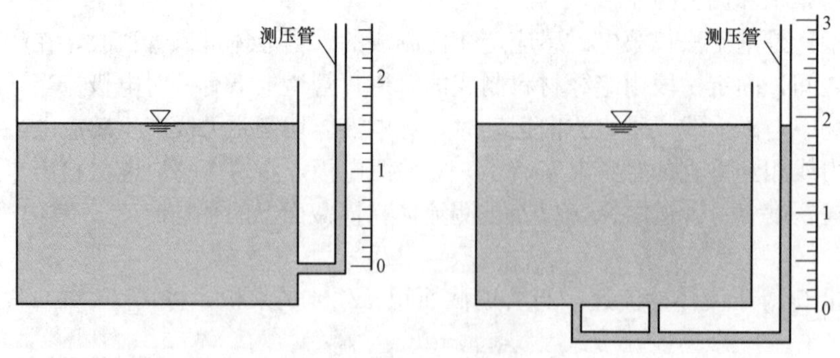

图 8-3　测压管测水位装置

测压孔为在盛水容器的底板或侧壁等处开设的径向小孔，孔径一般要大于 2mm，使之不易堵塞，并连接防锈材质的短管，用套在短管上的橡皮软管引出，外接一个玻璃管就是测压管。开测压孔时，要与壁面垂直，孔内周边要平顺光滑，其周边不得有毛刺存在。

8.3.2 测针法

量测恒定水位时，水位测针是应用最普遍的水位测量仪器。

图 8-4 为针形测针。上部为测杆，下部为感应针头，测杆后面连接齿条，靠转动齿轮带动。测杆表面附有标尺来进行测读，并附有化微器，精确度可达 0.01cm。测针有 40、60cm 长两种，根据具体情况选用。测针经常固定于测量水井或测针筒附近，便于使测针直接测读筒内水面，也有将测针直接装置在测架上测量模型水面，测针装置以稳固垂直为准。使用测针时，转动手轮，使测杆徐徐下降，逐渐接近水面，使针尖与其倒影刚巧吻合，水面稍有跳动为准，观测测杆读数。测针针尖不要过于尖锐，尖头大小以半径为 0.25mm 为准，并需经常检查测针有无松动，零点有无变动。

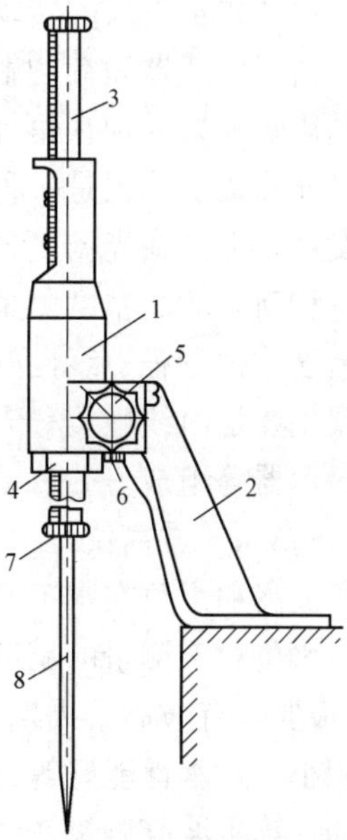

图 8-4 测针结构示意图

1—套筒；2—支座；3—测杆；4—微动机构；5—微动轮；6—制动螺钉；7—测针紧固帽；8—测针

由于测针使用方便可靠、价格实惠便宜，所以目前仍普遍应用于水工模型试验中。

使用测针时，还应注意下列各点：

（1）测针尖端勿过于尖锐，以半径为 0.25mm 的圆尖为宜。

（2）侧着安装必须竖直，轨道必须稳固且水平。

（3）测量时，测针尖应自上向下逐渐逼近水面，直至针尖与其倒影刚好吻合，水面微有跳起时观测读数。钩形测针则先将针尖浸入水面，然后徐徐向上移动，直至针尖触及水面。

（4）当水位略有波动时，应测量最高与最低水位多次，然后取其平均值作为所测水位。

（5）经常检查测针有无松动，针尖有无变形，零点有无变动。

8.3.3 水位仪

跟踪式水位仪是当下模型试验中较为常用的水位仪，其主要由水位传感器组成。水位传感器一般由步进电机、探针、地电缆和控制装置（即单片机系统）四部分组成。传感器是两根不锈钢针，较长的一根插入水下，短的一根在水面上。当探针相对水面不动时，两针间水电阻不变，它是测量电桥的一个桥臂。此时，电桥处于平衡状态，没有信号输出。当水位下降时，水电阻必然增加，当水位上升时，水电阻必然减小，水电阻的变化，导致电桥不平衡，把不平衡信号送入放大器，经放大的信号驱动可逆电动机转动，电机旋转通过齿轮操纵探针上下移动，驱使探针回到平衡位置上。此时电桥恢复平衡，没有输出，电机停止转动，达到了自动跟踪水位的目的。

由于步进电机步进角度小，而且不会造成累积误差，所以测量精度较高。而且这种水位仪不是传统的利用水的浮力、压力或水的反射等，而是利用水产生中断信号，并通过开环控制来测量水位，这种方式速度快，且不受水温水质等的影响。

探测式水位仪是对跟踪式水位仪的改进，由于跟踪式水位仪把水电阻作为测量电桥的一个臂，所以，无法摆脱水温和水质变化带来的电桥输出漂移。为克服这一缺点，数字编码探测式水位仪应运而生。

振动式水位仪的转动编码输出与跟踪式水位仪和探测式水位仪相同，只是传感器系统不同，由于传感器短针的触水与脱水相当于电路的开与关，因此仪器的工作不受水温、水质变化的影响。另外加在短针上的是交流电，而且电流很小，因而大大减少了极化的影响。

光栅式水位仪是一种新型的仪器，近年来计量光栅技术在工业计量领域中的应用得到飞速发展，无论在光栅刻划技术方面、计量技术理论方面以及应用方面，它是仅低于激光测量的一种新兴的高精度测量装置。其中，线位移光栅编码器采用数字量输出，具有高分辨率、高精度、大量程、线性好、高速和长寿命的特点，广泛应用于各行业的坐标测量。光栅式水位仪主要是由线性位移光栅编码器、微控制器系统、直线轴承同步机械驱动装置程序包和键盘显示器等组成。

8.3.4 波高仪

波高和水位在水工及河工模型试验中是必不可少的测量要素。二者在测量要求上有所不同，水位对于测量的精度要求较高，而波高则需要能敏捷可靠地反映瞬时的波浪幅度变化(波浪要素有波高、周期和波长)。测量波高的仪器和传感器应具有频率响应快、灵敏度高、体积小、防水性能好等特点。目前测量波高的仪器较多，通常有电阻式波高仪、电容式波高仪和计算机波高测量系统等。

电阻式波高仪的传感器可用一对平行金属杆作为两个电极，因为水是一种导体，在两杆之间形成电阻，其电阻随两金属杆入水深度而变化，淹没深度越深其电阻值越小，水电阻与其入水深度的关系可表达为：

$$R_{\mathrm{W}}=\frac{d}{pl} \tag{8-11}$$

式中 d——两杆之间的距离；

p——水的电导率；

l——杆的入水深度。

加上电压U、电位器R_{W}和测读仪表就构成简单的电阻式波高仪，如图8-5所示。实际应用的电阻式波高仪传感器通常采用惠斯登测量电桥，电桥电源采用交流电，以避免传感器电极极化现象。试验中，将传感器部分浸入水体，随着水面波动起伏，电阻发生相应的变化，输出的电讯号经转换后，由计算机采集记录水面波动的过程。

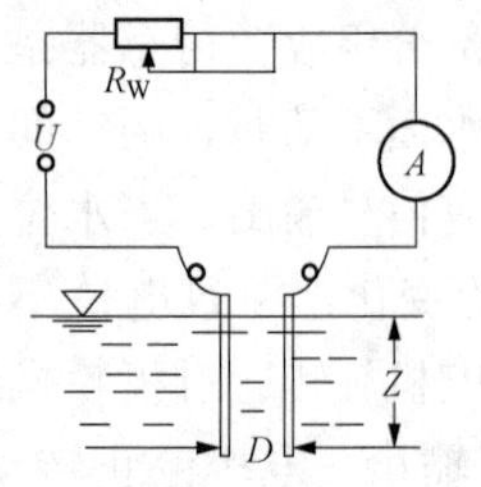

图8-5 电阻式波高仪原理图

由于水的电导率随水温、水质的变化而变化，因此，电阻式波高仪通常受水温、水质的影响较大。当试验中水温、水质变化较大时，需要进行重新率定，以免影响试验精度。近年来，由于电子技术迅速发展，有些电阻式传感器采用了水温、水质补偿电路，以消除因水温和水质的变化而引起的影响。

电阻式波高仪结构简单，使用方便，频率响应宽，但由于受水温水质的影响和极化的影响以及事定系数的非线性等，测量误差较大。

如果传感器的位置固定不变，那么水位变化将引起电容量的变化和相应电压的变化，同样这个电压与传感器在水中的深度成正比。电容量的检出电路和放大电路由恒流电源、惠斯登测量电桥和高集成运算放大器等组成。当传感器在水中的深度发生变化，引起电路中的阻抗变化，桥路失去平衡时，则产生相应的电压输出。放大电路的输出经 A/D 转换电路转化后由计算机采集和处理。系统工作框图如图 8-6 所示。

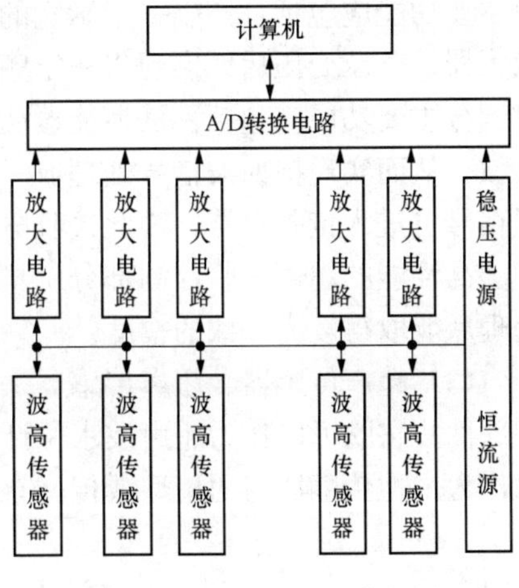

图 8-6 波高测量工作框图

8.3.5 水位计

超声波水位计是一种比较先进的水位计，这种水位测量仪器把声学和电子技术相结合。按照声波传播介质的区别可分为液介式和气介式两大类。

1. 超声波水位计测量原理

将超声发射探头安装在水下某一固定位置（见图 8-7），向上发射超声波，由于水和空气的密度、波速相差甚远，故二者的波阻抗相差很大，所以，水面是个良好的波阻抗界面，从下向上传播的超声波传至水面被反射回去。在发射探头旁，安装声波接收探头，即可接收到来自水面的反射波，并读出声波往返程的传播时间 t，由于水的波速是常量（设声波在水中的波速为 V_1，在空气中的波速为 V_2），故水位为

$$h=\frac{t}{2}V_1 \tag{8-12}$$

有时，探头置于水面以上高度为 H 处，向水面发射超声波，接收来自水面的反射波，读出声波往返的传播时间 t，即可求得水面到接收点的距离 H'

$$H'=\frac{t}{2}V_2 \tag{8-13}$$

则水位变化 $\Delta h=H-H'$。超声测量水位和波高的原理如图 8-7 所示。

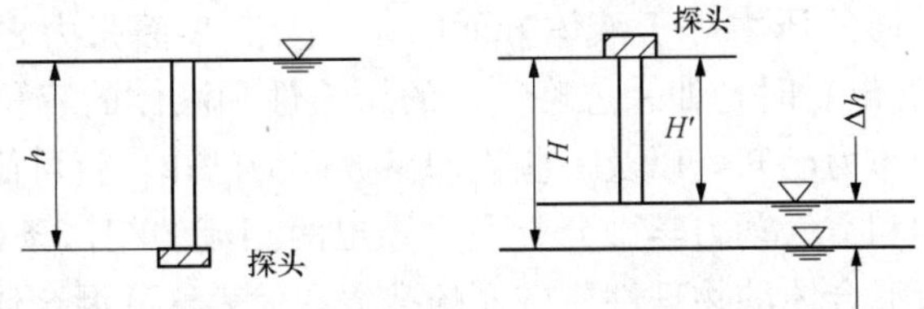

图 8-7 超声波水位计测量原理图

2. 超声波水位计的结构与组成

超声波水位计一般由换能器、超声发收控制单元、数据显示记录单元和电源组成。换能器安装在水中的称为液介式超声波水位计，换能器安装在空气中的称为气介式超声波水位计，后者为非接触式测量。

对于液介式仪器，一般把后三部分组合在一起；对于气介式仪器一般把超声发收控制部分和数据处理部分与换能器组合在一起形成超声传感器，而把其余部分组合在一起形成显示记录仪。

（1）换能器。液介式超声波水位计一般采用压电陶瓷型超声换能器，其频率一般为 40～200Hz。功能均是作为水位感应器件，完成声能和电能之间的转换。为了简化机械结构设计和电路设计并减小换能器部件的体积，通常发射与接收共用一只超声换能器。

（2）超声发收控制单元。超声发收控制单元与换能器相结合，发射并接收超声波，从而形成一组与水位直接关联的发收信号。

该单元可以采用分立元件、专用超声发收集成电路或专用超声发收模块组成。其发射部分主要功能应包括：产生一定脉宽的发射脉冲，从而控制超声频率信号发生器输出信号；经放大器、升压变压后，实现将一定频率、一定持续时间的大能量正弦波信号加至换能器。接收部分主要功能应包括：从换能器两端获取回波信号，将微弱的回波信号放大再进行检波、滤波，从而实现把回波信号处理成一定幅度的脉冲信号。由于发收共用一只换能器，因此发射信号也进入接收电路，为此接收电路的输入端需要加安全措施以保护接收电路。

高性能的超声发收控制部分应具备自动增益控制电路（AGC），使近、远程回波信号经处理后能取得较为一致的幅度。

（3）超声传感器。超声传感器是将换能器超声发收控制部分和数据处理部分组合在一起的部件。它既可以作为超声波水位计的传感器部件，与该水位计的显示记录部分相连，又可以作为一种传感器与通用型数传（有线或无线）设备相连。

8.4 掺气水流测量

高速水流的掺气现象是由于水流流速达到一定值，水面发生波动以及水流发生脉动，水面卷入空气而形成的。另外也常见于水舌射入水垫而挟气形成的水流掺气，如泄水建筑物挑流消能、水跃消能等掺气现象。我们研究的水流掺气模型相似问题，大多是指前者。这种模型要做到与原型相似比较困难，目前只能是近似的，国内外学者的研究成果主要为：

8.4.1 明渠水流掺气模型相似

安格松（Angson）曾对气液混合的两相流体运动的相似做过研究，在气液的分界面上，他认为：①气体的流速等于液体的流速；②由气体运动所产生的摩擦力，等于液体运动所产生的摩阻力；③气体方面的压力等于液体方面的压力及其表面张力之和。在气液饱和混合（不产生气体的溶解和逸出）时，如果忽略气体的压缩性和液体的容积可变性，同时边界条件和边界断面的流速分布为已知，以及一些物理参数亦为已知，就可简单地决定两相流的流场。并且利用流体力学和空气动力学微分方程，导出两相流的相似条件，得到一系列准数，这些相似准数包括气液混合体的物理性质方面的准数和代表气液混合体运动方面的准数。属于物理性质方面的准数有：气体与液体之间的密度比、气体与液体之间的黏滞动力系数之间的比值以及气体与液体之间表面张力的模型相似准数。气液混合体运动方面的相似准数可用下列各式表示

$$\left(\frac{v_g\rho_g l_0}{\mu_g}\right)_m = \left(\frac{v_g\rho_g l_0}{\mu_g}\right)_p \tag{8-14}$$

$$\left(\frac{v_l\rho_l l_0}{\mu_l}\right)_m = \left(\frac{v_l\rho_l l_0}{\mu_l}\right)_p \tag{8-15}$$

$$\left(\frac{p_g}{\rho_g g l_0}\right)_m = \left(\frac{p_g}{\rho_g g l_0}\right)_p \tag{8-16}$$

上列各式又可化为以下形式：

$$(Re_g)_m = (Re_g)_p \tag{8-17}$$

$$(Re_l)_m = (Re_l)_p \tag{8-18}$$

$$\frac{(p_g/\gamma_g)_m}{(p_g/\gamma_g)_p}=\frac{(l_0)_m}{(l_0)_p}=\frac{1}{\lambda_l} \tag{8-19}$$

$$\frac{(p_l/\gamma_l)_m}{(p_l/\gamma_l)_p}=\frac{(l_0)_m}{(l_0)_p}=\frac{1}{\lambda_l} \tag{8-20}$$

由此又可得：

$$\frac{(p_g/\gamma_g)_m}{(p_g/\gamma_g)_p}=\frac{(p_l/\gamma_l)_m}{(p_l/\gamma_l)_p} \quad 或 \quad \frac{(p_g/\gamma_g)_m}{(p_l/\gamma_l)_m}=\frac{(p_g/\gamma_g)_p}{(p_l/\gamma_l)_p} \tag{8-21}$$

式中 v_g，v_l——气体和液体的流速；

ρ_g，ρ_l——气体和液体的密度；

γ_g，γ_l——气体和液体的比重；

p_g，p_l——气体和液体的压强；

μ_g，μ_l——气体和液体的动力黏滞系数；

l_0——模型和原型中的特征长度；

λ_l——几何比尺；

m，p——脚标分别代表模型和原型。

分析式（8-21）可知，当模型和原型上的液体和气体均相同，并符合表面张力、黏滞性等物理性质的相似准数时，按照式（8-21）的条件，模型和原型的尺寸应当一样，即几何比尺 λ_l 等于1，这样模型试验便失去了意义。为了要得到缩小比尺的模型，必须改变模型上液体的物理性质，例如表面张力，但这会遇到很大困难，因此要达到相似是不可能的。

有些作者得到同样结论，为满足水流的模型相似，且完全动力相似，要满足：①弗劳德数原型模型同量 $Fr=v/\sqrt{gl}=idem$；②韦伯数原型模型同量 $We=v\sqrt{l/\delta}=idem$，$\left(\delta=\frac{\sigma}{\rho}\right)$。这样，要求原型和模型上 $\delta_p/\delta_m=\lambda_l^2$（$\lambda_l$ 为原型对于模型的几何长度比尺）。为达到此要求，也只能改变模型上液体的物理性质。

当模型设计只用弗洛德数准则时，可得下列比尺：

$$v_p/v_m=\lambda_l^{0.5} \quad 和 \quad Q_p/Q_m=\lambda_l^{2.5} \tag{8-22}$$

当模型仅用韦伯标准设计时：

$$v_p/v_m=\lambda_l^{-0.5} \quad 和 \quad Q_p/Q_m=\lambda_l^{1.5} \tag{8-23}$$

比较这些式子可知：在同一模型比尺情况下，仅计算表面张力时，较之只按弗劳德数设计的模型需要极大地增加模型的流速和流量，尤其是流速，模型上流速还要比原型上大，要完成这种试验是非常困难的。如模型不考虑韦伯数，则在表面张力作用下的一些现象在模型上就不能观测到。

但是另一些研究者认为，近似地研究掺气水流，只要有足够大的模型比尺，模型试验可以获得较好的结果。例如库明认为：在掺气区域内，重力和惯性力具有实际的意义，在足够大的模型中可以忽略黏滞力，模型可按弗劳德准则进行设计，即使是掺气、排气进行得很强烈的水流，如水跃，也不会引起很大的误差。在初次近似中模型可采用弗劳德数准则，此时可将空气的流量换算至原型，而相对空气流量 $m=Q_a/Q$，无论在原型和模型都是一样的。

В. Г. 佐柯洛夫有类似的见解，认为在实验室里研究表面水流掺气不甚可靠，至于进行由挟气而发生的水流含气研究，如模型的比尺较大，可以进行这种挟气水流的研究，对设计有所裨益。B. T. 佐柯洛夫认为：由于模型上的流速较原型小，则由挟气而产生的掺气现象，比原型微弱，但由不完全相似的模型试验而引起数量上的误差不超过10%，例如在消能工上由于掺气水流的水深增大，在模型上测到为50%，而在原型上达60%。

近年来，随着国内外高水头水工建筑物的建造，高速水流掺气的研究有很大进展。关于掺气模型，只要在模型上能满足水面掺气起始准则，并能满足一些附加条件，则掺气水流的模型，应用弗劳德数准则进行设计是完全可能的。

8.4.2 明渠自由水面掺气起始准则

影响自由水面掺气的因素主要有：①水流的流速，就是使自由水面波浪破碎而引起掺气的流速；②水流脉动流速；③空气气泡和水滴的重力；④阻止水表面破坏的表面张力；⑤气泡的水力粗度（静水中的上浮速度）等因素。

如果按弗劳德数设计模型，假定其几何尺寸比原型缩小 λ_l 倍，则重力缩小 λ_l^3；表面张力缩小 λ_l 倍；摩阻力与气泡的水力粗度有关，缩小 $\lambda_l^{3/2}$ 倍；气泡和水滴的动能减少 λ_l^4；而表面张力和摩阻力所做的功相应降低 λ_l^2 和 $\lambda_l^{5/4}$ 倍。这样在模拟掺气时不可能做到完全相似，因为模型可以按几何比 λ_l 缩小，而气泡和水滴不可能缩小 λ_l 倍，同时渠道的相对糙度起着重要作用也必须做到相似，这样在实验室掺气槽内进行水流试验，进行模拟掺气产生的初始条件，只能是近似的数值。

根据国内外原型观测和实验室内的试验资料，可以介绍以下一些开始掺气的准则。

(1) 考虑明渠的相对糙度 $k/R=0$、0.01、0.02、0.04、0.06 和 0.1，上下游水位差为3.5m时，得开始掺气的临界弗劳德数。

$$Fr_c = 45\left(1-\frac{k}{R}\right)^{14} \tag{8-24}$$

式中 R——非掺气水流的水力半径。

此时相应的临界流速为：

$$v_c = 6.7\sqrt{gR}\left(1-\frac{k}{R}\right)^{7} \tag{8-25}$$

(2) 根据水面的波浪破坏理论，Т.Г. 伏伊尼奇-谢诺日尼金得到的准则是：

$$\frac{Fr_c}{\sqrt{1-i^2}} = 44\left(1+\frac{0.0023}{R^2}\right)\left(1+\frac{8.7}{C_1}\right)^{-2} \tag{8-26}$$

$$Fr_c = \frac{U^2}{gR}$$

式中 U——平均流速；

C_1——谢才系数；

i——渠道底坡。

对于原型，R 往往很大，上式可以简化为

$$\frac{Fr_c}{\sqrt{1-i^2}} = \frac{44}{(1+\sqrt{\lambda})^2} \tag{8-27}$$

式中 λ——水力摩阻系数。

(3) 根据水流表面的垂直流速脉动分量的作用，使水面发生变形破坏而发生掺气。分析垂直脉动流速的脉动尺度和能谱，得出在水流表面不稳定而开始掺气的准则：

$$\tan\theta_c = \frac{0.007}{0.87f(\eta)}\frac{H}{h} \tag{8-28}$$

式中　θ_c——渠道临界坡度的倾角。

图 8-8 所示为掺气水流的水流结构，根据水流掺气量的不同，水流深度可以划分为三个区：Ⅰ区，空气含量最大；Ⅱ区，空气含量次之；Ⅲ区，空气含量最小。H 为Ⅱ、Ⅲ区的联合深度。

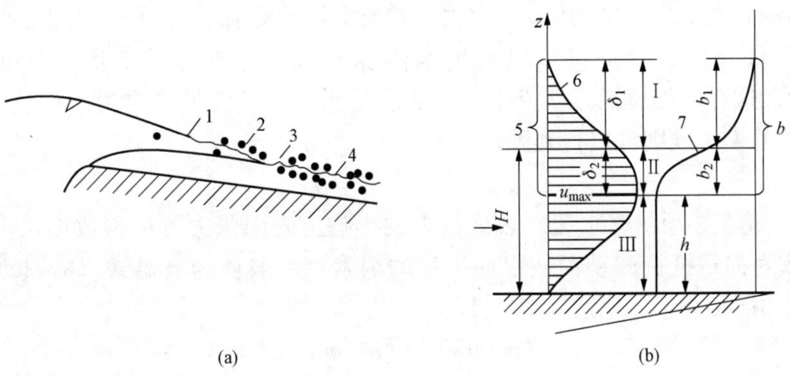

图 8-8　掺气水流特征图

1—波浪起始点；2—波浪破碎，掺气起始点；3—边界层与水面交点；4—稳定掺气区；5—水气混合区；6—流速分布图；7——空气含量分布图；H—流速最大值处的深度；δ—水气混合区流速变化层，称为动力层；b—水气混合区密度变化层，称为扩散层

令

$$\eta = \frac{nL}{\bar{v}}$$

式中　n——垂直脉动流速的频率；

L——大脉动尺度；

$\bar{v}$——时均流速。

$$f(\eta) = \frac{s(\eta)}{S_0} \tag{8-29}$$

式中　$f(\eta)$——标准化的脉动能量谱密度；

S_0——当 $\eta=0$ 时的能量谱密度。

根据试验，脉动能谱 $\eta f(\eta)$ 最大点在相对尺度 $L/l_a=0.3$ 处，此时 $\eta f(\eta)=0.108$，最后可得

$$\tan\theta_c \approx 0.08H/h \tag{8-30}$$

8.4.3　高速水流的掺气模型相似

根据鲍格莫洛夫的研究，掺气水流可按弗劳德数模拟，但必须有一些限制条件。

高速水流的特征之一是自由水面的波动，水面波动可由两个无量纲数决定：

$$v_z'^2/gl \quad 和 \quad (\rho v_z'^2 l)/\sigma$$

其中　$v_z'^2$——水面脉动强度；

l——水流脉动尺度；

σ——水的表面张力。

对于渠道水流参数 $v_z'^2/gl$ 可以写成如下形式：

$$\frac{\bar{v}_z'^2}{gl} = \frac{\bar{v}_z^2}{gH} \cdot \frac{v_z'^2}{v_*^2} \cdot \frac{v_*^2}{U^2} \cdot \frac{L}{l} \cdot \frac{H}{L} \tag{8-31}$$

假定采用 $v_z'^2=\overline{v}_z'^2\approx v_*^2$ 为扰动水流的扰动特征值，它具有紊动平均能量的数值，此时脉动尺度 l 与水深 H 成比例，则可求得：

$$(\overline{v}_z'^2/gl)\approx(U^2/gH)\lambda \tag{8-32}$$

因为 $\lambda\approx gHi/U^2$，原型和模型的相似条件 $\overline{v}_z'^2/gl=C$ 归结为原型和模型的渠道底坡 $i=C$。自由水面的脉动不仅与平均值 $\overline{v}_z'^2$ 有关，并与实际脉动值 v_z' 有关，因此必须模拟脉动流速的能量谱，从分析试验资料可以得出紊流脉动流速标准化的能谱，能以通式 $v_z'^2=f(l/H)$ 表示。这有可能模拟脉动流速的全部能量谱，并且在模拟自由水面波动能量谱时，证明弗劳德数的模拟准则可以得到满足，即

$$\lambda_m=\lambda_p;\quad \lambda_l=\lambda_l^{1/2} \tag{8-33}$$

但式（8-29）成立必须忽略水流的表面张力的影响。表面张力可用参数 $(\rho v_z'^2 l/\sigma)$ 来表示，表面张力和重力都是抵抗波动而使水面平稳的因素。一般认为满足式（8-30）的条件下，表面张力的作用会比重力作用小得多，即

$$(gl/v_z'^2)\gg[\sigma/(\rho v_z'^2 l)] \tag{8-34}$$

由此得

$$l\gg\sqrt{\sigma/\rho g} \tag{8-35}$$

因为在水-空气的交界面上 $\sigma=0.073\text{N/m}$，根据影响水面波动的两个无量纲数，只要水表面紊动尺度 $l\gg8\times10^{-3}\text{m}$，表面张力的作用就不大。在一般情况下，如果表面张力不大于10%的重力，表面张力就可以不考虑，此时 $l>0.025\text{m}$。

按照式（8-30），$\sigma/(\rho v_z'^2 l)=0.1(gl)/v_z'^2$，从中可得 $l=\sqrt{10\sigma/\rho g}$。

因此，在高速水流明渠内进行掺气模型试验时，应使表面张力不超过10%的重力。根据资料，最强烈的表面扰动，其相应的脉动尺度大约等于水深 H。又根据谱分析资料，在脉动尺度 $l=0.3H$ 时的脉动能量刚好等于脉动尺度 $l=H$ 时的脉动能量的10%，因此水流表面的脉动尺度应该在 $0.3H\leqslant l\leqslant H$ 之间。如果进行模型设计，必须考虑水流的紊动尺度，使其不得小于 $0.3H$，再按照影响水面波动的两个无量纲数，使模型上的最小水深不得小于10cm。如果这个条件不满足，则原型和模型水流表面的扰动就不相似，$\lambda_m=\lambda_p$ 和 $\lambda_l=\lambda_l^{1/2}$ 的重力相似条件就不能满足。因此式（8-35）是考虑掺气水流模型时一个必要的附加条件。

8.5 空化水流测量

在一定条件下水流中会出现负压，当负压达到一定值时，水体中将产生拉应力，使水体的连续性遭到破坏而出现空泡，出现空泡的现象称为空化。当这些空泡随着水流运动至正压区时，其中蒸汽很快凝结成水，空泡随之溃灭。在空泡溃灭时可以产生巨大的压力，如果这些压力作用在固体边界可使固体结构遭到剥蚀和破坏，这种现象即为空蚀。所以空化是水体中产生负压后的水力现象，而空蚀则是空化水流对固体边界作用的结果。在研究水力模型律时，可以把它们分为空化水流相似和空蚀相似两部分，当然它们又是互相联系着的。但空蚀模型相似律要比空化水流模型相似律复杂，在研究空蚀模型律时，除了空化水流模型相似外，还必须研究空化水流对固体边壁的作用，和固体边壁材料特性等相似问题。至于空化水流本身又可以分为空化水流的产生、发展和溃灭等阶段，在发展过程中可以呈各种不同的形式，如有泡状空泡、片状空泡、带状空泡等。空化水流不再是连续介质，空泡溃灭时，周围

水体拥向溃灭空泡的水流速度很大，可以和水中传播的声速相比较。对于这种水流还需要用马赫数来考虑相似问题，此时水体已不能当作不可压缩体来处理。所以空化水流的模型相似甚为复杂，要达到空化水流三个阶段原型和模型相似极为困难。目前一般对初生空化的相似研究较多，在空化初生时，仍可把水体当作连续和不可压缩的介质，所以在下面讨论的空化水流相似，主要指初生空化相似，因它对工程具有重要的意义。但是，即使是初生空化相似，在原型和模型之间还存在着较大的比尺效应，这种比尺效应不仅指几何比尺效应，同时也指水体的品质，即原型和模型应用的水质不同所产生的比尺效应。这里所谓水体的品质是指水的黏滞性、表面张力、水体中的空气含量、气核尺寸和数量分布及水的温度等。

8.5.1 空化水流的相似准数

空化水流的相似准数又叫空化数。实际应用中为了符合各种水流特点，采用各种不同空化数的表达式。

（1）具有自由表面的水流

$$K=\frac{(P_0-P_K)/\gamma}{v_i^2/2g} \tag{8-36}$$

式中 P_0——外界大气压力；

P_K——水流中发生空化的临界压强；

v_i——空化区水流速度；

γ——水的比重；

g——重力加速度。

（2）有压水流

$$K=\frac{P_\infty-P_K}{\rho v_\infty^2/2} \tag{8-37}$$

式中 P_∞、v_∞——非扰动水流中的压强、流速；

P_K——水流中发生空化的临界压强；

ρ——水的密度。

（3）研究固体表面不平整度时表面突体上的水流

$$K=\frac{\overline{H}-H_K}{v_i^2/2g} \tag{8-38}$$

$$\overline{H}=\overline{H}_0+H_i$$

式中 $\overline{H}$——水流中时均绝对压强水头；

$\overline{H}_0$——大气压强（以水柱高度计）；

H_i——水流的剩余压强（以水柱高度计）；

v_i——突体上断面的平均流速，亦可以是突体顶部的真实流速。

8.5.2 空化水流的模型试验

为使空化水流相似，必须使原型和模型上的空化数相同即 $K_p=K_m$。为达此目的，可以有两种办法：一种是减低 P_0 值，即在模型上降低自由面上的大气压力；另一种方法是在模型上加大 P_K 值或者 P_v 值（P_v 值为水的饱和蒸汽压，一般情况下与临界压强 P_K 相等），即提高试验水体的温度，但这或增加成本，并且温度的变化使水的物理特性如黏滞性随之变化，不可取。当然还可以采用改变试验液体比重的办法达到原型和模型上的 K 相等，在模型中采用比重较大的液体，这种办法实现较难。目前常用的是在模型上抽气降低其大气压力的方法进行空化水流的模型试验，例如常见的减压箱装置。

减压箱是一个密封的水槽，槽内水流在真空中进行试验，它既保持着重力相似的准则，同时又保持空化数在原型和模型上相等的准则，箱内大气压力的数值可以按下式取：

$$P'_0=\frac{1}{\lambda_l}(P'_{K}\alpha_1-P_K+P_0) \tag{8-39}$$

式中 P，P'_0——分别为原型和模型上的大气压；

P_K，P'_K——分别为原型和模型上一定温度下的临界压强；

λ_l——模型的长度比尺。

如果原型和模型上试验液体相同，在同一温度条件下可认为 $P'_K=P_K=P_v$，并考虑一些比尺效应修正值，则式（8-39）又可写成：

$$P'_0=\frac{1}{\lambda_l\eta}[P'_K(\alpha_1-1)+P_0] \tag{8-40}$$

式中 η——校正系数。

减压箱内的真空度可以按下式计算

$$\xi=1-\frac{P_{vm}}{P_{am}}-\frac{P_0}{P_{am}\lambda_l}+\frac{P_{vp}}{P_{am}\lambda_l} \tag{8-41}$$

式中 P_{vp}，P_{vm}——原型和模型在某一水温下的蒸气压强；

P_{am}——减压箱所在地的大气压力。

在一般情况下我们可以忽略式（8-41）的最末项，则式（8-41）可转化为：

$$\xi=1-\frac{P_{vm}}{P_{am}}-\frac{P_0}{P_{am}\lambda_l} \tag{8-42}$$

对于直径很小的压力管道，尺寸很小的闸门、门槽、阀门和不平整突体，在进行空化试验时，通常不可能把它们按比尺缩小，但是不按比尺缩小则承受的水头又很大，减压箱上无法进行这些项目的空化试验。另外减压箱内的上下游水头和流速调节的范围均较小，有时为了系统地研究空化水流、比尺效应和空蚀模型等，还需要应用水洞，或常压模型。在常压模型上可以系统地观察水流现象，并量测压力和流速分布以及脉动压力和脉动流速的分布，从而判断建筑物是否可能产生空化和空蚀。但是常压模型不能直接观测到空化和空蚀现象，很难估计空化现象对水流特性的影响，所以在研究空化、空蚀现象时，采用常压模型、减压模型和水洞中的空化模型相互配合。

空化模型试验存在着一系列比尺效应，例如观察空化初生，它受到雷诺数、韦伯数、流速、压力和脉动压力的影响；同时还受到水中含气量与气核尺寸和数量的影响。

8.5.3 空化水流模型试验的比尺效应

在讨论比尺效应时，本次侧重于讨论空化的初生。所谓空化初生就是：在做试验时，逐渐降低空化区的压力，加大该区的流速，也就是逐步降低空化数，当水流中开始出现空泡时的空化数叫做初生空化数；待空化发生后，把试验向反方向调制，即加大空化区压力和降低流速，也即增大空化数使空化消失，即将消失时的空化数叫做消失空化数。许多观测者证明，消失空化数并不等于初生空化数，一般消失空化数大于初生空化数。在空化研究中，很多研究者把消失空化数当作初生空化的标准。这种初生空化滞后于消失空化的现象，现在尚未有人系统解释清楚，所以在我们讨论比尺效应时，两种标准均可，以下采用初生空化数作为标准。

1. 雷诺数和韦伯数的影响

在美国加州理工学院和宾西文尼亚大学的两个水洞中，对一系列各种不同尺寸的绕流体进行了空化水流试验，这绕流体的前部有圆头圆柱体的，也有流线形柱体的。试验证明，各种不同尺寸的绕流体的水流初生空化是不同的。而且，即使同一个尺寸的绕流体，由于流速不同，初生空化数亦不同。在试验的基础上得出了初生空化数与雷诺数的关系曲线，从曲线上可知，当雷诺数增加，或模型尺寸增大，则初生空化数增加，这说明初生空化与雷诺数之间的关系（见图 8-9）。

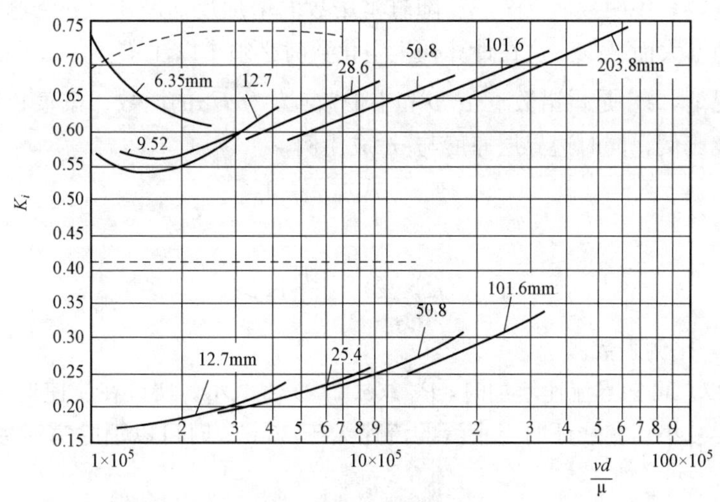

图 8-9　流线型绕流圆柱体水流的初生空化数与雷诺数关系曲线
上部曲线：为圆柱体具有 0.5 标准圆半径
下部曲线：为圆柱体具有 1.5 标准圆半径

戴莱（Daily）和约翰逊（Johnson）研究了水流在固体边界上的压力分布，他们认为边界压力可分为时均压力和脉动压力两部分。当固体边界的最小压强等于临界压强时，在水中形成初生空化。如果在最小压强处用最小压强系数表示则

$$\frac{P_\infty - P_{min}}{\rho v_\infty^2/2} = \frac{P_\infty - P_{gmin}}{\rho v_\infty^2/2} + \frac{P_t}{\rho v_\infty^2/2} \tag{8-43}$$

式中　P_{gmin}——几何形状形成的最小压强；

P_t——脉动压强。

式（8-43）右端的第一项表示由于固体边界形状在水流中所形成的压强系数，第二项为脉动压强系数。水流中的最小压强等于临界压强，其表达式为：

$$P_{min} = P_K = P_v - \frac{2}{3\sqrt{3}}\sqrt{\frac{(2\sigma/R_0)^3}{P_\infty - P_v + 2\sigma/R_0}} = P_v - P^* \tag{8-44}$$

式中　σ——水的表面张力；

R_0——水中气核的最大半径；

P^*——由于表面张力产生的气泡内压力。

联合式（8-43）和式（8-44）可得，

$$\frac{P_\infty - P_v}{\rho v_\infty^2/2} + \frac{P^*}{\rho v_\infty^2/2} = \frac{P_\infty - P_{gmin}}{\rho v_\infty^2/2} + \frac{P_t}{\rho v_\infty^2/2} \tag{8-45}$$

或得到

$$K_i = -C_{pmin} + C_t - \frac{P^*}{\rho v_\infty^2/2} \tag{8-46}$$

式中　C_{pmin}——压强系数；

C_t——脉动压力的压强系数。

$\frac{P^*}{\rho v_\infty^2/2}$与液体的表面张力和液体中气核尺寸有关。戴莱（Daily）和约翰逊（Johnson）根据陆林斯的资料，说明数值$\sqrt{v'^2/v_\infty^2}$随着雷诺数的增加反而减小（v'为脉动流速），说明C_t亦随雷诺数的增大而减少。这在计算初生空化数时必须予以注意。

在一般情况下，P^*是雷诺数$v_\infty d/v$和韦伯数$v_\infty\sqrt{\rho d/\sigma}$的函数。戴莱和约翰逊假定$P^*$与边界层厚度成比例，同时边界层厚度与$v_\infty^n$成比例，

$$P^* = Av_\infty^n n < 1 \tag{8-47}$$

或

$$P^*/(\rho v_\infty^n/2) = \frac{B}{v_\infty^m} m > 1$$

式中　A、B——比例系数。

从式（8-47）可知当流速增加时，$P^*/(\rho v_\infty^n/2)$将减小，所以在流速增大时雷诺数和韦伯数的影响将要减小。实践证明当水流的流速大于30m/s时可以消除雷诺数和韦伯数而引起的比尺效应。

苏联的罗赞诺夫和列维得到了相类似的结论，并给出了由模型到原型空化水流的引申关系。他们认为在进行空化水流模型试验时，考虑比尺效应的初生空化数为：

$$K_{pi} = \eta K_{mi} \tag{8-48}$$

式中　K_{pi}，K_{mi}——分别为原型和模型水流的初生空化数；

η——比尺效应的校正系数。

η系数可根据系列试验求得。这样按模型试验所得K_{mi}进行比尺效应校正，引申到原型K_{pi}。例如，分析具有自由表面水流的空化现象时，其模型相似的准则方程是：

$$f(Fr, Ka, Re, We, k_s/H) = 0 \tag{8-49}$$

进行模拟时，主要控制的准则是

$$\left.\begin{aligned} Fr &= C \\ \eta &= f(Re, We) \end{aligned}\right\} \tag{8-50}$$

式中　Ka——卡门数；

We——韦伯数；

k_s/H——相对糙度。

对于真空溢流堰，罗赞诺夫得到了经验校正式：

$$\eta = 1 + \frac{222}{(Re_m - 3000)^{0.11}} \tag{8-51}$$

当模型雷诺数$Re_m > 10^6$时，$\eta=1$，即可不必考虑比尺效应。因此空化试验应在大比尺模型上进行。这个比尺可以根据极限韦伯数求得。所谓极限韦伯数，即空化水流进入自动模型区，大于此比尺可不必考虑比尺效应的校正系数，即

$$We_t = \frac{vd^{1/2}}{(\sigma/\rho)^{1/2}} \tag{8-52}$$

其中，We_t 为极限韦伯数，$\sigma/\rho=\text{const}$，上式可归纳为以下条件：

$$v_m \sqrt{L_m} \geqslant N_L \tag{8-53}$$

式中 L_m——模型特征长度；

N_L——极限常数。

$$v_p/v_m = \sqrt{\alpha_l};\quad L/L_m = \alpha_l$$

式中 L——原型特征长度；

v_p、v_m——原型和模型的流速。

把以上关系式代入式（8-53）得：

$$\alpha_l \leqslant \frac{v_p\sqrt{L}}{N_L} \tag{8-54}$$

N_L 的数值通过一系列专门试验决定。根据列维试验，$N_L=3\sim4\text{m}^{3/2}/\text{s}$。

这样可以得出与戴莱、约翰逊相同的结论。如要消除比尺效应，应当在大比尺模型上进行（$Re>10^6$），模型上流速 $v_m=20\sim30\text{m/s}$。

2. 脉动压力的影响

以上分析雷诺数和韦伯数对初生空化的影响，同时也涉及了脉动压力。以下将进一步讨论脉动压力对空化水流的比尺效应。

一些研究者，如洛奇（Lochi）、恩脱（Arndt）研究了脉动压力的频率和空泡的振动频率之间的关系，从而得出脉动压力的比尺效应。

我们知道，当外界压力降至一临界值时，气核便失去稳定而迅速增大形成空泡，从一个微小气核增大到能见的空泡所需要的时间，这个时间称为特征时间，可以用下式确定：

$$t_0 = \sqrt{\frac{\rho R_K}{\sigma}} \tag{8-55}$$

式中 R_K——临界气泡半径；

σ——水的表面张力。

临界压强 P_K 为：

$$P_K = \frac{4\sigma}{3R_K} \tag{8-56}$$

若 P_K 已知，即可求得 R_K。

如果脉动负压的周期小于此特征时间 t_0，也就是作用在气核上负压的时间来不及促使气核生长到可见的空泡。如果模型比尺过小，那么模型上脉动压力的周期远小于原型上的周期，便出现上述情况，这就产生了比尺效应。原来在原型中可以见到的空泡，而在模型中观察不到。

水中气核在脉动压力作用下产生振动，如果气核的自振频率低于脉动的频率就会产生比尺效应。1933 年明那脱（Minnaert）提出了空气气泡承受绝热脉动简谐运动下的自振周期计算：

$$t_p = 2\pi R_E \sqrt{P/3\gamma P_\infty} \tag{8-57}$$

式中 R_E——气泡与外力 P_∞ 平衡时的半径；

γ——气泡的比热系数。

哈夫顿（Houghton）在1963年研究了气核在压力场作用下的强迫振动，得到了一个临界频率，如果脉动压力的频率高于此频率，则空化数将偏低。因为在计算空化数时，一般是采用时均压力计算的，此时观察到的初生空化数将比我们采用时均压力计算的初生空化数要低得多，这就产生了比尺效应。此临界频率可按下式计算：

$$f_c = 2/t_p \tag{8-58}$$

校正的初生空化数可按下式计算：

$$K_i = -C_{pm} + K_1 \frac{\sqrt{P'^2}}{1/2\rho v_\infty^2} \tag{8-59}$$

式中　C_{pm}——用时均压强计算的压强系数。

式（8-58）等号右边第二项考虑了脉动压力的影响，对脉动压强 P'引起的比尺效应进行了校正。系数 K_i 是考虑了压力场的统计特征和脉动对气核尺寸分布的影响以及引起不稳定压力的特性影响，同时它包含有概率密度和压力场频率成分的意义。如果脉动压力场有一个频率具有压力场的全部能量或大部分能量，并超过气核的自振频率，那么水流将有一个较低的初生空化数。因此可以得出结论：如果脉动强度保持不变，减小剪切水流的脉动尺度，那么初生空化数 K_i将要降低。

关于 K_i 值和 P'^2值的讨论，对各种水流将是不同的，如孔口出流、射流、绕流等，恩脱有专门的研究，此处不作详细的介绍。

3. 水中空气含量以及气核尺寸数量分布的影响

在正常情况下，水中是含有空气的，一部分空气溶解于水，另一部分呈微小的自由气核形式存在于水中。水中的空气含量随着周围的压力和温度变化而变化，当压力增大时，水中的空气含量就会增加；压力降低时，空气含量也随之减少。而温度的影响则相反。水中空泡的产生是由于水中局部压力降低使水中的气核膨胀，部分溶解于水中的空气扩散到气核内促使气核膨胀所致。空化与水中自由空气气核存在的数量、尺寸和溶于水中的空气含量有密切的联系。列帕金（J. F. Ripkin）在水洞中，对具有1.5标准圆头的流线型绕流体进行了试验，在一定流速时测得了水中含气量，并测得了初生空化数与空气含量的关系。试验证明，初生空化数与空气含量的关系很大。如图8-10～图8-12所示，它们因含气量不同，初生空化数在同一水流速度下竟可相差两倍。

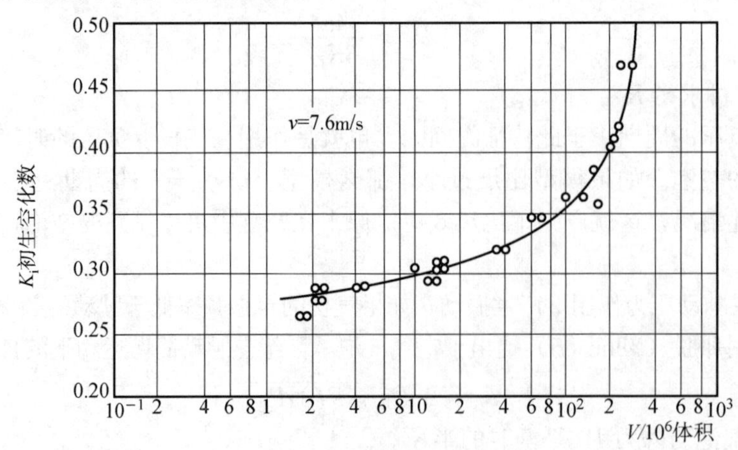

图8-10　直径为1.6cm 1.5标准圆头圆柱体上自由空气含量变化与初生空化数关系曲线

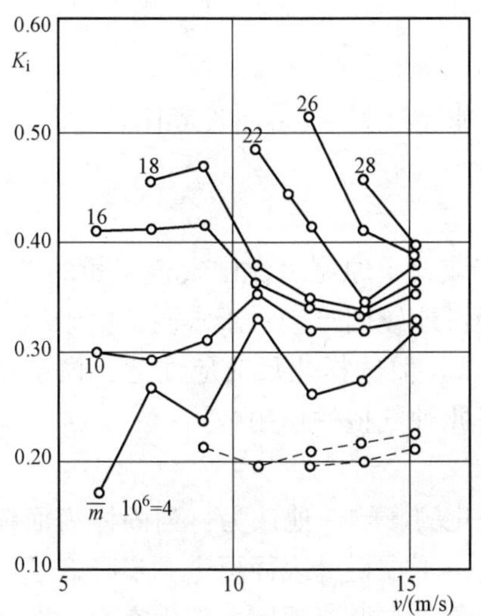

图 8-11 在各种不同总含气量时初生空化数与流速的关系曲线

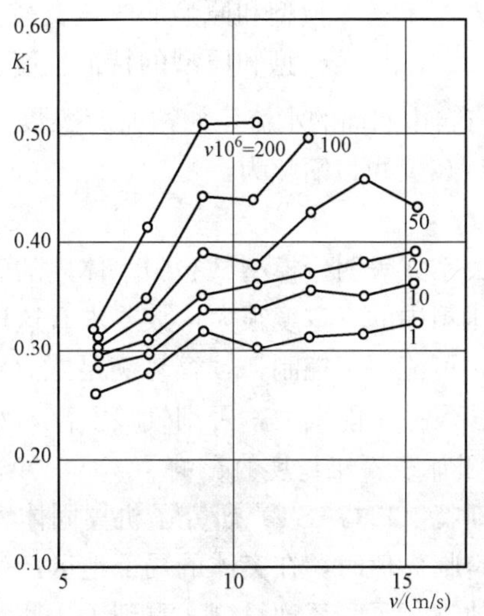

图 8-12 1.5 标准圆绕流体在各种不同空气含量下初生空化数与流速关系曲线

当水流通过绕流体、跌坎或突然扩大段时，都会形成较大的漩涡和分离水流。由于这些旋涡和分离水流，相对水流的主流来说水流速度较慢，因此会产生扩散空化，它对空气含量是敏感的。如果原型和模型含气量不同，扩散空化将是不同的，所得的初生空化数也将是不同的，这样就产生了比尺效应。为了校正比尺效应可利用下式计算：

$$K_i = -C_{pm} + \frac{P_g}{1/2\rho v_\infty^2} \tag{8-60}$$

$$P_g = k\alpha\beta$$

式中 P_g——气泡内的气体压强；

k——常数，在 0.4～1 之间；

α——水中空气含量；

β——亨利定律中的常数。

水中气核的尺寸影响着空化的初生。对于不同的气核尺寸，使其丧失稳定的临界压强是不同的，往往同一个模型，例如同一种绕流体模型，在各种不同的水洞内做试验，所得的初生空化数不同，其原因之一是各水洞中包含的气核尺寸不同。进行模型试验时，最好有原型和模型上水中气核尺寸的资料。根据修斯（Suis）公式可以计算上述相应的初生空化数：

$$K_i = \frac{P_\infty - P_v}{1/2\rho v_\infty^2} + \frac{2}{3\sqrt{3}} \cdot \frac{(2\sigma/R_0)\sqrt{(2\sigma/R_0)\cdot(1/P_{g0})}}{1/2\rho v_\infty^2} \tag{8-61}$$

式中 R_0——水中最大的气核半径。

其余符号意义同前。

根据原型的 R_0，可以用式（8-61）去控制模型中的 R_0。郭尔希柯夫在进行空化水流模型试验时，建议用下式进行模型水流中气核尺寸的选择：

$$\frac{d_m}{L_m} = \lambda_l \lambda_v^2 \frac{d_p}{L_p} \tag{8-62}$$

式中 d_m、d_p——模型和原型的气核直径；

L_m、L_p——模型和原型的特征长度。

具有自由水面的水流，如按弗劳德数设计模型，流速比尺 $\lambda_v=\sqrt{\lambda_l}$ 而长度比尺 $\lambda_l=l_p/l_m$，则式（8-57）可以简化为：

$$d_m=\lambda_l d_p$$

此关系式表明，模型试验中水体内的气核直径，应该大于原型水流中气核直径的 λ_l 倍。因为减压箱中的真空度很大，故要求有这样的气核直径可能较困难。对于水洞，由于压力可以调节，可能便于控制，较容易满足式（8-62）的要求，但选择比尺时应注意：模型试验内的气核尺寸不能太大，否则气核上浮，水中便失去了此种气核的作用。

4. 固体表面粗糙度的影响

加斯特（P. GAST）研究了机翼固体表面糙度对空化的影响，他认为：当固体表面糙度超过一定临界值时，在突体的局部地区产生空化，这是由于在粗糙表面更进一步降低了压力所致。他进行了一系列量测，看到了一些有趋向性的现象：在低流速区，初生空泡一般是泡状空泡；随着流速的增加，就进入了过渡区，发生的空泡不仅是泡状空泡，而且有成串的空泡；随着流速的再增加，全部空泡都成为成串的空泡。过渡区的区域位置与表面粗糙度有关，如图 8-13 所示。上述现象与一般水力学中所述的水流在固体表面的摩阻规律有相似之处。这样，可以把空化划分为两个区域："粗糙区"和"光滑区"。在"粗糙区"内出现成串的空泡，增加糙度并维持一定的流速，空化数 K 将增加；在"光滑区"内，空化数 K 与糙度无关。

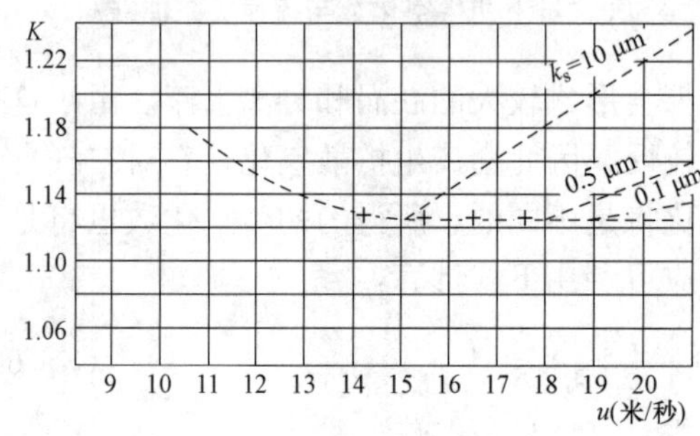

图 8-13 空化数 K 值与糙度和流速的关系曲线

在具有一定突体高度的糙度，局部边界层厚度决定着光滑-粗糙过渡区的位置。加斯特对此进行了大量的观察，他指出：突体是产生局部压力降低的根源，如果考虑 Δv 是水流绕过突体的流速增加值，那么粗糙突体和光滑表面的最小压强系数的差值 ΔC_p 与此流速的增加值成比例，即

$$\Delta C_p=C_{pmin}-C_{kmin}=\frac{\Delta v}{v_1}\cdot 2(1-C_{pmin}) \tag{8-63}$$

式中 C_{pmin}——光滑表面的最小压强系数；

C_{kmin}——粗糙突体表面的最小压强系数；

v_1——水流流速。

假定 Δu 与突体上的流速成比例，靠近边壁的流速分布是直线的，可以判定 Δu 与糙度 k 及边界层厚度 δ 的比值相关，即

$$\frac{\Delta v}{v_1}\sim\frac{k_s}{\delta} \tag{8-64}$$

固体表面上任一点的边界层厚度与其表面长度之比和雷诺数 n 次方根成比例，因而压强系数的递增值 ΔC_p 与糙度 k 和非扰动水流流速值的 n 次方根成比例，

$$\Delta C_p\sim\frac{k_s}{l}\left(\frac{v_1 l}{v}\right)^{1/n} \tag{8-65}$$

式中 l——固体表面长度。

以上分析结果与试验结果相符。因此物体表面的糙度影响到边界层水流，影响着初生空化和空化水流的发展。在设计空化水流模型时，总希望空化状态在原型和模型上一致，如果原型为“光滑区”，则模型亦为“光滑区”，如果原型为“粗糙区”，则模型亦为“粗糙区”。因为模型上的水流流速小，为了得到原型和模型相同的空化数可调整模型上的糙度。空化数的计算可以利用式（8-62）～式（8-64）。

8.6 泥沙含量测量

含沙量测量与分析是水利工程模型试验中必不可少的测量要素，在天然河流中，悬沙的含沙浓度高低随流域来沙条件、水流条件和边界条件而变化，按含沙模型相似规律设计的泥沙模型试验中，为准确地模拟天然河流中的泥沙运动，必须随时测定试验中水体含沙量，以便及时控制模型试验的各种参数，确保试验质量。目前最主要的测量方法有烘干称重法、比重瓶称重法、光电测沙仪、智能测沙颗分仪以及其他一些测沙仪器。

1. 烘干称重法

烘干称重法是取一定水体的浑水样，待沉淀或用滤纸过滤后，在烘箱中烘干，由天平称出重量，计算得到含沙量。具体方法是将浓缩水样直接放到烘杯内烘干，冷却后，用天平称出杯加泥沙的总质量，减去杯的质量，即得净沙质量。当烘杯中河水溶解质质量大于泥沙的质量的2%时，应测定溶解质含量并进行溶解质改正。改正的方法是，取定量澄清河水烘干称重，根据溶解质质量和河水容积，求出河水中溶解质含量（g/cm^3），然后按下式计算泥沙的质量（W_s）：

$$W_s = W_{bs} - \Delta W \approx W_{bs} - W_b - \alpha V' \tag{8-66}$$

式中 W_{bs}——烘杯、泥沙、溶解质总质量，g；

W_b——烘杯总质量，g；

ΔW——泥沙质量校正数，即溶解质质量，g；

α——溶解质含量，g/cm^3；

V'——烘杯内浓缩水样容积，cm^3。

2. 比重瓶法

比重瓶法也就是通常的置换法。是用预先率定好的比重瓶装灌水样，量好水温，再由天平称重算得其含沙量。

（1）计算公式。比重瓶法是用比重瓶量取浓缩水样的容积，经天平称重，然后根据瓶加浑水的质量与瓶加清水质量之差，求出样品中的沙样质量，其计算公式是

$$W_s = k(W_{ws} - W_w) \tag{8-67}$$

$$k = \frac{\rho_s - \rho}{\rho_s} \tag{8-68}$$

式中 W_s——泥沙质量，g；

W_{ws}——比重瓶加浑水的质量，g；

W_w——同温度下比重瓶加清水的质量，g；

k——置换系数；

ρ_s——泥沙密度，g/cm^3；

ρ——水密度，g/cm^3。

为了简化计算，k 值和 W_w 均事先制成表格以备查用，k 值的确定应在不同时期，在不同位置（如水面、中等深度、河底）取实测泥沙密度作为依据。推求含沙量时，根据称取瓶加浑水重时的水温，查表得出 k 值和 W_w，即可由上式求出泥沙质量。

（2）操作方法与注意事项。将浓缩水样用漏斗注入比重瓶，并用澄清河水将残沙冲洗注入瓶内。由于水样中含有溶解气体，浓缩水样装入比重瓶后，泥沙上常有气泡。气泡的存在，使瓶加浑水的质量偏小，从而使沙重偏小。为此，操作时应注意，当浑水注入瓶内达到约 4/5 时，要用手指轻击瓶的四周，以助气泡外逸。然后再注入少量清水，使水面达到一定刻度，再停 2～3min，目视瓶内无微小气泡上升时，加上瓶塞，将瓶塞顶上的水抹去，再用干毛巾擦去瓶外水分，然后称瓶加浑水质量，并用温度计迅速测定浑水温度。

在置换法公式中，W_{ws}与 W_w 是同温度下的质量。W_{ws}能用天平称出，而 W_w 很难真正做到与 W_{ws}在同一温度下称出，因此实际应用时，采用事先对几个常用的比重瓶（体积为 50、100、200、250、500mL）进行检定的方法，求出不同温度下的瓶加清水的质量 W_w，绘制温度与 W_w 的关系曲线以备查用。检定时，比重瓶水温应准确至 0.1℃，瓶加清水质量准确到 1/1000g。

为了消除河水溶解质的影响，检定工作宜在不同季节取澄清河水进行，利用这种检定成果置换得到的沙样质量，不需再作溶解质改正。如果河水中溶解质甚多，含量变化大，则应用蒸馏水检定比重瓶，并另行测定溶解质含量进行溶解质校正。

3. 光电测沙仪

烘干称重法及比重瓶称重法是传统的测量方法，其测量精度在很大程度上取决于所取样品的代表性，而且方法速度慢、费工费时，需要熟练的技术，特别在试验过程中不能及时确定含沙量的变化，无法很好地进行实时监测水流的动态过程。

光电测沙仪的工作原理是浑水消光定律。一束平行光通过均匀分布的含沙水体后，透射光的强度会减弱，一部分光被水体中的悬沙吸收，另一部分光被散射到其他方向，最终透射光只是入射光的一部分，由比尔定律可得：

$$\Phi = \Phi_0 e^{-KSL/d} \tag{8-69}$$

式中　Φ_0——入射光通量；

Φ——透射光通量；

L——光穿透浑水层的厚度；

K——吸收系数；

S——含沙量；

d——泥沙粒径。

光电测沙原理的应用就是采用光电转换器件用相对测量的方法，将上式经过一系列转换，使通过清水的光通量转换为电信号 V_0，通过含沙水体的光通量转换为电信号 V_i，再经转换后得出含沙量与电信号的关系式：

$$V_2 = V_1 e^{-KS/d} \tag{8-70}$$

式中　V_2——通过含沙水体的电信号；

V_1——通过清水的电信号。

由此可见，应用光电测沙原理测量含沙量，为了确保测量精度，必须要有不随时间变化的稳定的入射光强。

4. CYS-Ⅲ型智能测沙颗分仪

南京水利科学研究院近年来成功研制了CYS-Ⅲ型智能测沙颗分仪，其由稳压电源、传感器、放大器、A/D转换器和单片机测量控制电路组成，其工作原理如图8-14所示。智能测沙颗分仪是一种多功能智能仪器，内置CPU、微处理器、存储器等，具有自动存储和记忆功能，可以保留日期、系数和测量数据，仪器配置了放大器、稳压器、键盘、打印机、AVD转换器和通信接口电路等。测沙传感器的光电转换选用了硅光电池，为防止电场磁场的干扰，A/D转换电路与单片机系统的信号传输采用了光电耦合隔离。

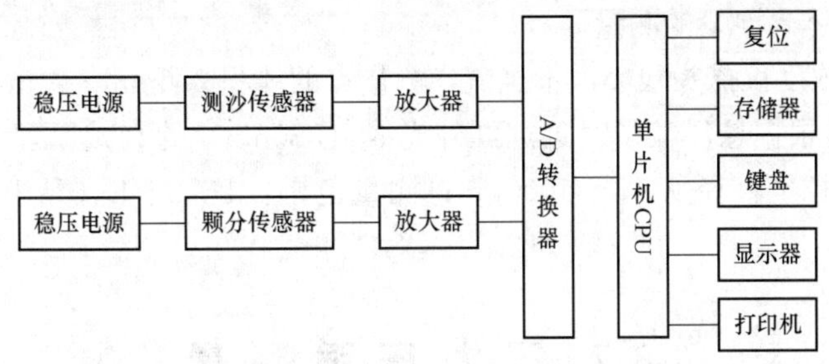

图8-14　智能测沙颗分仪工作原理框图

智能测沙颗分仪开机后，按下“Time”键，即可显示当前的年、月、日和时、分、秒，作时钟显示。由键盘输入需要实时打印含沙量的间隔时间T和系数K值等，可连续采集、计算、显示模型进口的含沙量，并按设定的间隔时间打印出测量时刻、测量信号和含沙量。其中系数K可按下式计算：

$$K=\frac{S}{\ln(V_1/V_2)} \tag{8-71}$$

式中　S——含沙量，kg/m³；

V_1——在清水中的电信号；

V_2——在浑水中的电信号。

上式经过变换，含沙量S的公式为：

$$S=K\ln(V_1/V_2)$$

智能测沙颗分仪除可以测量含沙量外，还具有颗分仪功能，可以实时采集、显示打印全颗分时段内的采样值。智能测沙颗分仪含沙量测量适用于低含沙水体（$S<12\text{kg/m}^3$），并需定期冲洗积聚在传感器探头上的泥垢。有的光电测沙仪将接收光电池和发光源设置在同一处，称为后向反射式光电测沙仪，根据发光源的不同又可分为可见光的光电测沙仪和红外光的光电测沙仪等。

5. 其他的测沙仪器

测量含沙量的仪器还有很多，如红外线光电测沙仪、同位素测沙仪、超声波测沙仪、光学浓度仪等，本次仅简要介绍这些仪器。

红外线光电测沙仪利用了红外线的光学特征，红外线跟其他光一样，当通过悬沙水体时，溶质需要吸收光能，吸收的数量与吸收介质浓度及深度有关，同时泥沙颗粒要对光进行散射，利用这一原理设定红外接收传感器，通过透射与入射光线能量关系来确定介质浓度。并利用计算机的运算和控制功能，使仪器操作、标定和数据处理及分析实现自动化、智能化，极大地提高了含沙量测量的试验效率和精确度。

同位素测沙仪是利用γ射线穿过水样时强度将发生衰减的原理制成的，其衰减程度与水样中含沙量的大小有关，从而利用γ射线衰减的强度反求含沙量。同位素测沙仪可以在现场测得瞬时含沙量，省去水样的采取及处理工作，操作简单，测量迅速。其缺点是放射性同位素衰变的随机性对仪器的稳定性有一定影响，探头的效应、水质及泥沙矿物质对施测含沙量亦会产生一定误差。另外，要求的技术水平和设备条件较高。

超声波测沙仪根据超声波在含沙水流中传播时，其衰减规律与浑水中悬浮颗粒浓度有关这一原理实现对水体含沙量的测量。

OPCON光学浓度仪探头很小（不扰流，测量点的体积2.6mm×2.5mm×30mm），OPCON光学浓度仪是根据悬浮粒子对近远红外光线（880nm）的衰减原理测量浓度的，并可给出颗粒物大小，粒子直径从10～1000μm；测量范围：1～3g/L（黏土），1～50g/L（沙D_{50}=200mm）。

8.7 压力压强测量

水工模型试验中的压力测量分静态压力测量和动态压力测量。静态压力一般理解为不随时间变化的压力，或者是随时间变化较缓慢的压力，即在流体中不受流速影响而测得的压力值。动态压力和静态压力相对，一般指随时间发生变化的压力。

水工实验室常用各种压力计来测量流体的压强。在需要测压强的边壁部位上开测压孔，然后用不锈钢管或紫铜管、橡皮管等将测压孔连通至测压管或其他测量压力的仪器中进行测读。当压强极大时可以选用压力表进行测量，当压强极小时可选用测微比压计进行测量，当需要测量两点之间的压差时可选用压差计。下面介绍几种压力测量仪器。

1. 测压管

测压管是水工模型试验中常用的测量静态水压力的仪器，其直接用水柱高度表示压强（或称测压管水头），也可以用其他液体表示压强，对于不同比重的液体，需要换算成测压管水柱高度。一根内径不小于1cm的直玻璃管，一端连接在要量测压强的容器壁上，另一端开口，和大气相通，如图8-15所示。如果A点的压强大于大气压强，测压管液面将上升，只要设置适当的标尺，测出测压管中自由液面在A点水平面以上的高度h，A点的相对压强（N/m^2）即可求出。即

$$p_A = \rho g h \tag{8-72}$$

式中　h——压强水头或压强高度，m；

　　　ρ——测压管内液体的密度。

为了提高量测较小压强值的精度，可将测压管倾斜放置，如图8-16所示，此时标尺的读数不是h而是l，l值随着倾角α减小而放大，因此可提高测量精度，其计算式为

$$p = \rho g l \sin\alpha \tag{8-73}$$

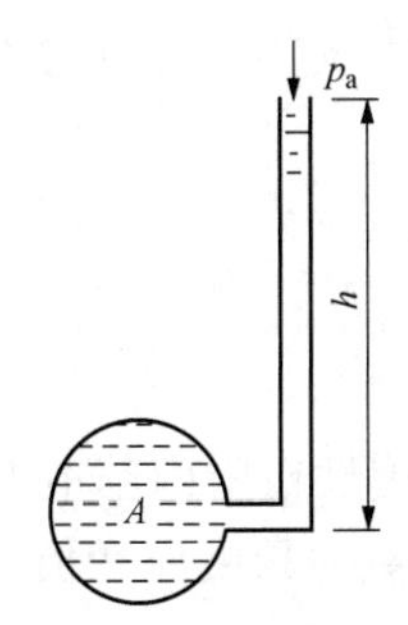

图 8-15 测压管垂直放置图

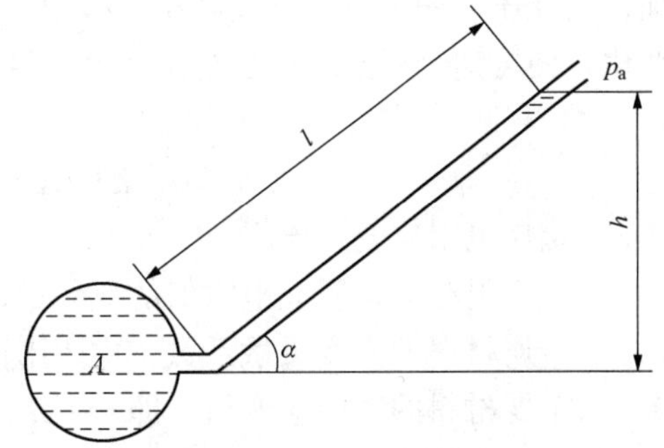

图 8-16 测压管倾斜放置图

对于测压管的使用，主要有以下几点要求：

(1) 测压孔内径应小于 2mm；

(2) 测压管内径宜大于 1cm，且要求管径均匀；

(3) 孔口应垂直边壁，且与过流面齐平；

(4) 管身保持直立，管内无气泡，零点高程由水准仪校正。

2. 压力传感器

压力传感器（Pressure Transducer）是能感受压力信号，并能按照一定的规律将压力信号转换成可用的输出的电信号的器件或装置。其广泛应用于多种工业自控环境，涉及水利水电、铁路、交通、智能、建筑、生产自控、电力、船舶等众多行业，下面就简单介绍下压力传感器的工作原理及其应用。

压力传感器属于力学传感器的一种，其种类繁多，如电阻应变片压力传感器、半导体应变片压力传感器、压阻式压力传感器、电感式压力传感器、电容式压力传感器、谐振式压力传感器及电容式加速度传感器等。但应用最为广泛的是应变片式压力传感器，它具有极低的价格和较高的精度以及较好的线性特性。下面主要介绍这类传感器。

电阻应变片是一种将被测件上的应变变化转换成电信号的敏感器件，是压阻式应变传感器的主要组成部分之一。电阻应变片应用最多的是金属电阻应变片和半导体应变片两种。金属电阻应变片又有丝状应变片和金属箔状应变片两种。通常是将应变片通过特殊的黏合剂紧密地黏合在产生力学应变基体上，当基体受力发生应力变化时，电阻应变片也一起产生形变，使应变片的阻值发生改变，从而使加在电阻上的电压发生变化。这种应变片在受力时产生的阻值变化通常较小，一般这种应变片都组成应变电桥，并通过后续的仪表放大器进行放大，再传输给处理电路（通常是 A/D 转换和 CPU）显示或执行机构。

金属电阻应变片的工作原理是电阻应变效应，即金属丝在受到应力作用时，其电阻随着所发生机械变形（拉伸或压缩）的大小而发生相应的变化。电阻应变效应的理论公式如下：

$$R = \rho L/S \tag{8-74}$$

式中 ρ——电阻率，$\Omega\cdot mm^2/m$；

L——金属丝的长度，m；

S——金属丝的截面面积，mm^2。

由上式可知，金属丝在承受应力而发生机械变形的过程中，ρ、L、S 三者都要发生变化，从而必然会引起金属丝电阻值的变化。当受外力伸张时，长度增加，截面面积减小，电阻值增加；当受压力缩短时，长度减小，截面面积增大，电阻值减小。因此，只要能测出电阻值的变化，便可知金属丝的应变情况。这种转换关系为电阻应变片的电阻变化与应变之间的关系：

$$\Delta R/R = k\varepsilon \tag{8-75}$$

式中 R——金属电阻应变片电阻；

ΔR——应变引起的金属丝电阻值的变化量；

k——金属材料的应变灵敏系数，主要由试验确定，在弹性极限内基本为常数值；

ε——金属材料的轴向应变值，即 $\varepsilon=\Delta L/L$，因此又称 ε 为长度应变值。金属丝其值一般在 0.24～0.4。

在应变片式压力传感器的结构中，一般是将 4 个电阻应变片成对地横向或纵向粘贴在弹性元件的表面，使应变片分别感受到零件的压缩和拉伸变形。通常 4 个应变片接成电桥电路，可以从电桥的输出中直接得到应变量的大小，从而得到作用于弹性元件上的力。

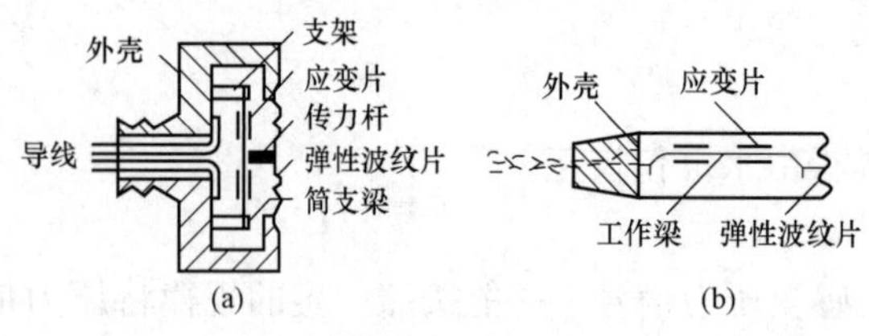

图 8-17 应变片式压力传感器结构示意图

弹性元件的应变值 ε 的大小，不仅与作用在弹性元件上的力有关，而且与弹性元件的形状有关。可以根据试验要求选择不同形状弹性元件的应变片式压力传感器。如图 8-17 所示为两种结构的应变片式压力传感器结构示意图。

在实际应用中，将金属电阻应变片粘贴在传感器弹性元件或被测机械零件的表面。当传感器中的弹性元件或被测机械零件受作用力产生应变时，粘贴在其上的应变片也随之发生相同的机械变形，从而引起应变片电阻发生相应的变化。这时，电阻应变片便将力学量转换为电阻的变化量输出。

8.8 应力应变测量

8.8.1 应力应变测量原理

结构应力状态有一维应力（简单拉、压、纯弯、纯扭），二维应力（平面应力状态），三维应力（整体结构应力状态）三种。平面应力状态可以用 σ_1、σ_2 的大小和方向或 σ_x、σ_y、τ_{xy} 的大小来表示，三维应力状态可以用 σ_1、σ_2、σ_3 的大小和方向或用 σ_x、σ_y、σ_z、τ_{xy}、τ_{yz}、τ_{xz} 来表示。因此电测的任务，就是确定构件表面或结构内部的几个应力的分量。应力分量的大小可根据广义虎克定律从应变分量计算得到，于是只要测得应变分量便可得到应力分量。

对构件表面应变的测量，有以下两种情况：①已知主应力方向或测量给定方向上的应变；②主应力大小及方向皆未知。

在进行第一种情况的应变量测时，只要将应变片在待测点上沿着已知方向粘贴，并将温度补偿片贴在与被测材料相同但不受力的构件上，同时保持在同一温度场内，即可进行测量。

第二种情况，因为主应力的大小及方向皆未知，故需用应变丛测出该点三个方向上的线应变 ε_a、ε_b、ε_c，然后根据弹性理论求出该点主应力的大小和方向。

对结构三维应力的测量，可以利用“内部埋块”的方法。一般弹性三维物体内的任一点有六个应力分量（σ_x、σ_y、σ_z、τ_{xy}、τ_{yz}、τ_{xz}），可以按正交坐标轴，在整个结构内部测点附近，取出小正六面体（该六面体的某一角点 A' 的位置即为结构内部相应测点 A 的位置），围绕角点 A' 有三个正交平面。将三个正交平面的三个坐标轴与结构的三坐标轴方向取得一致，在三个正交平面上，像平面问题一样，围绕角点 A' 可以各粘贴一组应变丛，然后将正六面体恢复到结构内部相应位置，恢复正六面体与结构的整体联系。对结构进行施荷量测，便可以从 x-y 平面，y-z 平面，x-z 平面分别量测到点 A' 附近的六个应变分量。

1. 简单的一维应力测量

对于某几个基本变形下的主应力方向，根据材料力学或弹性力学可以预先定出。例如拉压、弯曲、扭转等就属于这种简单情况，这时只要沿主应力方向粘贴电阻片，便可直接测出主应变 ε_1、ε_2。属于这种情况的试验往往是为了测量荷载的大小或者在荷载已知的情况下测定材料的物理力学性能（弹性模量 E 及泊松比 μ）。

（1）简单拉压。以简单拉伸为例，主应力方向为轴向或横向；在离加力点较远的地方，沿轴向及横向各粘贴一片电阻片，可直接测出 ε_1 及 ε_2 [图 8-18（a）]。将电阻片 R_1、R_2 分别接在电桥的同侧，这种接法 R_1 与 R_2 可以达到温度补偿的目的。

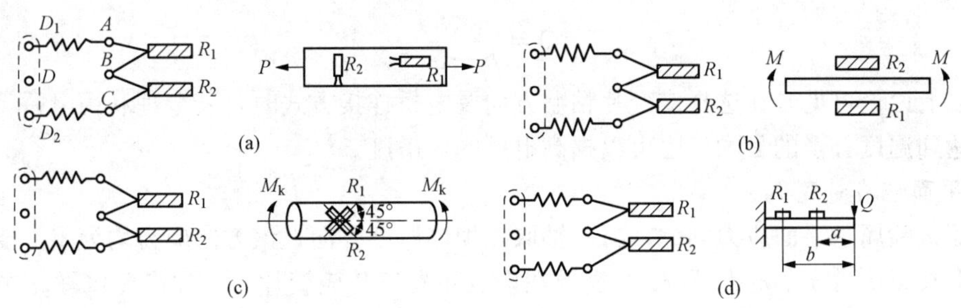

图 8-18　构件贴片与接线图

（a）简拉压；（b）纯弯矩；（c）纯扭矩；（d）一固定弯曲

（2）纯弯曲。在梁的上下侧粘贴电阻片 R_2、R_1，如图 8-18（b）所示，这时轴向应变为 $\varepsilon_1=-\varepsilon_2$，读数 $\varepsilon_m=2\varepsilon_1$，推得 $M=EJ\dfrac{\varepsilon_m}{h}$，$h$ 表示梁高；J 表示截面的惯性矩。

（3）纯扭转。圆轴受扭矩 M_k 时，轴表面各点的主应力与轴线成 45°角，如图 8-18（c）所示。

由材料力学可知：$\sigma_1=-\sigma_2=\tau=\dfrac{M_k D}{2J_p}$，所以主应变 $\varepsilon_1=-\varepsilon_2$，读数 $\varepsilon_m=2\varepsilon_1$。

根据广义虎克定律：

$$\sigma_1=-\sigma_2=\frac{E}{1+\mu}\varepsilon_1=\frac{E\varepsilon_m}{2(1+\mu)}$$

所以

$$M_k=\frac{EJ_p}{D(1+\mu)}\varepsilon_m$$

式中　D——圆轴直径；

J_p——极惯矩。

(4) 一端固定弯曲。弯矩的测定可参照 (2)，现讨论横向剪力的测定，如图 8 - 18 (d) 所示。

由材料力学可知：

$$Q=\frac{\mathrm{d}M}{\mathrm{d}x},\quad Q=\frac{\Delta M}{\Delta x}=\frac{M_1-M_2}{b-a}$$

因为

$$\sigma=\frac{M}{W}=E\varepsilon$$

所以

$$Q=\frac{\varepsilon_1-\varepsilon_2}{b-a}EW$$

式中　W——梁的截面模量。

为了求某点的应变差，可根据相邻桥臂工作，同号时互相补偿的特征，电桥接法仍如该图所示，于是仪器读数：

$$\varepsilon_{\mathrm{m}}=\varepsilon_1-\varepsilon_2 \tag{8-76}$$

所以

$$Q=\frac{EM}{b-a}\varepsilon_{\mathrm{m}}$$

从以上讨论可见，在选择应变片粘贴方向及电桥连接方式时，若合理利用电桥特性，不仅可能达到温度补偿的目的，也可以提高电桥的灵敏度。

2. 平面应力量测

断面试验属于平面应力问题，将 z 轴取在坝体厚度方向，该方向应力均为零。要知道坝体断面上某点应力 σ_x、σ_y 以及 τ_{xy}，需要在该点布置三片应变片。一片沿着水平 x 方向，一片沿着垂直 y 方向，另一片沿与 x、y 轴成 45°夹角的方向。贴片方向也可不与 x、y 轴一致，但相互间夹角应为 45°。设沿 a 方向布置的应变片称为 a 片，沿与 a 片成 45°夹角方向布置的称为 b 片，第三片沿与 a 片垂直方向布置称为 c 片。测得的应变分别为 ε_{a}、ε_{b}、ε_{c}，由此可求出正应力 σ_{a}、σ_{c} 以及与 a、c 方向垂直的剪应力 τ_{ac} 和 τ_{ca}，其计算公式如下：

$$\left.\begin{aligned}\sigma_{\mathrm{a}}&=\frac{E}{1-\mu^2}(\varepsilon_{\mathrm{a}}+\mu\varepsilon_{\mathrm{c}})\\ \sigma_{\mathrm{c}}&=\frac{E}{1-\mu^2}(\varepsilon_{\mathrm{c}}+\mu\varepsilon_{\mathrm{a}})\\ \tau_{\mathrm{ac}}=\tau_{\mathrm{ca}}&=\frac{E}{2(1+\mu)}[2\varepsilon_{\mathrm{b}}-(\varepsilon_{\mathrm{a}}+\varepsilon_{\mathrm{c}})]\end{aligned}\right\} \tag{8-77}$$

再利用下列公式可确定主应力的大小和方向：

$$\sigma_{1,2}=\frac{\sigma_{\mathrm{a}}+\sigma_c}{2}\pm\sqrt{\left(\frac{\sigma_{\mathrm{a}}-\sigma_c}{2}\right)^2+\tau_{\mathrm{ac}}^2} \tag{8-78}$$

$$\tan2\alpha=\frac{2\tau_{\mathrm{ac}}}{\sigma_{\mathrm{a}}-\sigma_{\mathrm{c}}} \tag{8-79}$$

式中　α——主应力 σ_1 和正应力 σ_{a} 的夹角。

坝的断面模型有左右两个侧面，在两侧相对应的位置上按同样方向布置应变片，取两者测定值的平均值作为该点的应变值。两侧面同一位置同一方向应变值应该相接近，否则就应检查原因。

3. 三维应力的量测

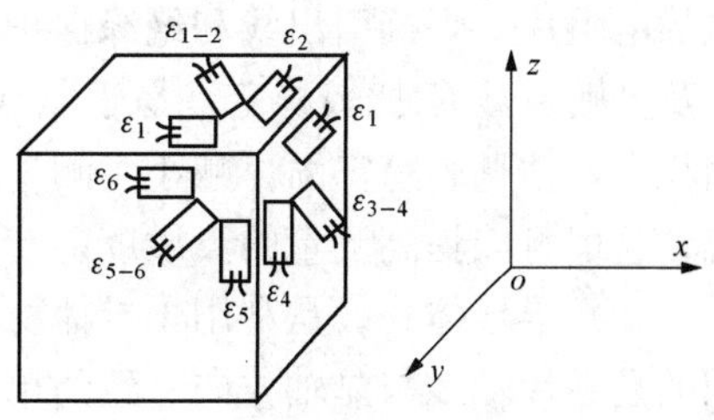

图 8-19　三维情况下应变片贴法

结构物三维应力的量测，围绕角点 A'可以各粘贴一组应变丛，如图 8-19 所示，然后将正六面体（埋块）恢复到模型相应位置，恢复六面体与模型的整体联系。对模型进行施荷量测，便可从 x-y 平面、y-z 平面和 z-x 平面分别量测到点 A'附近的九个应变分量。

由 x-y 平面，可以测得：

$$\varepsilon_x = \varepsilon_1,\quad \varepsilon_y = \varepsilon_2,\quad \gamma_{xy} = [2\varepsilon_{1-2} - (\varepsilon_1 + \varepsilon_2)]$$

由 y-z 平面，可以测得：

$$\varepsilon_y = \varepsilon_3,\quad \varepsilon_z = \varepsilon_4,\quad \gamma_{yz} = [2\varepsilon_{3-4} - (\varepsilon_3 + \varepsilon_4)]$$

由 x-z 平面，可以测得：

$$\varepsilon_z = \varepsilon_5,\quad \varepsilon_x = \varepsilon_6,\quad \gamma_{zx} = [2\varepsilon_{5-6} - (\varepsilon_5 + \varepsilon_6)]$$

上述应变分量中，三个正应变 ε_x、ε_y、ε_z 各有两个测值，其差距甚微，可取其平均值，故实际上为六个应变分量。

根据量测的六个应变分量可以按下式决定该点相应的六个应力分量：

$$\left.\begin{aligned}
\sigma_x &= \frac{E(1-\mu)}{(1+\mu)(1-2\mu)}\left(\varepsilon_x + \frac{\mu}{1-\mu}\varepsilon_y + \frac{\mu}{1-\mu}\varepsilon_z\right)\\
\sigma_y &= \frac{E(1-\mu)}{(1+\mu)(1-2\mu)}\left(\frac{\mu}{1-\mu}\varepsilon_x + \varepsilon_y + \frac{\mu}{1-\mu}\varepsilon_z\right)\\
\sigma_z &= \frac{E(1-\mu)}{(1+\mu)(1-2\mu)}\left(\frac{\mu}{1-\mu}\varepsilon_x + \frac{\mu}{1-\mu}\varepsilon_y + \varepsilon_z\right)\\
\tau_{xy} &= \frac{E}{2(1+\mu)}\gamma_{xy}\\
\tau_{yz} &= \frac{E}{2(1+\mu)}\gamma_{yz}\\
\tau_{zx} &= \frac{E}{2(1+\mu)}\gamma_{zx}
\end{aligned}\right\}\tag{8-80}$$

根据各测点的应力分量，可计算其主应力和主应力方向。

上述应力应变测量的原理，主要是通过各式传感器将试件的应变转换成电阻或电信号的变化，由于试件的应变值一般很小，需要转换放大为易于测量的电压或电流的变化。

8.8.2　常用的应力应变测量仪器

常用的应力应变测量仪器有动态电阻应变仪和钢弦应变仪。

1. 动态电阻应变仪

动态电阻应变仪所应用的电阻应变片有丝栅式、箔片式、半导体式等。

(1) 丝栅式。是用直径为 0.02～0.04mm 的合金丝（镍铬丝或康铜丝）回绕成栅状，然后用胶水把它固夹在两层绝缘（薄纸或胶膜纸）材料之间，电阻丝的两端用较粗（0.1～0.2mm）的引线引出，供焊接导线。

(2) 箔片式。是用厚度小于 0.02mm 的镍铜或镍铬箔片采用光刻腐蚀技术制成各种形式的电阻片。焊接引出线和绝缘保护层与丝栅式相同。它的主要优点是：横向效应小，阻值 R 及灵敏系数 K 比较稳定；易于制成小标距及各种形式的应变片；栅平扁而薄，因而粘贴面积大，粘贴容易牢固，减小了测量时的零点漂移；而且散热条件亦好，允许通入较大的电流，这样可以提高测量的灵敏度。

（3）半导体式。是利用半导体材料（锗和硅等）的压阻效应制成的。夹在两层绝缘材料间的是一片轴线与晶轴方向一致的单晶片，这种晶片当沿其晶轴方向受作用力时，电阻值就会改变，而且它的电阻系数改变率是很大的，约比丝栅和管片式高 60～80 倍，以至不需要放大器就可以进行测量。其机械滞后，横向效应小，可制成各种体积小、输出大的传感器。

动态电阻应变测量仪器系统，主要由传感器各式应变仪、滤波器、显示记录器和计算机等组成。应变仪可分为静态和动态两种，静态应变仪用于测量静荷载引起的应变，动态应变仪用于测量随时间变化的应变。

近年来由于电子工业和计算机工业的迅猛发展，新型的压力传感器将惠斯登测量电桥、温度补偿电路和差动放大电路集成在一块芯片上，并输出标准信号，可通过 A/D 模数转换，由计算机实施数据同步采集、显示、处理与储存。

2. 钢弦应变仪

钢弦应变仪是将一根钢弦两端固定在支座上，支座又固定在被测件的表面，随着被测件的变形（伸缩），钢弦亦随之伸缩，再用仪器测定钢弦在变形前（初始状态）及变形后的频率改变，并换算成应变，这个应变就是被测件被测处的应变。

钢弦应变仪有几个关键之处：

（1）钢弦通过支座固定在被测件上，这就是这个系统中的传感器。

（2）使钢弦振动起来，即要有一个起振装置。

（3）将振动的频率接收下来，即拾振装置；与起振装置都是合并在一个仪器中，这种仪器就是钢弦频率仪。

（4）换算成应变，这就是标定应变。

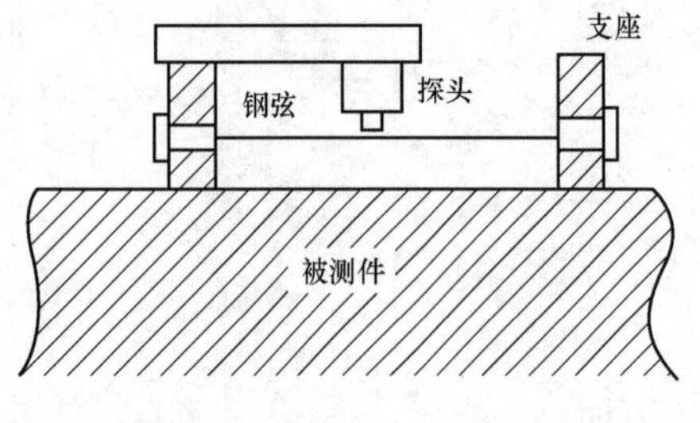

图 8-20　钢弦传感器结构图

钢弦传感器的结构如图 8-20 所示，它的组成包括钢弦、支座带铁芯的线圈（探头）等主要部分，另外还有支座联结片和线圈联结片。支座使用时，将支座用胶水粘在被测钢弦探头件上，工作过程中不允许有相对滑动，钢弦不允许松弛，支座亦不允许变形，支座之间的距离就称为钢弦的标距 L。

这样一根有一定长度，绷紧到一定程度的弦就有一定的振动频率 f。被测件受力变形后，有两个支座发生相对位移，支座间的距离发生变化，弦长度也相应发生变化，从而改变了弦的松紧度，弦的自振频率也变成 f'。

从物理学可知，一根绝对柔软两端固定的弦，其自振频率为：

$$f=\frac{1}{2l}\sqrt{\frac{\sigma}{\rho}} \tag{8-81}$$

弦是单向应力状态，在弹性范围内 $\sigma=E\varepsilon$ 上式成为：

$$f=\frac{1}{2l}\sqrt{\frac{E\varepsilon}{\rho}} \tag{8-82}$$

式中 f——钢弦的频率；

l——钢弦的长度；

ρ——单位长度钢弦的质量；

E——弦的弹性模量；

ε——弦的应变；

σ——弦的应力。

由上式可知：

（1）f 与 l 成反比，在工作过程中 l 虽有一增量 Δl，但由于 $\Delta L \ll l$，故在计算弦长（标距）时，Δl 可略去不计。

（2）E，ρ 是与弦的材料、弦的直径有关的量，当弦一定时，E，ρ 是常量。

（3）f 与 $\sigma^{1/2}$ 或 $\varepsilon^{1/2}$ 成正比，或者说 f 随 ε 的改变而改变，在工作过程中由于弦松紧度改变了，ε 也将改变，因而 f 也将改变。

若加荷前弦的频率是 f_0，弦的应变是 ε_0，加荷后，弦的应变变成了 ε_1，频率变成 f_1，因而根据频率从 f_0 变为 f_1 就可以相应地得到应变从 ε_0 变成 ε_1 的增量 $\Delta\varepsilon=\varepsilon_1-\varepsilon_0$。这样就把频率的改变转换成了应变的改变。上述两次频率均可用仪器测出，也就等于测出了 ε 的改变，即测出了被测件在受压力过程中的应变，这就是钢弦传感器的工作原理。

8.9 位 移 测 量

目前最普遍采用的位移量测设备是机械式千分表。它的优点是性能稳定、可靠，不受温湿度影响的干扰，其准确度可达到表本身率定的精度。但需要注意，使用千分表时主要应保证千分表的支架稳固，触点不会发生滑移。不宜简单地将千分表安装在模型槽的钢架上，因为钢架也常会因模型加荷而发生位移，从而影响量测成果。

在脆性材料结构模型试验中采用的位移量测设备，最好具有微型、轻质、灵敏度高、稳定性好以及能遥测或自动记录等特点，因而目前已采用电阻式或电感式微型电测位移计。图 8-21（a）所示为用于静力试验中的悬臂梁式电阻式微型电测位移计。

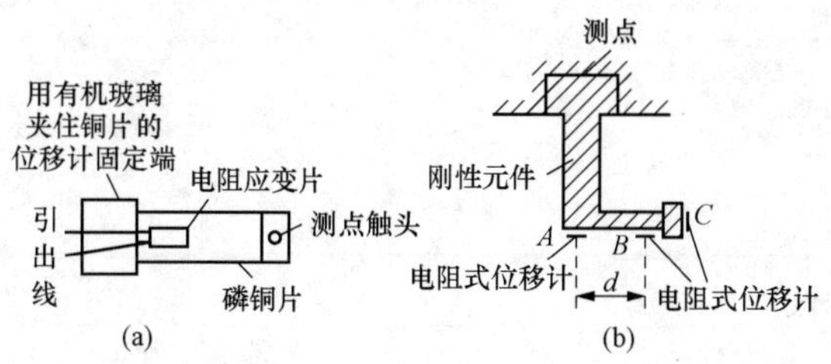

图 8-21　电阻式位移计与测点的连接

（a）电阻式位移计；（b）测三个位移分量时的电阻式位移计布置图

这种位移计的基底采用弹性性能较好的磷铜片。工作和补偿用的电阻应变片用胶水粘贴在磷铜片基底上、下侧同一位置上，并在其表面采用石蜡加凡士林等涂料密封，用作防潮和隔温，以提高其稳定性。此类位移计的引出线接于电阻应变仪上。预先应在千分表率定架上通过与标准千分表对比，得出位移计的电阻值与位移值的间接关系的标定曲线。因而其灵敏度与千分表相近，但量测位移的幅度可以大于千分表的幅度。在使用时，与千分表同样重要的是固定位移计的支杆，应能使位移计稳固固定在支架上。当然，支杆和支承架的形状和形式可根据需要任意改变。如试验需同时量测模型上某一测点的两个方向的位移及转角时，其测点的刚性元件和位移计 A、B、C 可布置成图 8-21（b）的形式。设位移计 C 测得的位移为一个方向的位移 δ_C，而与之垂直方向的位移为$\frac{\delta_A+\delta_B}{2}$，转角 $\theta=\sin^{-1}\left(\frac{\delta_A-\delta_B}{d}\right)$。

9 试验数据整理及分析

试验数据的整理和分析是水工模型试验研究非常重要的环节。通过试验数据的整理和理论分析找出规律性的认识，回答工程上的问题进而提出改进和完善工程措施意见，在试验资料整理和分析的基础上，编写相应的模型试验研究报告，给出试验结论。

9.1 测 量 误 差

各类水工及河工模型试验，总离不开各种物理参数的测量。按测量方式，测量可分为直接测量、间接测量和组合测量三类。按被测量的量在测量过程中是否随时间而变化，还可把测量工作分为静态测量和动态测量。但不论选择何种测量方式，所测得的数据都会含有误差，无论误差大小，都会对试验成果的精度产生影响，故模型试验需要对误差进行分析研究。

9.1.1 误差的定义

在测量工作中，对某量（如某个角度、某段距离或某两点间的高差等）进行多次观测，所得的各次观测结果总是存在着差异，这种差异实质上表现为每次测量所得的观测值与该量的真值之间的差值，这种差值称为测量真误差，即：测量真误差＝真值－观测值。

真值是指一个特定的物理量在一定条件下所具有的客观量值，又称为理论值或定义值。测量的最终目的是求得被测量的真值。被测量本身所具有的真实大小称之为真值。在不同的时间和空间，被测量具有不同的真值。误差理论指出：对于等精度测量，在排除了系统误差的前提下，当测量次数为无限多时，测量结果的平均值可近似看为真值。这种在测量次数为无限多时得到的算术平均值也就被称为数学期望。通常，模型试验中测量次数有限，故按有限测量次数得到的算术平均值只是统计平均值的近似值。由于系统误差不可能完全被排除掉，通常采用更高级的标准仪器进行测量，所测得的值当做“真值”。为了表明它并非是真正的“真值”，就把这个当作“真值”的值称为实际值。测量器具读数装置所指示出来的被测量的数值称为示值或指示值。总之，误差是针对真值而言的，真值一般都是指约定真值。

9.1.2 误差产生的原因

为了减小误差，提高测量精度，就要对误差的来源加以分析，在测量、分析和计算过程中，几乎所有因素都将引入测量误差。因此，要着重分析引起测量误差的主要因素。按误差产生的原因分析可以将误差分为以下几种：

1. 测量设备误差

测量设备误差主要包括标准器件误差和装置误差。

标准器件误差是指以固定形式复现标准量值的器具，如标准电阻、标准量块、标准砝码等，它们本身体现的量值，不可避免地存在误差，任何测量均需要提供比较用的基准器件，这些误差将直接反映到测量结果中，造成测量误差。减小该误差的方法是在选用基准器件时，应尽量使其误差值相对小些。一般要求基本器件的误差占总误差的 1/10～1/3。

装置误差包括了在设计测量装置时，由于采用近似原理所带来的工作原理误差；组成设备的主要零部件的制造误差与设备的装配误差；设备出厂时校准与定度所带来的误差；读数分辨力有限而造成的读数误差；数字式仪器所特有的量化误差；模拟指针式仪器由于刻度的随机性所引起的误差；元件老化、磨损、疲劳所造成的误差；仪器响应滞后现象所引起的误差等。减小上述误差的主要措施是要根据具体的测量任务，正确选取测量方法，合理选择测量设备，尽量满足设备的使用条件和要求。

2. 测量方法的误差

测量方法误差又称为理论误差，是指因使用的测量方法不完善，或采用近似的计算公式等原因所引起的误差。

如用均值电压表测量交流电压时，其读数是按照正弦波的有效值进行刻度，由于计算公式 $\alpha = K_F \overline{U} = \frac{\pi \overline{U}}{2\sqrt{2}}$ 中出现无理数 π 和 2，故取近似公式 $\alpha = 1.110\overline{U}$，由此产生的误差即为理论误差。

3. 测量环境误差

测量环境误差是指各种环境因素与要求不一致而造成的误差。如对于电子测量，环境误差主要来源于环境温度、电源电压和电磁干扰等；激光波比测量中，空气的温度、湿度尘埃、大气压力等会影响到空气折射率，因而影响激光波长，产生测量误差；高精度的准直测量中，气流、振动也有一定的影响等。

减小测量环境误差的主要方法是改善测量条件，对各种环境因素加以控制，使测量条件尽量符合仪器要求。

4. 测量人员误差

测量人员即使在同一条件下使用同一台装置进行多次测量，也会得到不同的测量结果。这是由于测量人员的工作责任心、技术熟练程度、生理感官与心理因素、测量习惯等不同而引起的，称为人员误差。

为了减小测量人员误差，就要求测量人员要认真了解测量仪器的特性和测量原理，熟练掌握测量规程，精心进行测量操作，并正确处理测量结果。

9.1.3 误差的分类

误差可以按照不同的方式进行分类，按照其性质特点，误差又可以分为系统误差、随机误差和疏失误差。按照其表示形式，误差可以分为绝对误差、相对误差和引用误差。

1. 按性质分类

(1) 系统误差。系统误差定义为在重复性条件下，对同一被测量进行无限多次测量所得结果的平均值与被测量的真值之差。在相同的观测条件下，对某量进行一系列的观测，若观测误差的符号及大小保持不变，或按一定的规律变化，这种误差称为系统误差。系统误差产生的原因主要是仪器不良，如刻度不准、砝码未校正；周围环境的改变，如外界温度、压力、湿度等的影响；个人习惯与偏向，如读数时偏高或偏低等。

由于系统误差具有一定的规律性，因此可以根据其产生原因，采取一定的技术措施，设法消除或减小；也可以在相同条件下采取对已知约定真值的标准器具进行多次重复测量的办法，或者通过多次变化条件下的重复测量的办法，设法找出其系统误差的规律后，对测量结果进行修正。

（2）随机误差。随机误差又称为偶然误差，定义为测得值与在重复性条件下对同一被测量进行无限多次测量所得结果的平均值之差。其特征是在相同测量条件下，多次测量同一量值时，绝对值和符号以不可预定的方式变化。

随机误差产生于试验条件的偶然性微小变化，如温度波动、噪声干扰、电磁场微变、电源电压的随机起伏、地面振动等。由于这些因素互不相关，每个因素出现与否，以及这些因素所造成的误差大小，人们都难以预料和控制。所以，随机误差的大小和方向均随机不定，不可预见，不可修正。

但同一精密仪器，在同样条件下，对同一物理量进行多次测量，若测量次数足够多，则可发现偶然误差基本服从统计规律。因此可以用概率统计的方法处理含有随机误差的数据，对随机误差的总体大小及分布做出估计，并采取措施减小随机误差对测量结果的影响。

（3）疏失误差。疏失误差是一种显然与事实不符的误差，它主要是测试者不细心或操作不正确等而引起的，如刻度值读错、记录有误、计算错误等。疏失误差一般远远超过同一客观条件下的系统误差或随机误差。此类误差无规律可循，它明显地歪曲了测量结果，含有疏失误差的测量数据称为反常值或坏值，应剔除不用。

在作误差分析时，要考虑的只有系统误差和随机误差，而疏失误差只要试验安排正确，测量人员专心致志，一般是可以避免的。

2. 按表示形式分类

（1）绝对误差。

测量物理量后，测量值和真实值之差称为绝对误差，即

$$\varepsilon = x - x_0 \tag{9-1}$$

式中 ε——绝对误差；

x——测量值；

x_0——真实值。

绝对误差的特点：

①绝对误差是一个具有确定的大小、符号及单位的量值。单位给出了被测量的量纲，其单位与测得值相同。

②绝对误差不能完全说明测量的准确度。如需要分别测量某长度 l 为 0.01m 和 1m 的工件，都要求绝对误差达到 0.001mm。对前者可用 1μm 级测长仪 $[\Delta = (0.5 + 10l/m)\mu\text{m}]$，但对后者用该测长仪的结果满足不了测量准确度的要求，为此需要改用测量量块长度的干涉仪 $[\Delta = (0.02 + 0.2l/m)\mu\text{m}]$。可见，为实现上述两工件的绝对误差都是 0.001mm 的测量，所用测量设备的准确度却是不一样的。因此，用绝对误差不便于比较不同量值、不同单位、不同物理量等的准确度。

（2）相对误差。为了统一评定测量值的精确度，一般采用相对误差这个概念。相对误差可以看作是绝对误差与被测量真值的比值：

$$\delta = \frac{x - x_0}{x_0}(\%) \tag{9-2}$$

式中符号含义同前。

相对误差为无量纲量，一般以百分数来表示。由于真值一般情况下无法知道，因此相对误差也可近似地用绝对误差与测量值的均值之比作为相对误差，即：

$$\delta \approx \frac{\varepsilon}{\bar{x}} \times 100\% \tag{9-3}$$

相对误差的特点：

①相对误差具有大小和符号，其量纲为 1，一般用百分号表示。

②相对误差常用来衡量测量的相随准确程度。

对于有一定测量范围的测量仪器或仪表而言，以上提到的绝对误差和相对误差都会随测点的改变而改变，因此往往还采用其测量范围内的最大误差来表示该仪器仪表的误差。为此，对于有多个标称范围（或量程）的指示电表，常常采用引用误差来表示其准确度。

(3) 引用误差。引用误差（或称满度误差）是一种简化的、使用方便的相对误差，常常在多挡和连续刻度的仪器仪表中应用。引用误差定义为测量器具的最大绝对误差与该标称范围上限（或量程）之比。可见，引用误差是一种相对误差，而且该相对误差是引用了特定值，即标称范围上限（或量程）得到的，故该误差又称为引用相对误差或满度误差。即

$$r_m = \frac{\Delta x_m}{x_m} \tag{9-4}$$

式中　Δx_m——仪器某标称范围（或量程）内的最大绝对误差；

x_m——该标称范围（或量程）上限。

根据国家标准 GB 7676—2017 的规定，我国电压表和电流表的准确度等级就是按照引用误差进行分级的。电工仪表一般分为 0.1、0.2、0.5、1.0、1.5、2.5、5.0 七级，弹簧式精密压力表则分为 0.06、0.1、0.16、0.25、0.4、0.6 六级，它们分别表示其引用误差不超过的百分数。

当一个仪表的等级 s 选定后，用此表测量某一被测量时，所产生的最大绝对误差和最大相对误差分别为

$$\Delta x_m = \pm x_m \times s\% \tag{9-5}$$

$$r_x = \frac{\Delta x_m}{x} = \pm \frac{x_m}{x} \times s\% \tag{9-6}$$

在选择水工模型试验的仪表时，通常是根据引用误差来进行的。

由上两式可知：

①绝对误差的最大值与该仪表的标称范围（或量程）上限 x_m 成正比。

②选定仪表后，被测量的值越接近手标称范围（或量程）上限，测量的相对误差越小，测量越准确。

9.1.4 误差的分析

1. 随机误差的分布

对某一物理参数进行多次重复测量，会得到一系列含有随机误差的测量值。随机误差对个体而言，时大时小，似乎没有什么规律，但就误差的总体而言，却具有统计规律性。因此，需要利用概率理论来研究随机误差的统计规律，以便设法估计出随机误差对测量结果总的影响程度。对随机误差所做的概率统计处理，是在假定系统误差不存在或已被消除或小的可以忽略不计的情况下进行的。

大量试验证明，从统计观点看，特别是当测量次数无限增多时，可发现随机误差具有以

下特点：

（1）绝对值相等的正误差与负误差出现的概率大致相等，即随机误差的分布具有对称性。

（2）绝对值小的误差比绝对值大的误差出现的机会多，即随机误差的分布具有“两头小、中间大”的单峰性。

（3）在一定的测量条件下，绝对值很大的随机误差出现的机会极少。因此，在有限次测量中，误差的绝对值不会超过一定的范围，即随机误差的分布存在有界性。

（4）随着测量次数的无限增加，随机误差的算术平均值趋向于零，即：

$$\lim_{n\to\infty}\left(\frac{1}{n}\sum_{i=1}^{n}\xi_i\right)=0 \quad (9-7)$$

式中 ξ_i——随机误差；

n——测量次数。

根据随机误差的统计特性，可以采用不同的方法推导随机误差分布规律的数学模型。大量实践证明，多数的随机误差都服从正态分布规律，加之用正态误差定律比其他误差定律更便于处理，故正态分布的误差定律得到了广泛应用。由于最早提出正态误差定律的是高斯，故又称高斯误差定律。

设 x_1，x_2，x_3，…，x_n 是对被测量 x 所进行的 n 次观测值，令其算数平均值为 $\bar{x}$，标准差为 σ，则正态分布的随机误差的分布密度函数为：

$$f(\xi)=\frac{1}{\sigma\sqrt{2\pi}}e^{-\xi^2/(2\sigma^2)}=\frac{h}{\sqrt{\pi}}e^{-h^2\xi^2} \quad (9-8)$$

式中 $f(\xi)$——随机误差 ξ 的概率密度；

$h=1/(\sqrt{2}\sigma)$——精密度指数；

e——e=2.7182。

正态分布的密度函数的图形如图 9-1 所示，称误差曲线。分布曲线对称于垂直轴（即 $\xi=0$ 处），此时误差的分布密度达到最大值 $\frac{1}{\sigma\sqrt{2\pi}}$；当 $x\to\pm\infty$ 时，曲线以 x 轴为其渐近线，这说明大误差出现的概率小，小误差出现的概率大。

当标准差 σ 减小时，误差曲线在中心部分的纵坐标增大，但由于分布曲线与横坐标所包含的总面积始终等于 1，故曲线中心部分升高，两侧则很快趋近 x 轴，呈尖塔形，说明误差小且很集中，测量精度高；反之，当 σ 大或 h 小时，曲线矮胖，说明误差大且分散，测量精度低。因此，h 可评定测量精度的高低，故称其为精密度指数。

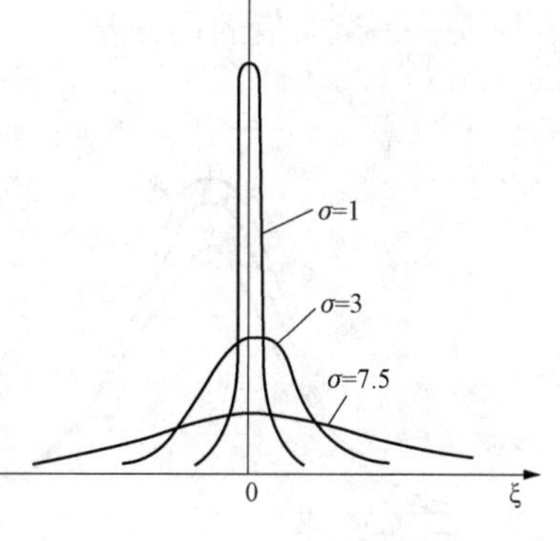

图 9-1 误差曲线

由式（9-1）可得正态分布的分布函数为：

$$F(\xi)=\frac{1}{\sigma\sqrt{2\pi}}\int_{-\infty}^{x}e^{-\xi^2/(2\sigma^2)}d\xi \quad (9-9)$$

显然，正态分布的随机误差 ξ 落在区间（ξ_1，ξ_2）内的概率为：

$$P(\xi_1<\xi_2<\xi_3)=\int_{\xi_1}^{\xi_2}f(\xi)d\xi \quad (9-10)$$

由式（9-10）可求得不同 t 时的概率 $P(|\xi|\leqslant t\sigma)$，表 9-1 给出了一些常用的结果。

表 9-1　误差概率

误差限	$\lvert\xi\rvert=0$	$\lvert\xi\rvert\leqslant\sigma$	$\lvert\xi\rvert\leqslant 2\sigma$	$\lvert\xi\rvert\leqslant 3\sigma$	$\lvert\xi\rvert\leqslant 4\sigma$
概率	0.00	68.26%	95.44%	99.73%	99.94%

在模型试验或其他测试中，常要根据有限组次的测试值，预测可能出现的最大测试值。这样，就有必要给测试值的随机误差规定一个极限值 Δ（或简称误差限），而绝对值超过这个极限误差值的误差出现的可能性很小，称为小概率事件，在实际工作中认为它是不可能事件，这个概率也可称为置信概率。对于不同的测量对象和目的，置信概率取值应是不同的，一般认为，在一些与人身事故有直接关系的场合，由于对可靠性的要求很高，几乎要万无一失，其误差限应取 4σ；对一般工程，置信概率通常取 P 大于 95%，其误差限可取 2σ；在一般的计量及精密测量中，P 可取 99.73%，亦即 $\Delta=3\sigma$。

根据所选的误差限，即可采用试验中取得的任一次测量值 x_i 来表示 x 的大小：

$$x = x_i \pm \Delta \tag{9-11}$$

x 的置信概率为：

$$P(|\xi|\leqslant\Delta) \tag{9-12}$$

当采用 $\Delta\leqslant 3\sigma$ 时，有 $P(|\xi|\leqslant 3\sigma)=99.7\%$，即超出 x 值的概率只有约 1/400。

利用上述误差限，还可以用来判断某给定误差属于随机误差或是疏失误差；或者判断用不同方法测量同一物理量时，所得结果彼此符合的程度。显然，对于随机数据来说，不但要知其平均值，还要了解其平均值的变动范围，特别是上限，因为它对工程的设计特别重要。

令 $\hat{x}$ 为未知参数 x 的估计值，则误差不超过某一正数 ξ 的概率 a 为：

$$P(|\hat{x}-x|\leqslant\varepsilon) = a \tag{9-13}$$

这也就是参数 x 位于区间 $(\hat{x}-\varepsilon,\hat{x}+\varepsilon)$ 内的概率。通常把概率 a 叫做置信概率，区间 $(\hat{x}-\varepsilon,\hat{x}+\varepsilon)$ 叫做置信区间。我们的任务就是要确定数学期望的置信区间。设 n 次试验观测值的算术平均值 $\hat{x}$ 作为随机变量 ξ 的数学期望 a 的估计值，令随机变量 t：

$$t = \frac{\hat{x}-a}{\sigma/\sqrt{n}} \tag{9-14}$$

式中　t——自由度为 n 的 t 分布的分布参数；

σ——试验值的均方差。

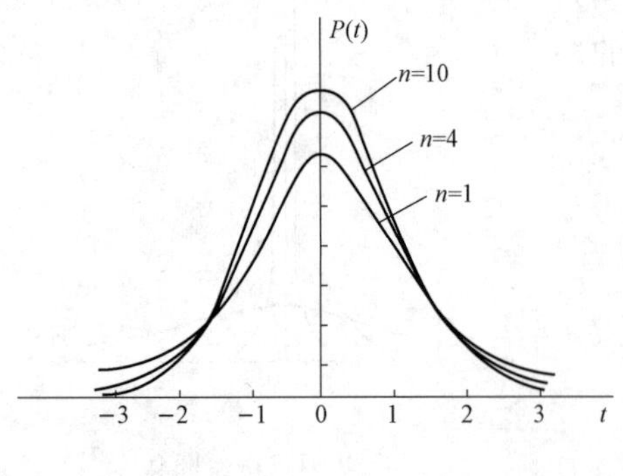

图 9-2　$n\sim P(t)$ 曲线

当随机变量 ξ 服从正态分布时，可以证明，随机变量 t 具有如下分布密度：

$$P(t) = \frac{\Gamma(n/2)}{\sqrt{n-1}\pi\Gamma\left(\frac{n-1}{2}\right)}\left(1+\frac{t^2}{n-1}\right)^{-n/2} \tag{9-15}$$

这个分布叫做自由度为 $k=n-1$ 的 t 分布，如图 9-2 所示。

上述密度函数 $P(t)$ 是单峰和对称的，且只与观测次数有关。利用 t 分布，可得：

$$P(|\bar{x}-a|<\varepsilon)=P\left(\frac{|\bar{x}-a|}{\sigma/\sqrt{n}}<\frac{\varepsilon}{\sigma/\sqrt{n}}\right)=P(|t|<t_a)=\int_{-t_a}^{t}P(t)\mathrm{d}t=a\int_{0}^{t}P(t)\mathrm{d}t \tag{9-16}$$

式中 $t_a=\frac{\varepsilon\sqrt{n}}{\sigma}$，即 $\varepsilon=\frac{\sigma}{\sqrt{n}}t_a$。

所以，对应于置信概率：

$$a=2\int_{0}^{t_a}P(t)\mathrm{d}t \tag{9-17}$$

数学期望 a 的置信区间为：

$$\bar{x}-\frac{\sigma}{\sqrt{n}}t_a<a<\bar{x}+\frac{\sigma}{\sqrt{n}}t_a \tag{9-18}$$

2. 间接测量误差的估计

间接测量的物理量是用直接测量的物理量通过函数关系计算出来的，任何直接测量到的量都带有一定误差，那么直接测量的物理量的平均值及其误差也必然会影响到间接测量的物理量的平均值及其误差。

(1) 正问题。从直接测量值的精度来估计间接测量值的精度。这是在已知函数关系和给定各个直接测量值误差的情况下，计算间接测量值误差的问题，也就是误差传递问题。

(2) 反问题。如果对间接测量值的精度有了一定的要求，那么直接测量值应具有怎样的测量精度才能保证间接测量量的要求精度。这一类问题实际上是从精度角度考虑测量仪表的选择问题，以及各个测量仪表的精度分配问题，也就是误差分配问题。

(3) 寻求测量的最有利条件，使间接地被测量的误差达到最小值的条件问题。

以上三个问题就是间接测量误差的基本问题，也称为误差传递问题。

如何根据直接测量的误差来估算间接测量的误差？这就是所要了解的误差传递规律，也就是通常所说的函数误差。

设间接测量值 z 与直接测量值 x_1，x_2，…，x_n 之间具有下列函数关系：

$$z=f(x_1,x_2,\cdots,x_n) \tag{9-19}$$

令直接测量值 x_i 的均方差为 σ_{xi}，其残差为 v_{xi}，则由式（9-19）可得：

$$z+v_x=f(x_1+v_{x1},x_2+v_{x2},\cdots,x_n+v_{xn})$$

按泰勒级数展开，并略去高阶项后可得：

$$z+v_x=f(x_1,x_2,\cdots,x_n)+\frac{\partial f}{\partial x_1}v_{x1}+\frac{\partial f}{\partial x_2}v_{x2}+\cdots\frac{\partial f}{\partial x_n}v_{xn} \tag{9-20}$$

式（9-20）减去式（9-19），得：

$$v_x=\frac{\partial f}{\partial x_1}v_{x1}+\frac{\partial f}{\partial x_2}v_{x2}+\cdots+\frac{\partial f}{\partial x_n}v_{xn}=\sum_{i=1}^{n}\frac{\partial f}{\partial x_i}v_{xi}$$

按照上述线性关系的误差传递法则，可得一般函数的误差传递的公式如下：

$$\sigma_x=\sqrt{\sum_{i=1}^{n}\left(\frac{\partial f}{\partial x_i}\sigma_{xi}\right)^2} \tag{9-21}$$

式中，偏导数 $\frac{\partial f}{\partial x_i}$ 称为直接测量误差的传递函数，它表征直接测量误差对间接测量误差的影响程度。根据上述误差传递公式（9-21），可求得下列几个复合量的标准误差：

1）和数（x_1+x_2）的均值标准误差等于 $\sqrt{\sigma_{\bar{x}_1}^2+\sigma_{\bar{x}_2}^2}$；

2）差数（x_1-x_2）的均值标准误差等于 $\sqrt{\sigma_{\bar{x}_1}^2+\sigma_{\bar{x}_2}^2}$；

3）倍数 kx_1 的均值标准误差等于 $k\sigma_{\bar{x}_1}$；

4）积（x_1x_2）的均值标准误差等于 $\sqrt{x_1^2\sigma_{\bar{x}_1}^2+x_2^2\sigma_{\bar{x}_2}^2}$。

9.2 试验数据的表示与检验

9.2.1 试验数据的表示方法

1. 列表法

列表法是表达试验结果的一种常用方法，与曲线表示相比具有数据准确、便于查用的优点，在同一表内还可以同时表示几个变量间的变化，以利于对照使用。列表时应注意以下问题。

(1) 表的名称应简明扼要，一看即可知其内容。如遇过简不足以说明意愿时，则应在名称下面或表的下面附以说明，并注出数据来源及试验条件。

(2) 表的项目应包括名称及单位，一般在不加说明即可了解的情况下，应尽量用符号表示。表内主项习惯上代表自变量，副项代表因变量。一般选择试验中能够直接测量的物理量作自变量。

(3) 数值的写法应注意整齐统一，有效数字位数应取舍适当。同项内的数值小数点位置上下应对齐。如有效数字位数相同，但各数值间的变化为数量的变化，则用 10 的方次表示较为方便。

(4) 列表时，自变量常取整数或其他方便值，按增加或减少的顺序排列。

列表法有许多优点，但缺点也是显然的，尽管人们的测量次数和试验数据非常多，然而并不能完全给出所有的函数值；其次，只能大致上估计出函数是递增的、递减的或是周期性的，而不易看出自变量变动时函数的变动规律，若要进行深入一步的研究分析，表格法就无法胜任了。

2. 图线表示法

用图线来表示试验结果时简明直观，而且容易研究其变化规律和发展趋势。把几条曲线放在一起，还便于分析比较。所以，这种方法也是科学研究和工程应用中常用的方法。另外，如果图形画得准确，还可以在曲线上量取数值，定出斜率等参数。在绘图时应注意以下几个方面的问题：

(1) 选定恰当的图纸种类（普通方格纸、半对数纸、对数纸等）。选定后还要考虑其大小，大小要适当，坐标纸太小会影响原数据的有效数字，坐标纸太大会夸大原数据的精确度。

(2) 应仔细考虑坐标轴的分度。坐标分度最好和试验值的有效倍数一致。其次，纵轴和横轴之间的比例不一定取得一样，应合理选择，力求使曲线大部分点的几何斜率接近 1。另外，坐标原点也不一定为零，应选用稍低于试验数据中某一组最低值的某一对整数作为坐标原点，高于最高值的某一整数作终点，以所得图线能占满全幅坐标纸为合适。坐标分度主线的间距用 1、2、4、5 等数字标定为宜，而忌用 3、6、7、9 等数字。另外，在图上不宜把数值标得过密，只需标出主分度线上的读数。

（3）在坐标纸上根据实测数据标出试验点来，并用不同符号区别清楚不同的试验条件和工况。由试验点作曲线时应尽可能使曲线光滑，尽可能使曲线通过试验点的平均位置，且不能任意外延曲线。

当试验点较多时，可将试验点分为适当大小的几组，每组内位于曲线两侧的点数大致相等，两侧试验点至曲线的垂距的总和也应大致相等。

曲线不必一定通过图上各试验点。一般来讲，两个端点由于仪表和方法的关系测量精度一般较差，因此绘制曲线时应占较小的比重。

在绘制试验曲线时，由于各种误差的影响，试验数据将呈离散现象，此时的试验曲线不会是一条光滑曲线，而表现出波动或折线状。这时出现的波动变化规律并不与自变量和因变量的客观特性有关，而是反映了误差的某些规律。

图线表示法与列表法都有共同的缺点，即比较难以进行深入的数学分析。由于图纸尺寸有限，作图精度一般没有试验精度高，在图形上由自变量求对应的因变量值常会出现较大的误差。

9.2.2　系统误差的检验

模型试验所测的大量数据，因偶然因素的影响，是随机的。因此必须运用数理统计的理论与方法加以分类归纳，对数据本身进行初步的加工和处理，才能保证统计成果的可靠和正确。数理统计是整理与分析试验数据的理论根据和数学工具，了解数理统计的基本概念是对试验数据统计分析的先决条件。

了解数据统计的基本概念，可以帮助我们更好地进行试验数据统计检验，由于其内容很广泛，本节只讨论其中关键的两个问题：①系统误差的检验②系统误差的消除方法。

系统误差是指在同一条件下，多次测量同一物理量时，误差的大小和符号均保持不变，或当条件改变时，按某一确定的已知规律而变化的误差。系统误差的特征是它的确定性，即试验条件一确定，系统误差就获得了一个客观上的确定值，一旦试验条件变化，那么系统误差也是按一种确定规律变化。系统误差的来源主要是测量仪器装置、试验环境、试验方法和个人等方面，可以通过试验对比法、理论分析法和数据分析法来判断、检验系统误差的存在及其大小。

1. 试验对比法

用2种或多种不同的试验方法去测量同一物理量，看在偶然误差范围内结果是否一样，即对比试验方法；用不同的仪器测量同一物理量，观察在偶然误差范围内结果是否一致，即对比测量仪器；或改变试验条件，或改变试验中某些参量的数值，或换人测量等方法加以比较。

2. 理论分析法

理论分析法中最常用的就是 χ^2 检验法，χ^2 检验法适用于任何理论分布规律的检验，是关于理论分布和统计分布之间差异度的比较检验，其步骤如下：

（1）假设理论频数分布与实测的统计频数分布没有差异。

（2）根据所测试的资料，计算差异度：

$$\chi^2=\sum_{i=1}^{k}\frac{(O_i-E_i)^2}{E_i} \tag{9-22}$$

式中 O_i——实际频数；

E_i——理论频数。

(3) 计算自由度：

$$n = k - r - 1 \tag{9-23}$$

式中 k——区间数；

r——理论分布中需要利用试验数据计算其估计值的未知参数的个数。

(4) 根据自由度 n 与一定的置信度（应根据问题的具体要求，一般取 $a=0.01\sim0.05$），从 χ^2 表中查出其限值 χ_p^2。若 $\chi^2 > \chi_p^2$，则认为理论分布与统计分布有显著差异，即可以认定试验数据中含有系统误差；若 $\chi^2 < \chi_p^2$，则认为理论分布与统计分布没有差异，即认定无系统误差存在。

3. 数据分析法

根据在同一条件下多次重复的偶然误差服从一定的统计分布规律，分析测得数据。如果多次重复测量的误差不服从一定的统计分布规律，说明测量值存在系统误差。

用正态分布检验法（夏皮罗—威尔克法）检验测量值是否服从正态分布。其步骤为：

(1) 将测量值 x 从小到大排成顺序数值列

$$x_1 \leqslant x_2 \leqslant x_3 \leqslant \cdots \leqslant x_n$$

(2) 查夏皮罗—威尔克的 α_{in} 系数表，找出对应于 n 值的 α_{in} 各值。

(3) 计算统计量

$$W = \frac{\left[\sum_i \alpha_{in}(x_{n-i+1} - x_i)\right]^2}{\sum_{i=1}^{n}(y_i - \overline{y})^2} \tag{9-24}$$

式中，当 n 为偶数时 $\sum_i$ 为 $\sum_{i=1}^{n/2}$；当 n 为奇数时 $\sum_i$ 为 $\sum_{i=1}^{(n+1)/2}$。

(4) 选取信度 α，查 $W(n,\alpha)$ 表，若 $W \leqslant W(n,\alpha)$ 则表示测量值不服从正态分布，即检验结果与要求不符，便可认定试验数据中含有系统误差。

系统误差和随机误差往往总是同时存在的。一次试验结果的准确与否，不仅取决于随机误差的大小，也取决于系统误差的大小。测量中是否存在系统误差，必须进行检验、判别，然后才可设法消除。

9.2.3 系统误差的消除方法

1. 从产生根源消除系统误差

在测量之前，要求测量者对可能产生系统误差的环节作仔细的分析，从产生根源上加以消除，例如，若系统误差来自仪器不准确或使用不当，则应该把仪器校准并按规定的使用条件去使用；若理论公式只是近似的，则应在计算时加以修正；若测量方法上存在着某种因素会带来系统误差，则应估计其影响的大小或改变测量方法以消除其影响；若外界环境条件急剧变化，或存在着某种干扰，则应设法稳定试验条件，排除有关干扰；若测量人员操作不规范，或者读数有偏向，则应该加强训练以改进操作技术，以及克服偏向等。

2. 在测量过程中限制和消除系统误差

对于固定不变的系统误差的限制和消除，在测量过程中常常采用下列方法：

(1) 抵消法。有些定值的系统误差无法从根源上消除，也因难以确定其大小而修正，但可以进行 2 次不同的测量，使 2 次读数时出现的系统误差大小相等而符号相反，然后取 2 次测量的平均值便可消除系统误差。

(2) 代替法。在某些装置上对未知量测量后，马上用一个标准量代替未知量再进行测量，若仪器示值不变，便可肯定被测的未知量即等于标准量的值，从而消除了测量结果中的仪器误差。

(3) 交换法。在测量过程中，将某些条件交换，使产生的系统误差对测量值起相反的作用，从而消除系统误差。

(4) 对称观测法。这是消除随时间线性变化系统误差的有效方法。随着时间的变化，被测量的量值做线性变化，可用图 9-3 表示。若选定某时刻为中点，各点的对应值为：$t_1 \sim \Delta L_1$，$t_2 \sim \Delta L_2$，$t_3 \sim \Delta L_3$，$t_4 \sim \Delta L_4$，$t_5 \sim \Delta L_5$，则对称于此点的系统误差的算术平均值彼此相等，即有

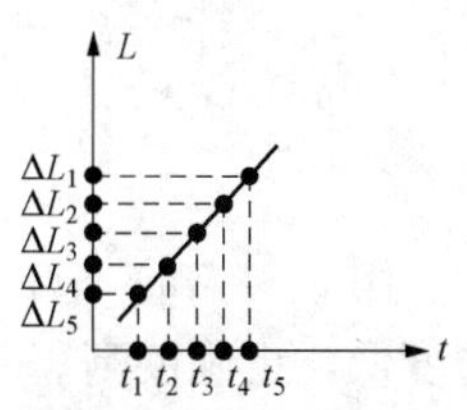

图 9-3　时间与被测量值的关系

$$\frac{\Delta L_1 + \Delta L_5}{2} = \frac{\Delta L_2 + \Delta L_4}{2} = \Delta L_3 \tag{9-25}$$

利用此规律，可以把测量点对称安排，取每组对称点读数的算术平均值作为测量值，便可消除这类系统误差。

(5) 实时反馈修正法。这是消除各种变值系统误差的自动控制方法。当查明某种误差因素（例如位移、气压、温度、光强等）的变化时，由传感器将这些因素引起的误差反馈回控制系统，通过计算机根据其影响测量结果的函数关系进行处理，对测量结果作出自动补偿修正。这种方法在微机控制的自动测量技术中得到了广泛的应用。

系统误差的存在影响到试验数据的可靠性，甚至关系到试验工作的成败，因此必须采取措施来限制和消除系统误差。在物理试验中，只要能对试验中存在的系统误差做全面的了解，灵活运用相应的方法，就会在试验中取得成功，从而提高试验教学效果。

9.3　试验数据测量的精度及审定

将试验数据合理地表示出来是试验工作中很重要的工作，这样将便于分析、比较和应用试验数据。试验数据的整理包括数据的记录与计算处理、异常数据的发现与剔除、试验数据的表达。其中常用的试验数据表达方法有列表法、图形表示法和方程表达法三种。

9.3.1　测量精度的质量概念

研究与掌握好误差理论及数据处理方法与测量、质量和标准化等紧密相关。与测量的质量和精度有关的常用名词概念主要有以下几种。

(1) 测量准确度表示测量结果与被测量真值之间的一致程度，在我国工程领域中俗称精度。测量准确度是一个反映测量质量好坏的重要标志之一。就误差分析而言，准确度是测量结果中系统误差和随机误差的综合，误差大，则准确度低；误差小，则准确度高。当只考虑系统误差的大小时，称为正确度；只考虑随机误差的大小时，称为精密度。

准确度、正确度和精密度三者之间既有区别，又有联系。对于一个具体的测量，正确度高的未必精密，精密度高的也未必正确，但准确度高的，则正确度和精密度都高，故一切测量要力求准确，也宜分清准确度中正确度与精密度何者为主，以便采取不同的提高准确度的

措施。如图 9-4 所示，可用射击打靶的例子来描述三者之间的关系。

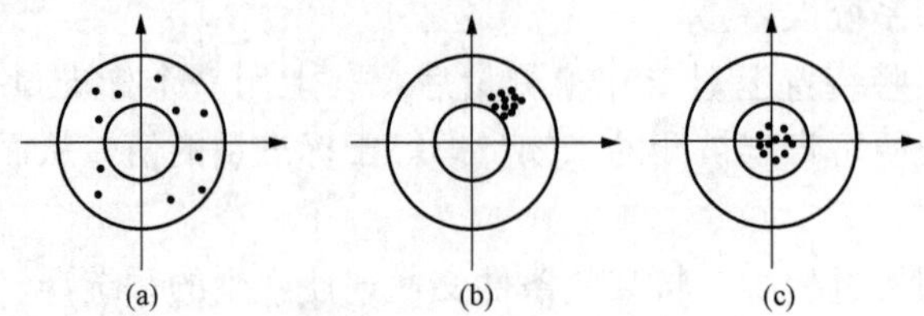

图 9-4　准确度、正确度和精密度关系示意图

图 9-4（a）中，弹着点全部在靶上，但分散。相当于系统误差小而随机误差大，即精密度低，正确度高。

图 9-4（b）中，弹着点集中，但偏向一方，命中率不高。相当于系统误差大而随机误差小，即精密度高正确度低。

图 9-4（c）中，弹着点集中靶心。相当于系统误差与随机误差均小，即精密度、正确度都高，从而准确度亦高。

准确度（精度）在数值上一般多用相对误差来表示，但不用百分数。如某一测量结果的相对误差为 0.001%，则其精度为 10s。

（2）重复性：是指在相同条件下（即相同的测量程序、相同的操作人员、相同的测量仪器、相同的试验条件以及相同的地点，这些条件也称为重复性条件），在短时间内对同一个量进行多次测量所得结果之间的一致程度，一般用测量结果的分散性来定量表示。

（3）复现性：是指在变化条件下（即不同的测量原理、不同的测量方法、不同的操作人员、不同的测量仪器、不同的使用条件以及不同的时间地点等），对同个量进行多次测量所得测量结果之间的一致程度，一般用测量结果的分散性来定量表示。复现性也称为再现性。

（4）稳定性：是指测量仪器保持其计量特性随时间恒定的能力。它可以用几种方式来定量表示，如用计量特性变化某个规定的量所经过的时间；或用计量特性经规定的时间所发生的变化等。

（5）示值误差：是指测量仪器的示值与对应输入量的真值之差。由于真值不能确定，故在实际应用中常采用约定真值。

（6）偏移：是指测量仪器示值的系统误差。通常用适当次数重复测量的示值误差的平均值来估计。

（7）最大允许误差：是指对于给定的测量仪器，规范、规程等所允许的误差极限值。有时也称为允许误差限。

（8）不确定度：是与测量结果相关联的、用于合理表征被测量值分散性大小的参数。它是定量评定测量结果的一个重要质量指标。

以上所述的有关测量、测量误差、测量结果以及测量仪器特性等方面的基本问题可以大致用框图 9-5 来加以归纳。

模型试验数据的审定的重点有两部分，分别是试验数据精度的保留与异常数据的发现与剔除。本节将针对这两部分进行详细介绍。

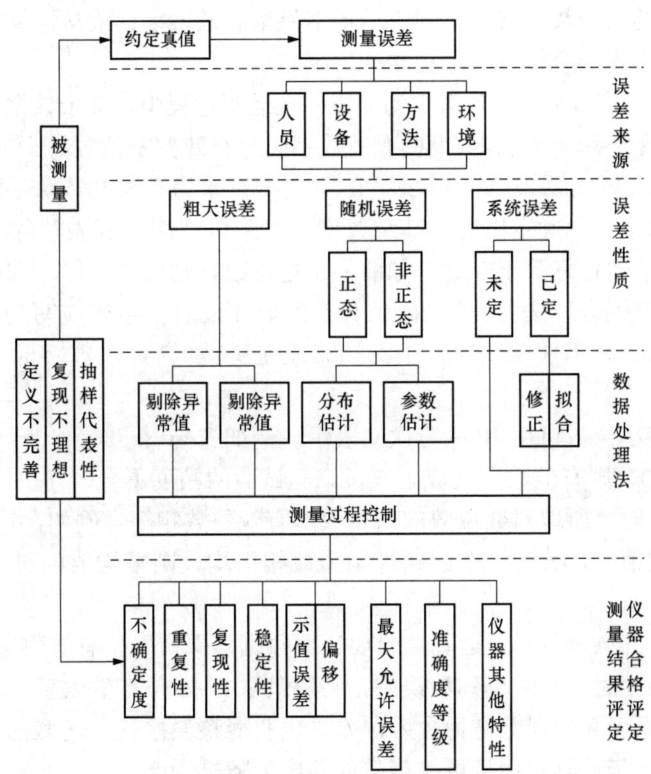

图 9-5 数据处理与测量质量评定框图

9.3.2 试验数据精度的保留

在试验中对测量得到的数据进行处理时，对所记录的数据以及根据这些数据计算所获得的值用几位数字来表示，是一件值得重视的事情。那种认为在一个数值中小数点后面的位数越多就越准确的看法是不全面的。小数点后面的位数仅与所采用的单位大小有关，小数点的位置并不是决定准确度的标准。在我们测量与计算的实践中，关于数字位数的取法应根据仪器的精度以及有效数字的运算法则来决定。

所以，有效位数和误差是两个不同的概念，虽然它们之间在数量上往往是有关的，但不应将其等同。因此，记录试验数据时，应根据有效数字的取舍法则来决定。因此，在数据记录时要求：

1）记录测量数值时，只保留一位欠准值数字。

2）一般在表示欠准值数字的末位上有±1 或±2 单位的误差（视测量仪器的最小读数而定）。

3）书写不带误差的任一数字时，由左起第一个不为零的数直到最后一个数为止都是有效数字，如常数 π、e 以及$\sqrt{2}$等的有效数字，需要几位就可以写几位。

对于进行运算后的结果的整理，其有效数字的取舍需遵循以下原则：

1）在进行加减运算时，应将各数的小数点对齐，以小数位数最少的数为准，其余各数小数位数均凑成比该数多一位，例如，63.4＋345.002＋43.2314＋0.05，就应写成 63.4＋345.00＋43.23＋0.05＝451.68。

但在非常接近的两个数相减时，则应尽量多保留有效数字；或从计算方法或测量方法上加以改进，使之不出现两个接近的数相减的情况。

2）乘除法计算以有效数字位数最少的为准。在运算过程中，其余数据可经四舍五入后比该数多保留一位有效数字，所得积或商的有效数字应与有效数字位数最少的数据相同。例如，23.465×0.0234×1.5 可化成 23.5×0.023×1.5，计算结果为 0.82485，结果应取为 0.82。

3）一旦有效数字位数确定以后，其余数字一律采用“四舍五入”的法则舍弃。当末位有效数字后面的一位数正好等于 5 时，如前一位是奇数，则应进一位；如前位为偶数，则可直接舍去，即“奇升偶舍”法。例如 25.0249，如取 4 位有效数字应写为 25.02；如取 5 位有效数字则为 25.025，但将 25.025 与 25.035 分别取 4 位有效数字时，则应写为 25.02 和 25.04。

4）大位数或特小位数可用 10 的方次来表示。例如 $Re=3.830\times10^5$，有效数字为 4 位，如写成 $Re=383\ 000$，则有效数字就成了 6 位，与试验的精度不合。

5）在对数运算时，所取对数位数应与真数的有效位数相等。例如，lg3.474=0.5408。

6）在计算平均值时，若为 4 个或超过 4 个数相平均，则平均值的有效数字位数可增加一位。

7）在做乘方与开方运算时，运算结果要比原数据多保留一位有效数字。

8）在表示精确度时，有时也称为误差，一般只取 1～2 位有效数字。

由于上述法则而引起的误差称为舍入误差，也叫凑整误差。上述第三条法则使末位成为偶数，不仅便于进一步计算，而且可使凑整误差成为随机误差。

9.3.3 异常数据的发现与剔除

在模型试验进程中，由于人为的差错（如测错、读错、记错）或试验条件突然改变而未被发现等原因，会有个别异常数据混入。一旦发现异常数据，一般应认真找出原因，加以解释和消除，最好多增加几次等精度的测量。只有当难以发现其原因时，才依靠数理统计的准则加以判断和剔除。为了保证数理统计的正确性，必须经异常数据检验后才能对数据进行其他处理。

数理统计中，发现异常数据的方法，主要是针对小子样情况。在正态分布情况下，发现异常数据的准则，主要有肖维勒准则、拉依达准则和格拉布斯准则等。而在 t 分布情况下可以利用罗曼诺夫斯基准则进行判断。

1. 拉依达准则

对于采集的几个数据进行排列：X_1，X_2，X_3，…，X_n，先求得数据组的算术平均值 $\overline{X}$，再求得残余误差 $v_i=X_i-\overline{X}$，然后再根据贝塞尔法得到标准偏差 $\sigma=\left[\sum v_i^2/(n-1)\right]^{1/2}$。之后进行判别：

若 $|v_i|>3\sigma$，则 X_i 为疏失误差，予以舍弃；

若 $|v_i|\leqslant3\sigma$，则 X_i 为正常数据，予以保留。

拉依达准则简单方便，不需要查表，但偏于保守，当样本容量较小（如 $n<10$）时，即使混有异常数据，也无法舍弃。而肖维勒准则的情况与拉依达准则相反，当样本容量较大时，异常数据无法舍弃，所以这两种准则均有着局限性。

2. 格拉布斯准则

上述两种方法均与置信水平无明显联系，已逐渐被格拉布斯准则所取代。下面对此准则进行介绍：

令 x_1，x_2，x_3，…，x_n 是来自正态总体 $N(\mu,\sigma^2)$ 的一批子样测试数据。为了检验这批数据中是否有异常数据，应先将测量值按大小排列：$x_1 \leqslant x_2 \leqslant x_3 \leqslant \cdots \leqslant x_n$。

按照准则我们总是先怀疑最小或最大的数据是异常的。格拉布斯导出了最大值和最小值的标准化顺序统计量 g_n：

$$\left.\begin{aligned} g_n &= (x_n - \overline{x})/\sigma \\ g_1 &= (\overline{x} - x_1)/\sigma \end{aligned}\right\} \tag{9-26}$$

式中 $\overline{x}$——算数平均值；

σ——标准偏差，$\sigma = [\sum v_i^2/(n-1)]^{1/2}$。

g 的分布密度为 $f(g)$。选取置信水平 a（一般取 5%或 1%），于是可由分布密度 $f(g)$ 求出一个临界值 $g_0(N,a)$，见表 9-2。

表 9-2　格拉布斯标准 $g_0(N,a)$ 值

N	a		N	a	
	0.05	0.01		0.05	0.01
3	1.53	1.15	17	2.475	2.785
4	1.463	1.492	18	2.504	2.821
5	1.672	1.749	19	2.532	2.854
6	1.822	1.944	20	2.557	2.884
7	1.938	2.097	21	2.580	2.912
8	2.032	2.221	22	2.603	2.939
9	2.110	2.323	23	2.624	2.963
10	2.175	2.410	24	2.644	2.987
11	2.234	2.485	25	2.663	3.009
12	2.285	2.550	30	2.745	3.103
13	2.331	2.607	35	2.811	3.178
14	2.371	2.659	40	2.866	3.240
15	2.409	2.705	45	2.914	3.292
16	2.443	2.747	50	2.956	3.336

判定标准如下：

若 $|\overline{x}_1|$ 或 $|\overline{x}_n| \geqslant g_0(N,a)$ 时，则 x_1 或 x_n 为异常数据，应予剔除；

若 $|\overline{x}_1|$ 或 $|\overline{x}_n| < g_0(N,a)$ 时，则 x_1 或 x_n 为正常数据，应予保留。

在应用过程中，由于每次只能舍弃一个可疑值，因此首先比较 g_n 和 g_1 的大小，先判断 g 大的一个数据是否可疑，如果可疑则舍弃。舍弃后应重新计算样本容量为 $n-1$ 情况下的 σ，再来判断其他数据是否可疑。

3. 罗曼诺夫斯基准则

一般处理数据前，认为测量数据服从正态分布，但是数理统计学可以证明，在测量次数较少的情况下，t 分布更符合实际分布，该准则就是以 t 分布为依据建立的。在一定测量次

数 n 下，设等精度独立测得的一组数据为 x_1，x_2，x_3，…，x_n，若对某一数据 x_i 有怀疑，可以按照如下步骤判别：

先将怀疑数据 x_i 去掉，计算出不包含 x_i 的测量数据的算术平均值 $\bar{x}'$：

$$x\bar{x}' = \frac{1}{n-1}\sum_{n=1,i\neq k}^{n} x_i \tag{9-27}$$

然后计算出不包含 x_i 的残差在内的标准偏差 σ'：

$$\sigma' = \sqrt{\frac{\sum\limits_{n=1,i\neq k}^{n} v_i^2}{n-2}} \tag{9-28}$$

再根据选定的显著水平 α 和测量次数 n，在 t 分布表中查出检验系数 $K(\alpha,n)$，$\delta=K(\alpha,n)\sigma'$；之后进行如下判定：

若 $|x_i-\bar{x}'|\geqslant K(\alpha,n)\sigma'$，则可判定 x_ik 为异常数据，应予以剔除；

若 $|x_i-\bar{x}'|< K(\alpha,n)\sigma'$，则可判定 x_ik 为正常数据，应予以保留。

由试验结果可得：在采样次数 $n\leqslant 10$ 的情况下，罗曼诺夫斯基准则是种比较成熟的判断准则，符合数理统计的基本理论，且剔除异常数据时比较谨慎，适合试验数据较少的实际情况。

9.4 模型试验报告编写

在试验资料整理和分析的基础上，要编写模型试验的报告。试验报告应包括试验概况及任务，试验目的，模型的设计、制造与验证，试验成果的整理及分析，试验结论与建议。

1. 报告格式

(1) 封面。试验报告封面应写出报告的全称，排在上方居中；院（所）名称和日期排在下方居中。

(2) 扉页。报告扉页为审批表，包括主要参加人、报告撰写人、项目负责人、审查人和批准人等。

(3) 内容提要。用简短文字叙述试验内容和成果结论等。

(4) 正文。为试验报告的主体，需清晰介绍试验报告主要内容。

2. 报告正文

(1) 报告文字应简洁清晰，语句要精练通顺，不得使用未正式公布的简化字、自造字，标点应分明、正确。

(2) 报告内容包括工程概况、试验目的、试验任务、模型设计、数据量测、成果分析和结论、建议等。

(3) 结论观点应明确，建议要切合实际。

(4) 数学计量单位必须使用中华人民共和国法定计量单位。

(5) 技术术语应按国家标准或行业标准，尚无统一规定的，应给术语以定义。

3. 报告审批

(1) 报告应由项目负责人认真校核，并对报告负责。

(2) 报告必须经执行任务的基层负责人审查、上级核定、主管部门批准。

(3) 重大项目的试验研究报告应经学术委员会或专家组审批。

参 考 文 献

[1] 中华人民共和国水利部 . SL 155—2012，水工（常规）模型试验规程［S］. 北京：中国水利水电出版社，2012.

[2] 中华人民共和国水利部 . SL 156～165—1995，水工（专题）模型试验规程［S］. 北京：中国水利水电出版社，2012.

[3] 中华人民共和国水利部 . SL 99—2012 河工模型试验规程［S］. 北京：中国水利水电出版社，2012.

[4] 中华人民共和国交通部 . JTJ/T 234—2001 波浪模型试验规程［S］. 北京：人民交通出版社，2001.

[5] 左东启，等 . 模型试验的理论与方法［M］. 北京：水利电力出版社，1984.

[6] 惠遇甲，王桂仙 . 河工模型试验［M］. 北京：中国水利水电出版，1999.

[7] 吴持恭 . 水力学［M］. 北京：高等教育出版社，2008.

[8] 夏毓常，张黎明 . 水工水力学原型观测与模型试验［M］. 北京：中国电力出版社，1999.

[9] 黄智敏 . 水工水力学模型试验研究与工程应用［M］. 北京：中国水利水电出版社，2018.

[10] 黄伦超，刘晓平，等 . 连江西牛航运枢纽工程泄水闸断面水工模型试验研究［R］. 长沙：长沙理工大学，2003.

[11] 梁川，谢省宗 . 三峡船闸输水隧洞反弧门后廊道体型空化模型试验［J］. 四川大学学报（工程科学版），2000（02）：4－7.

[12] 刘诚，周美林，等 . 微弯分汊河道低水头航电枢纽水流泥沙运动特点及工程对策［J］. 水运工程，2003（03）：49－53.

[13] 袁光裕 . 水利工程施工［M］. 北京：中国水利水电出版社，2004.

[14] 吴宋仁，陈永宽 . 港口及航道工程模型试验［M］. 北京：人民交通出版社，1993.

[15] 李昌华，金德春 . 河工模型试验［M］. 北京：人民交通出版社，1981.

[16] 张林，陈媛 . 水工大坝与地基模型试验及工程应用［M］. 2 版 . 北京：科学出版社，2016.

[17] 丁泽霖 . 高拱坝模型试验关键技术问题研究［M］. 北京：科学出版社，2008.

[18] 黄伦超，许光祥 . 水工与河工模型试验［M］. 郑州：黄河水利出版社，2008.

[19] 黄纪忠，杨小亭 . 明渠清水定床模型试验方法的比较与应用［J］. 武汉水利电力大学学报，1998，31（4）：51－55.

[20] 郑小王 . 明渠水流模型试验中糙率不相似问题研究［J］. 四川大学学报（工程科学版），2003，35（4）：25－28.

[21] 屈孟浩 . 黄河动床模型试验理论和方法［M］. 郑州：黄河水利出版社，2005.

[22] 黄伦超 . 湘江大源渡航运枢纽整体模型试验研究［J］. 湖南交通科技，1997（04）：56－58.

[23] 吴明阳，冯玉林，等 . 上海洋山港区一期工程潮流模型试验研究［J］. 泥沙研究，2002（04）：57－63.

[24] 尹亚敏，陈丽红，等 . 木模在水工模型有机玻璃制作中的应用［J］. 实验室研究与探索，2004，23（4）：28－30.

[25] 蔡守允，周益人，等 . 河流海岸模型测试技术［M］. 北京：海洋出版社，2004.

[26] 袁晓伟，解宏伟，等 . 水利实验技术技术［M］. 北京：中国水利水电出版社，2016.

[27] 蔡守允，刘兆衡，等 . 水利工程模型试验量测技术［M］. 北京：海洋出版社，2008.

[28] 吴新生 . 河工模型量测与控制技术［M］. 北京：中国水利水电出版社，2010.

[29] 蔡守允，戴杰，等 . 模型试验流量测量传感器和仪器的分析研究［J］. 水资源与水工程学报，2006

(06)：48-50.
[30] 朱勇辉，廖鸿志，等．土坝溃决模型及其发展［J］．水力发电学报，2003（02）：31-38.
[31] 察守允，谢瑞，等．多功能智能流速仪［J］．海洋工程，2004，22（2）：83-86.
[32] 吴杰芳，张林让，等．三峡大坝导流底孔闸门流激振动水弹性模型试验研究［J］．长江科学院院报，2001（05）：76-79.
[33] 蔡守允，戴杰，等．大型模型试验水沙循环调制设备及控制系统［J］．海洋工程，2006，24（2）：118-122.
[34] 任裕民，安凤玲，等．红外测沙仪的研制和应用［J］．实验技术与管理，1999，16（03）：28-31.
[35] 邵婷婷，张水利，等．两种剔除异常数据的方法比较［J］．现代电子技术，2008，31（24）：148-150.
[36] 陈炳文．物理实验中系统误差的检验和消除［J］．高师理科学刊，2008（01）：92-96.
[37] 何平．剔除测量数据中异常值的若干方法［J］．航空计测技术，1995（01）：19-22.
[38] 王小凯，朱小文．计量检定中3种判别和剔除异常值的统计方法［J］．中国测试，2018，44（S1）：41-44.
[39] 罗先华，毕金锋，等．地质力学模型试验理论与应用［M］．上海：上海交通大学出版社，2016.
[40] 徐青，李桂荣，等．水工结构模型试验［M］．武汉：武汉大学出版社，2015.